KB189985

과자,
내 아이를 해치는
달콤한 유혹

건강파괴자 식품첨가물과
병을 부르는 가공식품 고발서

과자, 내 아이를 해치는 달콤한 유혹

안병수 지음

국일미디어

완전판 발간에 부쳐

'아이에게 과자를 주느니 차라리 담배를 권하라.' 한때 우리 사회에 회자되었던 말이다. 과자가 담배보다 더 해롭다는 뜻인가? 맞는 말일 수 있다. 나름대로 근거가 있다. 담배연기가 뇌의 보상회로를 작동시키는 데는 10초가 걸리지만 과자의 주원료인 설탕은 고작 0.6초면 충분하다는 실험결과가 있다. 인간의 미각말초는 담배연기보다 설탕 맛에 더욱 민감하다는 뜻이다.

과자와 같은 나쁜 가공식품을 서양에서는 '정크푸드(junk food)'라고 부른다. 영양가는 없고 칼로리만 있는 식품이라는 뜻이다. 이 정크푸드의 유해성에 추가해야 할 요건이 하나 더 있다면 중독성이 될 것이다. 빠르게 뇌의 보상회로를 자극하는 설탕이 거의 필연적으로 들어있기 때문이다. 여기서 설탕이란 수크로스, 즉 자당(蔗糖)만 가리키는 것이 아니다. 포도당, 과당 등 모든 정제당을 통틀어 일컫는 말이다.

정제당뿐인가? 정제가공유지, 조미료, 향료, 감미료 등도 비슷하게 빠르게 뇌의 보상회로를 자극한다. 이른바 식품첨가물이라고 하는 이러한 물질들도 거의 필연적으로 정크푸드에 사용됨으로써 중독성을 더욱 부추긴다. 현대병, 즉 생활습관병의 밑바탕에 정크푸드의 고질적인 중독성이 자리하고 있다는 뜻이다. 현대인이 더 쉽게 그 피해자가 될 수밖에 없는 구조다.

이 사실이 내가 부끄러움을 무릅쓰고 펜을 들었던 이유다. 벌써 20년 가까이 되었다. 꽤 오래전이지만 이 책이 출간됐을 당시에 적잖은 반향이 있었다. 감사하게도 많은 독자 여러분이 읽어주시고 호응해주셨다. 과자를 비롯한 정크푸드성 가공식품들의 판매가 30퍼센트 가까이 떨어지기도 했다.

하지만 지금은 압축되었던 스펀지가 복원되듯 다시 원래의 모습으로 돌아와 있다. 식품매장의 매대는 전과 마찬가지로 정크푸드들로 가득하다. 건강에 대한 성찰이 강력한 중독성을 못 이긴 탓이거나 주력 소비계층에 세대교체가 이루어진 탓일 터다.

그래서다. 이번 완전판이 다시 한 번 자극제가 되었으면 좋겠다. 우리 생활에서 음식이 너무나 소중해서다. 그 소중한 일을 무슨 이유인지, 어떤 핑계인지 소홀히 여기는 경향들이 있다. 정크푸드에 의존하는 식생활이 그 전형이다. 그런 잘못된 식문화 탓에 우리 사회가 큰 대가를 치르고 있음에도 말이다.

책이 처음 나온 뒤 강산이 두 번이나 변한 터라 바뀐 내용들이 적잖이 있다. 이번 개정 작업에서 최대한 업데이트했고 새로운 내용을 일부 추가했다. 중요성이 떨어지거나 불필요한 부분은 뺐다. 군더더기도 떼어내고 내용을 압축하여 가독성을 높였다. 아무쪼록 이 책이 독자 여러분의 섭생과 사회 건강에 조금이나마 도움이 되었으면 하는 바람이다.

2025년 3월

안병수

머리말

얼마 전, 대한내과학회는 '푯말' 하나를 갈아달았다. '성인병'이란 용어를 '생활습관병'으로 바꾸기 위해서다. 우리가 익히 알고 있는 성인병이 잘못된 생활습관에 의해 생긴다는 게 그 이유다. 종전에는 40대 이후의 성인을 주 타깃으로 했던 이 질병이, 최근 들어서는 젊은 층까지 무차별 공격한다는 점도 그 결정을 부추겼을 것이다. 이른바 문명병으로 불리는 이 질병은 이제 연령을 초월하는 무서운 병마로 변해있다.

우리나라의 대표적인 생활습관병은 암, 심혈관질환, 당뇨병이다. 이들 3대 생활습관병은 이미 오래전에 국민 사망원인의 50퍼센트 선을 넘어섰다. 오늘날 절반이 넘는 한국인들이 이 세 가지 질환으로 목숨을 잃는다는 이야기다.

주목할 것은 이 사실이 우리나라에만 국한되는 불행이 아니라는 점이다. 서방 선진국은 물론, 지구촌 문명국의 공통된 현상이다. 이들 생활습관병은 1세기 전만 해도 희소병이었다. 가공할 이 질환들은 20세기 들어 폭발적으로 증가해왔다. 이런 추세라면 가까운 장래에 거의 대부분의 사람들이 이 질환의 희생자가 될 것이라는 게 건강 전문가들의 전망이다. "생활습관병에 걸리지 마세요"라고 해괴하게 인사하는 시대가 곧 올지도 모른다.

얼마 전 공교롭게도 세계 최대 패스트푸드 체인의 최고경영자 두 명이 잇따라 숨지는 사건이 발생했다. 한 사람은 심장병, 한 사람은 암이 사인이었다. 우리는 이러한 불상사의 배경에 대해 관심이 없다. 불행을 당한 두 사람 모두 패스트푸드 마니아였다는 사실은 그저 남의 일일 뿐이다.

이 책은 샐러리맨이었던 내가 기막힌 경험을 하고 쓴 논픽션이다. 나는 직업과 관련하여 한때 위기에 봉착했다. 알고 보니 그 위기는 나만의 문제가 아니었다. 그 안에 '식생활과 건강의 함수식'이 들어 있다는 점에서 우리 모두의 문제였다.

이 책을 읽으면 오늘날 왜 생활습관병이 이토록 맹위를 떨치고 있는지 알 것이다. 세계적인 식품회사의 CEO들이 왜 젊은 나이에 숨지는지, 많은 전문가들이 왜 그런 일을 빙산의 일각이라고 말하는지도 알 것이다.

세상엔 모순이 많다. 우리는 그 모순을 인정하면서도 그다지 심각하게 받아들이지 않는다. 우리와는 직접 관련이 없다고 생각하기 때문이다. 그러나 우리 생활의 한가운데서 그 모순 덩어리가 발견되는 일이 있다. 더 이상 남의 이야기가 아니라는 뜻이다. 그 이야기를 함께 나누고 같이 생각해보자는 것이 이 책의 목적이다.

2005년 4월

안병수

추천사

아이들의 건강권, 부모 손에 달려있습니다

부모는 아이들을 보면서 꿈을 꿉니다. 그 꿈 가운데 가장 절실한 것은 아마 아이들이 건강하게 자라는 것일 겁니다. 그러나 우리는 현재 그 꿈이 심각하게 위협받는 생활 속에 놓여있습니다.

태어나면서부터 아토피피부염 증상을 보이는 아이가 신생아의 30퍼센트가량 되고, 소아비만율도 해마다 증가하고 있습니다. 12세 아이들의 충치 유병률은 55퍼센트를 넘는다고 합니다. 이외에도 천식, 소아 당뇨, 소아암 등 이전에는 보기 어려웠던 질병들이 아이들의 건강한 미래를 빼앗고 있습니다.

누가, 무엇이 아이들이 건강하게 자랄 권리, 깨끗한 환경에서 자랄 권리를 빼앗은 걸까요?

저는 '어른들의 욕심' 때문이라고 생각합니다. 보다 더 편하게 살고 싶고, 보다 더 물질적으로 풍요롭게 살고 싶은 욕심이 뜻하지 않게 아이들의 건강권을 빼앗고 있는 것입니다.

점점 더 그 양과 종류가 많아지고 있는 유해화학물질은 어떠한 위해성이 있는지 잘 알려지지도, 연구되지도 않은 채 우리 아이들의 먹을거리와 입을 거리로 우리의 생활 속에 들어와 있습니다. 이러한 유해화학물질은 면역력이 약한 아이들에게 더 많은 피해를 입힙니다. 특히 아이들이 어리면 어릴수록 먹을거리에 더 많은 영향을 받습니다. 따라서 아이들이 만성적 질환에 시달리게 되는 원인의 대부분이 먹을거리에서 비롯되고, 반대로 먹을거리를 개선하면 건강이 좋아질 수 있는 것입니다.

우리 아이들이 하루 종일 먹는 것을 꼼꼼하게 들여다보아야 합니다. 이것이 과연 아이의 생명을 지켜내고 살려내는 먹을거리인지, 서서히 병들게 하는 먹을거리인지, 날로 늘어가는 첨가물과 설탕에 아이들이 절어 사는 것은 아닌지 살펴보아야 합니다. 그래서 위해한 먹을거리로부터 아이들의 건강을 지켜내는 것이 바로 우리 부모의 몫입니다.

안전한 먹을거리를 위해 노력해오고, 『차라리 아이를 굶겨라』 등의 책을 통해 많은 독자들을 만나온 저희 '환경정의 다음을지키는사람들'은 또 하나의 좋은 책을 만났습니다. 이 책은 전직 과자회사에서 근무하셨던 분의 양심선언을 담은 책입니다.

기업의 이익 때문에 숨겨졌던 사실들이 이 책 안에 다루어져 있습니다. 그리고 이 책은 그러한 것으로부터 피해를 보는 것은 결국 우리 아이들이라는 사실을 통렬하게 비판하고 있습니다. 무심코 먹이는 과자, 사탕 등이 아이를 질병으로 몰아가고 있다고 밝히고 있습니다.

이 책은 시중에 나와있는 건강서적과는 다른 특색이 있습니다. 과자회사를 자세히 경험한 사람이 아니면 알기 어려운 정보들이 담겨있고, 그리하여 더욱 먹을거리의 안전성에 대해 경각심을 갖게 하는 책입니다. 거대 기업에 맞서 개인으로서는 하기 어려운 소신을 이 책에 담아내신 필자의 용기에 박수를 보냅니다.

보다 많은 부모님들의 일독을 권합니다. 그리고 보다 많은 분들의 양심선언이 이어져야 합니다. 먹을거리는 곧 생명입니다. 우리 사회가 생명을 서서히 죽이는 사회가 아닌 생생하게 살려내는 사회가 되기 위해서는, 지금 비록 힘들고 도저히 할 수 없을 것 같더라도 한 사람 한 사람의 노력을 모아야 합니다.

이 책을 읽으시는 여러분은 이미 그 길에 동참하신 겁니다.

환경정의 다음을지키는사람들

박명숙 국장

차례

CONTENTS

제1장 달콤한 유혹의 민낯 - 우리가 매일 먹는 음식에 독이 들어있다

제2장 정크푸드와 팬데믹 - 식품첨가물이 면역력 약화를 부른다

차례

C O N T E N T S

제3장 순백의 성찬 - 현대병은 모두 설탕에서 비롯됐다

제4장 최대의 스캔들 - 정제가공유지의 발명은 사상 최악의 실수다

제5장 식품 케미컬 시대 - 탐욕과 몰상식이 음식 속에 화학물질을 넣었다

시작에 앞서

나는 한때 유명 제과회사의 중견 간부였다. 내가 하던 일은 과자 신제품을 개발하는 업무였다. 나는 과자를 사랑했으며, 과자 만드는 일에 큰 보람을 느끼고 있었다. 나는 제과업계에 몸담게 된 것을 정말 잘했다고 생각했고, 항상 재미있게 또 열심히 일해왔다.

그러나 과유불급이라 했던가? 나의 회사생활에 암세포와 같은 '혹'이 생기기 시작했다. 그것은 아주 서서히 자라났다. 너무 자라는 속도가 느려 처음엔 나도 전혀 의식하지 못했다. 우연한 기회에 내가 인지했을 때, 그 일은 마치 한여름의 먹구름과 같았다. 여름날 먹구름이 소나기로 변하여 뜨거운 대지를 일거에 식히듯, 그것은 나의 열정을 여지없이 식혀버렸다.

그 뒤 나는 예전의 내가 아니었다. 늘 나로부터 시작되어 나에 의해 마무리되던 회사 업무들이 나를 외면하기 시작했다. 나는 더 이상 촉망받는 간부사원이 아니었다. 언제부턴가 나는 자조(自嘲)하며 시간만 축내는 삼류 월급쟁이로 전락해있었다. 결국 나는 그 조직을 떠나게 된다.

나는 왜 그토록 좋아하던 일을 그만둬야 했는가? 무엇이 나와 그 직장의 인연을 가로막았는가? 처음엔 극히 사소하게 여겨졌던, 하지만 일순간에 나의 열정을 식혀버린 그것은 과연 무엇인가? 또 내가 졸필을 부끄러워 않고 펜을 든 까닭은 무엇인가?

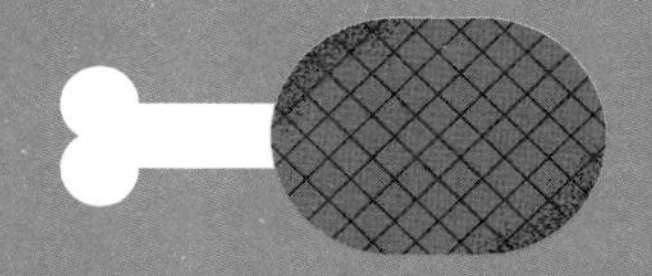

프롤로그

루비콘강을 건너며

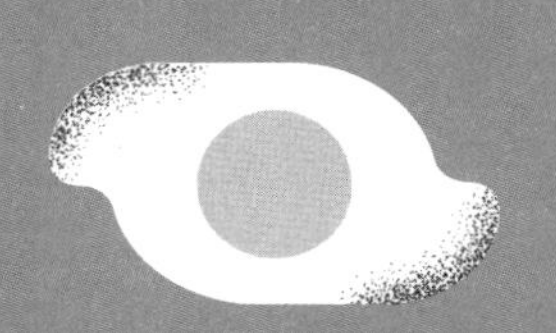

가공식품의 위험성을 깨닫게 되다

야마시타제과

"증설은 무슨……, 지금 있는 라인도 뜯어치울까 해요."

그와 나는 십년지기다. 하지만 돌이켜보면, 십년지기란 말이 무색하게 그를 둘러싼 베일이 두꺼웠다는 생각을 지울 수 없다. 내 인생을 크게 흔든 그의 이름은 야마시타 미츠이치(山下光一). 일본의 한 작은 제과회사 사장이다. 그날 나는 오랜만에 야마시타 사장을 만나고 나오면서도 그가 불쑥 던진 말을 이해하지 못하고 있었다. 라인을 뜯어치우려 하다니, 농담으로 한 말인가? 그러나 그는 농담을 그리 좋아하지 않는 사람이다.

그가 경영하는 회사는 '슈크림'이라는, 윈도우베이커리 과자를 생산하는 업체다. 회사명은 그의 이름을 딴 야마시타제과(山下製菓). 몇 해 전 내가 도쿄에 근무할 당시, 나에게 큰 도움을 준 바 있는 회사다. 비록 규모 면에서는 영세했지만 매년 짭짤한 이익을 내고 있는 회사였다. 거래 점포로부터 가끔 공급량을 늘려

달라는 요청을 받고 있는 점도 알고 있던 터라, 나는 그날도 덕담 삼아 생산시설의 증설에 대해 물었건만, 사장의 대답은 그렇게 엉뚱했다.

야마시타 사장은 일본 사람치고는 다소 이색적인 구석이 있었다. 만날 때마다 내가 알고 있는 보통의 일본인들과는 다른 모습을 보여줘서다. 당시 그는 마치 자식과도 같이 애지중지하는 공장을 아무 조건 없이 나에게 개방했는데, 그 기억은 10여 년이 지난 지금도 신선한 충격으로 남아있다. 노하우를 생명으로 여기는 일본 사람들이 외부인에게 공장 출입을 허락한다는 것은 금기로 되어있기 때문이다. 아무리 하잘것없는 기술이라도 남에게 공개할 때는 계약에 의해 로열티를 요구하는 게 그들의 상식이다.

무엇보다 나의 흥미를 끈 것은 식품에 대한 그의 해박한 지식이었다. 그는 이공계 출신이 아니다. 일본 양대 명문사학의 하나인 와세다 대학에서 경제학을 공부한 사람이다. 그럼에도 그는 식품 전공자들을 머쓱하게 할 정도로 전문가 수준의 식견을 갖추고 있었다.

그는 만날 때마다 나에게 새로운 모습으로 다가왔고, 나는 그런 그와의 만남을 즐기고 있었다. 이번 방문에도 내심 새로운 화제를 기대하며 찾아간 게 사실이나 그날만은 왠지 달랐다. 그는 몸이 안 좋다느니, 제조업을 너무 오래 했다느니 하면서 얼버무리는가 싶더니, 나에게 뭔가를 불쑥 내밀었다. 책이었다. 지금 생각해보면 그가 책을 건네면서 재미없을지도 모른다는 말을 했던 것 같다. 기대했던 환담 대신 책 한 권으로 손님 접대를 한 그는, 급한 일이 생겼다며 밖으로 총총히 사라졌다.

때는 1997년도 늦봄. 잔뜩 부풀었던 버블경기에 거품이 빠지면서 무사안일에 젖어 있던 좀비기업들의 신음소리가 일본 열도 사방에서 들려오는 때였다. 나는

당시 이렇게 결론지었다. '버블 붕괴의 후폭풍이 결국 식품업계에까지 불어닥치나 보다.'

꿈의 식품, 과자?

'요람에서 무덤까지.' 복지국가의 이상향을 묘사할 때 인용되는 이 말은 내가 오랜 기간 몸담아왔던 제과업계를 묘사할 때 더 잘 어울린다. 과자는 사랑을 베푸는 데에 남녀노소를 가리지 않는다. 과자는 기쁨을 선사하는 데에 때와 장소를 가리지 않는다.

과자만이 갖는 이 매력은 우리 제과인(製菓人) 사이에서 요람에서 무덤까지라는 말로 회자될 때 더욱 빛을 발한다. 그렇다. 과자는 진정 꿈의 식품이다. 말마따나 태어나서 죽을 때까지 과자는 다정한 친구로서 혹은 애틋한 애인으로서, 그저 손만 내밀면 닿을 곳에서 친근한 모습으로 우리를 반긴다.

나는 제과인이 된 것을 참으로 잘했다고 생각했다. 모든 이의 친구, 과자를 만드는 일은 정말 보람된 직업이었기 때문이다. 나는 신바람 나게 일했다. 평소에는 하잘것없는 내 손이지만 일단 회사에 들어오면 미다스(Midas)의 손으로 변한다. 그 미다스 손은 광물성의 무표정한 설탕 · 물엿 · 밀가루에 혼을 넣는다. 잠시 후면 그곳에서 숨 쉬는 과자가 탄생한다. 얼마나 신기하고 재미있는가? 나는 스스로 다짐했고, 공공연하게 천명하곤 했다. 정말로 멋진 과자를 만들어 보겠다고. 동료들에게도 기꺼이 제의하곤 했다. 역사에 남을 과자를 만들어 보자고.

하지만 좋은 과자는 구호만으로 만들어지는 게 아니다. 과자를 만드는 일은 식품지식을 비롯해서 창의력, 관찰력, 예술성 등 재능의 덕목까지 요구한다. 대체로 히트제품은 어느 정도 경륜이 쌓인 사람의 손에 의해 탄생한다는 것이 그 방증이다. 여기에 결코 빼놓을 수 없는 또 한 가지가 있다. 그것은 바로 관능검사, 즉 '과자를 먹는 일'이다. 좋은 과자를 만들기 위해서는 무수히 많은 과자를 먹어봐야 한다.

나는 그동안 과자를 만들면서 무척이나 많은 과자를 먹었다. 내가 직접 만든 과자, 동료가 만든 과자, 경쟁사가 만든 과자, 해외에서 공수되어온 과자……. 그야말로 과자를 먹는 게 곧 일이라는 생각이 들 때도 있었다. 이렇게 과자를 자주 먹는 까닭은 과자를 더 잘 알기 위해서지만 사실은 그냥 과자 자체가 좋아서 먹는 경우도 적지 않았다.

오랜만에 일본 출장을 마치고 돌아온 나는 곧바로 업무에 복귀했다. 과자 만드는 일을 해온 지 십수 년. 모든 게 너무나 친숙한 일들이었기에 변화가 있을 리 없다. 나는 여느 때와 마찬가지로 과자 만드는 일에 몰두했다.

그런데 언제부터였을까? 제법 오래전부터였던 것 같다. 굳이 변화라고 할 수는 없지만 가끔 이상한 느낌이 들 때가 있었다. 그 느낌은 유감스럽게도 불쾌감을 동반하고 있었다. 시간이 지남에 따라 그 불쾌감은 증폭되고 있었고 나를 괴롭히기 시작했다. 결국 나의 의욕까지 꺾어버리려 했을 때, 나는 그 문제를 건강과 결부시키고 있었다.

무엇보다 피곤하다는 생각이 자주 들었다. 이유 없이 무력감을 느끼는가 하면 때로는 몽롱해지는 경우도 있었다. 단지 컨디션이 좋지 않을 때 나타나는 일시적인 현상은 아닌 듯싶었고, 차츰 그 빈도가 잦아지는 느낌이었다. 나이를 먹고 있다는 뜻인가? 그러나 당시 나이 아직 30대였다. 평소 건강에 대해서만은 자신 있다고 믿었으며, 그때까지 병원 신세를 진 기억이라곤 없는 나였다.

우선 담배를 끊기로 했다. 내가 유별난 애연가는 아니었던 만큼 금연에 큰 어려움은 없었다. 또 운동을 시작해야겠다는 생각이 들었다. 나는 조깅을 하기로 했다. 다행히 금연과 조깅의 실천은 성공적이었다. 그러나 유감스럽게도 그 처방은 기대했던 만큼 효과적이지 못했다. 까닭 없이 엄습하는 피곤함과 무력감은 근본적으로 해결되지 않았다. 그것은 큰 고민거리였다.

더 큰 문제는 이 건강상의 의구심이 베일에 싸여 있다는 점이었다. 뭔가 나를 짓누르는 멍에는 틀림없이 존재하는데 그 정체가 드러나지 않는다. 마치 투명한 물체에 결박되어 있는 것 같았고, 그 불쾌감은 더욱 나를 괴롭혀왔다. 혹시 남들도 똑같은 애로가 있는 게 아닐까? 40대가 가까워지면 원래 그렇게 체력이 떨어지게 마련이고, 그에 따라 정신상태도 위축되는 게 아닐까?

사실 직장에서도 선배나 동료들이 급작스럽게 쓰러진다든가 각혈을 하는 등의 소란사태가 가끔 발생한다. 나는 이제까지 한 번도 그런 사태에 대해 심각하게 생각해본 적이 없다. 그저 남의 일이려니 했다. 혹시 지금 내가 겪고 있는 이 건강상의 의구심이 그 소란사태의 또 다른 갈래가 아닐까?

지난번에 만났던 야마시타 사장의 말이 생각났다. 라인을 뜯어 치울까 한다는 말끝에 건강을 거론한 바 있다. 그가 그런 말을 한 것은 아마 제품의 판매부진과는 관계가 없는, 다른 이유 때문이었을 가능성이 크다. 나는 그때의 일을 천천히 회상하며 그가 했던 말들을 다시 떠올려 보았다. 그리고 그가 책을 한 권 주었던 사실도 기억해냈다.

야마시타 사장으로부터 받은 책을 찾는 데는 제법 시간이 걸렸다. 나는 사실 그때 그 책의 제목도 제대로 확인하지 않았던 것 같다. 바쁜 일과 탓도 있었지만 그 책 역시 그저 평범한 일본 책 가운데 하나라고 생각했기 때문이다.

그 책은 문고판보다는 조금 컸지만, 일반 책에 비해서는 다소 작아보였다. 표지 디자인이나 제본 상태도 수수하기 그지없어 한마디로 '얼핏 보면 눈에 띄지 않는 책'이었다. 제목은 '식원성증후군(食原性症候群)'. 무슨 뜻인지 금방 들어오지 않을뿐더러 일단 재미가 없어 보인다. 표지를 넘기고 대략 목차를 훑어보며 나는 그가 왜 이 책을 소개했을까를 생각했다.

그때, 불현듯 뇌리를 스치는 섬광이 느껴졌다. 순간적으로 나는 그 책을 통해 그날 야마시타의 석연찮은 표정을 이해할 수 있을지도 모른다는 생각이 들었다. 이어 한 가지 호기심이 나를 사로잡았다. '이 책은 어쩌면 나에게도 의미 있는 메시지를 전할지 모른다.' 내 마음속에는 깊은 밤 산중에서 정체 모를 불빛을 발견했을 때의 반가움, 두려움 등이 무질서하게 교차하고 있었다.

식원성증후군

나는 그날 『식원성증후군』을 밤새워 읽었다. 저자는 일본의 원로 심리학자인 오사와 히로시(大沢博) 교수다. 그는 오랜 기간 중 · 고등학생의 심리상태에 대해 연구해온 청소년 문제 전문가다. 그는 1970년대 중반 이후 청소년들의 교내폭력 문제가 급격히 증가하기 시작한 점에 주목했다. 무엇이 청소년의 폭력성을 부추기는 것일까? 놀랍게도 그것은 식생활이었다. 잘못된 식생활이 비행(非行) 청소년을 만드는 주범이었다. 오사와 교수는 이를 토대로 '심리영양학'이라는 새로운 학문 분야를 개척해낸다.

심리영양학이란 말 그대로 심리학과 영양학의 가교 역할을 하는 학문. 그때까지만 해도 두 학문은 전혀 별개의 분야였다. 심리학자들은 인간의 비정상적인 행동을 식생활과 연관 지으려는 시도를 거의 하지 않았다. 영양학자들도 식생활이 대단히 중요하다고 하면서도 정신건강과의 관련성에 대한 연구는 소홀했다. 문제아라든가 범죄자, 정신질환자들이 어떤 식사를 하고 있는지에 대한 관심은 거의 없었다.

일본에서 심리영양에 대한 연구가 본격 시작된 것은 1980년대 후반부터로 보고 있다. 물론 구미(유럽·아메리카) 선진국에서는 이보다 더 일찍 연구가 진행됐다. 오사와 교수는 구미 학자들의 연구 자료와 자신이 조사한 결과를 토대로, 식생활이 인간의 신체건강뿐만 아니라 정신건강에도 중대한 영향을 미친다는 이론을 정립한다. 그는 스스로 자연식(自然食) 실천가가 된다.

『식원성증후군』에는 저자가 비행 청소년들을 선도하는 과정에서 겪은 여러 사례들이 나온다. 주로 가공식품들이 인간의 행동에 어떤 영향을 미치는지에 대한 내용이다. 심리영양에 대한 오사와 교수의 연구내용, 청소년 카운슬링 사례, 학생들의 보고서나 각종 수기 등이 그대로 담겨있다.

한 여학생이 제출한 자료를 일부 인용해보자. 그 학생은 오사와 교수의 강의에 처음에는 '설마' 했지만 결국 크게 공감했다고 한다.

저에게는 지난봄에 고등학교를 마치고 곧바로 취직한 남동생이 하나 있습니다. 그 애는 중학교 때부터 말썽을 부리기 시작했습니다. 어린 나이에 담배를 배웠는가 하면, 파마머리를 하고 나팔바지를 입고 다니는 등 불량기가 그득했습니다.

동생은 어릴 때부터 성격이 급한 편이었습니다. 작은 일에도 곧잘 화를 냈고 성질이 나면 물불 가리지 않는 아이였지요. 저는 처음엔 타고난 성미 탓이려니 했습니다만, 지금 생각해보면 그 애가 어릴 때부터 유난히 단것을 많이 먹었던 게 마음에 걸립니다. 세 살까지 거의 사탕을 입에 물고 있었으니까요.

초등학교에 들어가면서부터 그 애는 인스턴트식품과 주스를 탐닉하기 시작했습니다. 그런 까닭이었는지 2, 3학년 때는 습진과 같은 알레르기로 고생하기도 했습니다.

사람들은 참 이상합니다. 모두들 음식이 중요하다고 생각은 하면서도 여전히 청량음료, 과자, 인스턴트식품들을 먹습니다. 주위에서 잘못된 식생활로 인해 문제가 생기는 것을 보고도 자신들과는 관계없는 일이라고 생각하지요. 문제의 식품보다 더 나쁜 게 바로 이런 안일한 사고가 아닐까요.*1

동녘이 훤해올 무렵, 마지막 책장을 덮은 나는 한동안 물끄러미 앉아 있었다. 피로에 지친 머리에 혼란이 엄습해왔다. 그 책은 과자와 음료를 비롯한 가공식품이 우리 심신의 건강을 어떻게 해치는지를 너무나 생생히 묘사하고 있었다. 오사와 교수의 주장은, 대학에서 식품을 전공했고 식품업계에서 10년이 훨씬 넘게 일하고 있는 나의 상식을 송두리째 흔들고 있었다. 내가 그토록 아끼는 '꿈의 식품' 과자, 그 속에 그런 무시무시한 사연이 숨어있었단 말인가? 더군다나 정신건강에까지 치명적인 문제를 일으킬 수 있다니…….

물론 과자가 건강상으로 이로울 게 없는 식품이라는 점은 삼척동자도 안다. 이유는 단지 설탕이 들어있기 때문. 설탕은 고칼로리 식품이다. 칼로리의 과잉섭취가 늘 문제되는 현대인은 다이어트를 위해 과자와 같은 단것은 되도록 멀리하는 게 좋다. 그러나 이러한 칼로리 문제도 일부 특수한 사람들, 이를테면 비만이 문제된다든가 당뇨의 위험이 있는 사람들에게나 해당되는 이야기가 아닐까? 적어도 나는 그렇게 알고 있었다.

무릇 사물에는 늘 긍정적인 면과 부정적인 면이 공존하게 마련이다. 이 양면성은 때와 장소에 따라 변해 가는데, 어느 쪽 시각이 중시되느냐에 따라 선과 악, 또는 우등재와 열등재로 단번에 분류된다. 과자에도 예외 없이 이 양면성이 존재한다. '먹는 재미' 또는 '편의성' 등의 긍정적 측면과, '고칼로리 식품'이라는 부정적 측면이 그것일 터다. 오늘날 제과산업이 이토록 발달했다 함은 긍정적 측면이 부정적 측면을 크게 압도하고 있다는 뜻이리라.

그런데 이 책은 과자를 비롯한 가공식품에 고칼로리 문제 외에도 다른 부정적 요소가 도사리고 있음을 낱낱이 지적하고 있었다. 오늘날 가공식품 산업을 이토록 풍성하게 꽃피운 공로자는 '과학'이다. 책의 내용이 사실이라면, 과학은 이중적이게도 다른 쪽에서 쌓은 자신의 업적을 스스로 부정하게 된다. 과연 오사와 교수의 주장이 사실일까? 정말 과자가 정신건강에까지 악영향을 미치는 것일까?

나는 반은 호기심에서, 반은 사명감에서 한 가지 결심을 했다. 그 결심을 실천하기 전에 먼저 확인해야 할, 또 다른 한 가지 일이 있다고 생각했다. 전화기를 든 나는 번호를 누르고 있었다. 내가 전화를 건 곳은 야마시타제과였다.

그날 전화는 연결되지 않았다. 여름철이었기 때문이다. 나는 야마시타제과가 여름 휴동기간에 들어가 있다는 사실을 잠시 잊고 있었다. 과자회사는 여름철엔

공장 가동을 거의 안 한다. 윈도우베이커리용 제품을 생산하는 공장은 더욱 그렇다. 한여름의 무더위는 생산성을 떨어뜨릴 뿐 아니라 품질관리에 어려움을 주고, 무엇보다 제품판매를 위축시키기 때문이다.

생각지도 않던 의구심을 갖게 된 나는 내가 궁금한 것에 대해 더 알아봐야겠다는 생각이 들었다. 알아보기 위해서는 공부를 해야 한다. 공부란 물론 이 분야 문헌들을 읽고 연구내용을 조사하는 일이다. 처음에 사소하게 시작된 혼란이 호기심을 낳더니 그 호기심은 갈증을 불러왔다. 그 갈증은 깨달음으로 결론이 난다. 나의 개인 시간이 더욱 바빠지기 시작했다.

이상한 아이스크림 회사

지금으로부터 약 80년 전, 우리나라가 일제 치하에서 해방되던 해. 미국 캘리포니아의 어느 작은 마을에서 한 젊은이가 아이스크림 가게를 연다. 이듬해 그는 아이스크림 사업에 관심이 많고 사업수완이 좋은, 동생뻘의 친척 한 사람을 설득하여 합류시킨다. 두 사람은 힘을 합쳐 신제품을 개발하며 점포수를 늘려나간다. 그들의 사업 가도는 탄탄대로였으며, 해를 거듭할수록 사세는 확장되어간다. 창업한 지 10여 년 만에 그들은 미국 전역에 사업장을 갖게 되고, 제품 수도 수십 종에 달해 그들의 가게를 찾는 고객들은 한 달 동안 매일 다른 맛의 아이스크림을 즐길 수 있게 된다.

그러나 이들의 사업을 누가 시샘이라도 한 것일까, 뜻하지 않은 불상사가 생긴다. 사업을 시작한 지 약 20년쯤 된 1967년, 창업자 가운데 한 사람이 세상을 떠난 것이다. 숨진 사람은 나중에 합류했던 동생이었다. 그는 당시 54세, 아직 한창 일할 나이였다. 사인은 심장마비.*1 회사 일은 순풍에 돛 단 듯 번창해갔건만, 왜 창업자 중 한 사람이 아직 젊은 나이에 불행한 일을 당해야 했을까?

알고 보면 그를 급습했던 심장마비는 예견된 일이었는지도 모른다. 숨진 그는 당시 체중이 100킬로그램을 넘나드는 비만형 체구였기 때문이다. 문제는 나머지 한 사람의 창업자도 건강이 좋지 않다는 사실이었다. 그 역시 비만과 싸워야 했으며 이미 당뇨 증상이 있었고, 고혈압 때문에 전전긍긍해야 했다. 직업이 문제였을까? 그들은 지난 20년간 엄청난 양의 아이스크림을 먹어왔다. 신제품을 만들기 위해, 또 품질관리를 위해 싫어도 먹어야 했다.

한편 생존해있는 창업자에게는 건강 외에 또 다른 고민거리가 생겼다. 아들 문제였다. 그에게는 나이 갓 스물의 외아들이 있었다. 아직 애송이에 불과한 아들이 아버지의 사업을 비토하기 시작한 것이다. 아들은 존경하며 따르던 아저씨가 불행하게 세상을 떠난 이유와 아버지가 병치레를 하는 이유를 아이스크림에서 찾으려 했고, 따라서 아버지의 사업을 달갑지 않게 여기기 시작했다.

아버지로서는 당연히 자신의 하나밖에 없는 아들이 사업을 이어주기를 바랐다. 그러나 젊은 아들은 끝내 아버지의 뜻을 거역하고 가출해버린다. 그때 회사는 이미 미국 최대의 아이스크림 재벌이 되어있었지만 아들은 아버지의 성공적인 사업에 아무런 의미도 부여하지 않았다.*2

이 소설 같은 이야기는 실화다. 회사의 이름만으로도 뭇 아이스크림 마니아들의 침샘을 자극하는, 세계 최대 아이스크림 체인의 영욕의 발자취다. 창업자의 이름은 어브 로빈스(Irv Robbins), 일찍 숨진 그의 사업 파트너이자 동생은 버트 배스킨(Burt Baskin), 창업자의 아들은 지금 채식운동가로 널리 알려져 있는 존 로빈스(John Robbins)다.

이 회사의 이야기는 여기서 끝나지 않는다. 나는 지금부터 이 회사를 '이상한 아이스크림 회사'라고 부르려 한다. 내가 과문한 탓일까? 그 회사는 당시 식품업계에 몸담고 있는 나의 판단 기준을 크게 흔들었으며, 단순한 흥밋거리로만 받아들이기에는 너무나 기이한 모습을 보여줬기 때문이다.

먼저 아버지의 뜻을 거역하고 집을 나간 존 로빈스의 이야기부터 해보자. 그는 세계적인 식품회사의 유일한 상속자로서 엄청난 부귀영화가 보장돼있는 이른바 재벌 2세였다. 그러나 그는 모든 것을 포기하고 갓 결혼한 아내와 함께 브리티시 컬럼비아 해안의 작은 섬으로 들어간다. 그곳에서 그는 1,000달러도 안 되는 돈으로 10년을 지내는 비상식적인 생활을 한다.*3 그것도 신혼생활을……. 정신이상자였을까, 아니면 젊은이의 단순한 객기였을까?

이 모든 의문점은 그 뒤 그의 일관된 행동을 통해 이해할 수 있다. 그는 자신을 위해 어쩔 수 없이 그 길을 택한 것이었다. 10년간의 섬 생활은 그에게 자기 성찰의 시간이었다. 그는 그곳에서 철저한 채식주의 생활을 실천한다. 그리고 책을 한 권 저술한다. 1980년대 후반, 미국의 육가공업계에 큰 파문을 불러일으켰던 베스트셀러 『육식, 건강을 망치고 세상을 망친다(Diet for a new America)』가 그 책이다.

채식주의자이자 환경운동가이며 건강전도사인 젊은 로빈스는 이제 더 이상 재벌 2세가 아니었다. 섬에서 나온 그는 미국 전역을 돌며 식생활과 관련한 건강

메시지를 전파한다. 인간 · 자연 · 식품의 숭고한 질서를 거역하는 모든 제품을 비판했고, 그것과 관련된 회사와 업자들을 고발했다. 물론 부친이 이끌고 있는 아이스크림 사업도 예외가 아니었다.

어느 날 강연장에서 한 참석자가 그에게 질문했다. "왜 부와 명예를 마다하고 부친의 슬하를 떠나셨나요?" 그는 거침없이 대답한다. "그때 만일 떠나지 않았다면 저는 거울을 통해 뚱뚱하기 이를 데 없는 제 모습을 보고 있을 겁니다. 지금 저는 행복하지만 거울 속에 비친 뚱보는 결코 행복할 수 없겠지요."[*4] 그렇다. 그는 부와 명예보다 건강과 행복을 택한 것이다.

계속해서 이 이상한 아이스크림 회사 이야기를 해보자. 믿음직한 사업 파트너와 사랑하는 아들을 떠나보낸 창업자 어브 로빈스는 갈수록 건강이 악화된다. 그의 콜레스테롤 수치는 위험수준을 훨씬 넘어 300에 도달해 있었고, 악화된 당뇨 증세는 실명과 괴저(壞疽)의 위험까지 예고하고 있었다.

그는 결국 채식주의자인 아들의 권고를 받아들여 식생활을 바꾼다. 물론 아이스크림도 입에서 멀리하게 된다. 그러자 놀라운 일이 일어났다. 건강이 회복되기 시작한 것이다. 명의는 다 찾아다녔고 좋다는 약은 다 먹었지만 좀처럼 좋아지지 않던 그의 건강 아니었던가?[*5]

이제 그가 만든 회사에서 나오는 식품을 그와 그의 가족만은 먹지 않는 형국이 됐다. 그렇지만 이러한 내부 사정에는 아랑곳없이 이 이상한 회사는 계속 번창하여 전 세계로 뻗어나간다. 그가 건설한 아이스크림 왕국은 지구촌 수천 개소의 체인점에서 매년 천문학적인 매출을 올리며 부를 축적해가고 있다. 내가 이 회사를 이상한 회사라고 부르는 이유는 다음 이야기에서 더욱 정당성을 갖는다.

글렌 배첼러(Glenn Bacheller)라는 사람이 있다. 미국 식품업계의 입지전적인 인물이다. 그는 창업자인 어브 로빈스가 은퇴하고 난 뒤, 한동안 이 회사의 회장으로 재직한 사람이다. 그의 아내는 어느 사석에서 이렇게 말했다.

"저의 남편은 회사에선 어쩔 수 없이 아이스크림을 먹지만, 집에서는 결코 입에 대지 않아요. 저는 남편이 회사에서 아이스크림을 먹은 날은 금방 알 수 있죠. 그날은 잠잘 때면 늘 코를 골거든요."*6

배첼러 회장의 건강 역시 아이스크림의 공격을 받고 있었다. 그는 결국 주스 회사로 직장을 옮긴다. 이 일련의 이야기는 코미디를 방불케 한다. 하지만 틀림없는 실화였다. 내 판단의 시야는 더욱 혼미해져갔다. 이상한 이야기를 넘어 무서운 이야기가 아닌가?

문 닫은 슈크림 회사

"예? 회사 문을 닫았다구요?"

지루했던 무더위가 거의 끝나갈 무렵, 열어젖힌 창을 타고 넘어 들어오는 바람이 한결 시원하게 느껴지던 어느 늦여름 오후, 나는 사무실 책상 앞에서 들고 있던 전화 수화기를 하마터면 떨어뜨릴 뻔했다. 야마시타제과가 문을 닫았다는 것이다.

믿을 수가 없었다. 아직 공장 가동에 들어가지 않았겠지. 혹시 야마시타 사장이 늑장을 부리고 있는 게 아닐까? 극심한 경기 침체를 고려할 때 그럴 수도 있는 일이었다. 그러나 아직까지 생산 준비도 안 하고 있단 말인가? 지금은 제과회사로서 연중 가장 바쁠 때가 아닌가?

더욱 의아한 점은 야마시타 사장과 연락이 안 된다는 것이었다. 지난번에 그가 불쑥 던졌던 말이 다시 떠올랐다. 그는 '지금 있는 라인도 뜯어 치울까 한다'고 했다. 혹시 그 말과 어떤 관련이 있는 건 아닐까?

"나도 자세한 내막은 몰라요. 아마 정확히 아는 사람은 없을 거예요. 어느 날 갑자기 공장 문을 닫겠다는 거였으니까요. 그 이유가 참 이상해요. 사장님이 그냥 좀 쉬고 싶다는 거였어요. 지금 여기는 창고로 변해있어요. 기계는 모두 철거했고요. 그냥 공장을 다른 사람에게 넘겨도 되는데 왜 그랬는지 모르겠어요. 사장님은 이상한 분이거든요. 그분은 지금 고향에 내려가 있을 거예요. 연락처는 나도 몰라요."

이야말로 아닌 밤중에 홍두깨가 아니고 무엇이랴. 지금 수화기를 통해 들리는 말이 분명 사실인가! 내 상식으로는 도저히 이해가 되지 않았다. 혹시 내가 잘못 들은 것은 아닐까? 나는 한동안 넋을 잃고 앉아있었다. 밖에서 들려오는 쓰르라미 울음소리가 나에게 뭔가를 말하려는 듯했다.

야마시타제과가 생산하는 슈크림은 흔히 '베이커리의 귀족'으로 통하는 고급 과자다. 이 과자는 서울에서도 제법 알려져 있지만, 일본에서의 인기는 대단하여 도쿄 긴자에는 슈크림 테이크아웃 전문점까지 생겨날 정도다. 이 과자의 특징은 솜같이 부드러우면서도 고급 스펀지처럼 탄력이 경쾌한 외피와, 달콤하면서도 시원하게 녹아드는 센터크림의 조화에 있다.

야마시타 사장은 이 슈크림을 개발하기 위해 100명도 넘는 과자 기술자를 찾아다녔다고 한다. 원래 기술자 출신이 아닌 그로서는 힘든 도전이었지만 결과는 성공적이었다고 자평을 한 바 있다. 다만, 아직 회사 규모가 영세했던 터라 생산과 품질관리, 판매까지 거의 모든 업무가 그의 책임으로 되어있는 점이 부담이라고 했다.

그의 일과는 아침에 슈크림을 먹는 일로부터 시작된다. 이미 전문가 수준에 오른 그의 '입'은 원료 차이는 물론이고 생산 공정상의 미세한 실수들을 모두 지적해낸다. 사장이 직접 생산품을 먹어야만 공장 직원들이 긴장의 고삐를 늦추지 않는다는 사실을 간파하고 있는 그로서는, 그렇게 매일 관능검사를 하는 일이 최선의 품질관리 요령이라는 점을 잘 알고 있었다. 그뿐이 아니다. 그는 정기적으로 시내 거래처의 매장을 돌며 자신이 납품한 제품의 품질상태를 파악한다. 물론 매장에서도 먹는 일이 곧 품질관리다.

야마시타 사장은 슈크림에 대해 남다른 애착을 가지고 있었다. 아침 일찍부터 저녁 늦게까지 오로지 슈크림에만 몰두할 수 있는 원동력은 물론 그의 직업정신과도 무관하지 않겠지만, 실은 이 '남다른 애착'에 있었다. 그는 슈크림이라는 아이템을 발굴하기부터 제품을 개발하기까지 손수 배우며 제품을 완성했다. 그에게는 슈크림이 자식이나 마찬가지다.

하지만 아직도 내가 불가사의하게 생각하는 것은 그렇게 어렵게 터득한 슈크림 기술을 조금도 숨기려고 하지 않았다는 점이다. 어쩌면 그는 자신의 비즈니스 성공보다는 슈크림이라는 과자의 보급에 더 의미를 두고 있었는지도 모른다. 이쯤 되면 그의 슈크림에 대한 애착은 유별나다고 표현하는 게 더 옳을지 모르겠다. 내 평범한 상식으로는, 야마시타 사장은 결코 슈크림 만드는 일을 중단하지 않을 것으로 보였다. 그런데 이 무슨 천부당만부당한 일인가?

야마시타 사장은 다소 과묵한 사람이다. 보통 과묵한 사람이 그러하듯 그는 탐구욕이 강했다. 뭔가를 깊이 생각하며 슈크림을 맛보는 그의 모습이 떠올랐다. 라인을 걷어치울까 한다는 말, 몸이 안 좋다는 말, 가공식품을 고발하는 책을 주며 읽어보라고 했던 일들이 주마등처럼 나의 머리를 스치고 지나갔다.

그때 문득 야릇한 생각이 정수리를 강타하고 있었다. 혹시? 그 섬광 같은 생각은 짧은 순간의 가설이었다. 그 가설은 곧 확신으로 또렷해지기 시작했다. 홀연히 의문의 실타래가 풀리고 있다는 생각이 들었다. 그 실타래의 끝에서 잔잔한 감동이 느껴졌다.

그렇다! 그는 자신을 희생하기로 한 것이다. 천금보다 귀하게 여기는 자신의 삶 하나를 포기하기로 결정한 것이다. 그 추론은 내 가슴을 저미고 있었다.

'빠른 시일 내에 야마시타를 만나자.'

직업에 대한 회의감

지난 1년간은 나에게 끔찍한 시간이었다. 그동안 직장생활을 해온 10여 년의 기간보다 그 1년이 훨씬 길게 느껴졌다. 일을 하면서 나는 한시도 야마시타를 잊은 적이 없었다. 과자 만드는 일에 매진하면 할수록 나는 야마시타의 실루엣에 포박되어갔다. 그는 늘 슈크림을 먹는 모습으로 나에게 다가왔다. 그가 다녀간

자리에서 나는 알 수 없는 무력감과 현기증에 시달렸다.

나는 어디 가서 쉬고 싶은 생각이 간절했다. 깊은 산사도 좋고 바다 한가운데의 무인도도 좋다. 며칠만이라도 원시인 같은 생활을 하며 마음의 노폐물을 걸러내고 싶었다. 그리고 처음으로 내 직업에 대해 의구심을 품기에 이르렀다.

결국 나는 나리타행 비행기에 몸을 싣고 있었다. 그동안 나는 줄곧 야마시타 사장과 연락할 수 있는 방법을 생각해왔다. 문 닫은 회사의 전화번호만으로는 어림없는 일이었다. 어떻게든 현지에 가야만 그에 대한 단서를 찾을 수 있을 것 같았다. 나는 회사에 휴가를 신청했다. 일본행을 결행한 것이다.

그때 내가 안고 있는 가장 큰 애로는 건강문제였다. 가끔씩 무기력해지고 몽롱해지는 빈도가 잦아지는 느낌이었고 항상 피로가 몸에 붙어 다녔다. 30대부터 느끼기 시작했던 이 문제는 40대에 접어들어 더 심각해지는 양상이었다. 분명 나이 탓만은 아닌 듯했다. 담배는 이미 오래 전에 끊은 상태였고 거의 매일같이 조깅도 했지만, 근본적인 해결책은 되어주지 못했다.

또 한 가지 문제는 내가 매일 하고 있는 일 속에서 흥미를 느끼지 못한다는 점이었다. 어느새 나에게 과자는 요람에서 무덤까지라는 멋진 기치(旗幟)의 '꿈의 식품'이 아닌, 피해야 할 식품이 되어있었다.

내 생활도 두 가지 점에서 변해 있었다. 술자리라면 누구보다 앞장서서 바람잡던 내가 언제부턴가 가급적 빠지기 위해 노력하고 있었다는 점과 그토록 좋아하던 과자를 가능하면 먹지 않으려고 애쓰게 되었다는 점이다.

이런 사실들은 나를 서서히 아웃사이더로 만들어갔다. 아침에 잠자리에서 일어나면서부터 시작되는 일련의 일과들이 오로지 생계를 위한 수단으로 전락해

있었다. 나는 웃음을 잃고 있었고, 꿈이니 비전이니 보람이니 하는 단어들이 생활 속에서 서서히 휘발되고 있음을 느꼈다.

문득 며칠 전의 일이 생각났다. 퇴근하여 집에 돌아왔을 때, 중학생인 아들이 설탕 범벅인 시리얼을 먹고 있었다. 국내 유명 스낵회사에서 만들고 있는 그 제품은 아들의 둘도 없는 기호식품이다. 나는 과자를 피하면서부터 아들에게도 먹지 말도록 지도하고 있었다. 나는 그날 평소와 다르게 큰소리로 아이를 꾸짖었다. 분명 그 아이는 아빠가 왜 갑자기 저럴까 의아해했을 터다.

이상한 아이스크림 회사. 자신과 자신의 가족들은 먹지 않는 식품을 만들어 파는 회사. 하지만 세계적인 식품재벌로 번창했으며, 앞으로 더욱 크게 성장 신화를 써갈 회사. 비단 그 회사뿐일까? 지금 내가 몸담고 있는 회사는? 가능하면 먹지 않으려고 하는 식품, 자식에게 먹지 말도록 지도하고 있는 식품을 열심히 만들고 있는 나는? 어떤 사람이란 말인가?

야마시타 사장의 변고

일본에 도착한 나는 호텔 체크인을 한 뒤 가방만 방안에 던져 넣고는 곧장 밖으로 나왔다. 다른 일정은 있을 리가 없었다. 곧바로 야마시타제과로 향했다.

물론 그곳은 변해있을 것이고, 그곳에 간다 한들 야마시타 사장을 만나지는 못할 것이다. 하지만 현지에 직접 가보면 뭔가 그의 소식을 알 수 있는 실마리가 있으리라. 그는 그 지역에서 오래 생활했으니 누군가는 필시 그의 근황이나 연락처를 알고 있으리라. 정 안 되면 마을 사람이라도 붙들고 물어볼 참이었다.

지난번에 다녀간 이후 벌써 몇 해가 흘렀다. 갈 때마다 그곳 주변은 조금씩 바뀌고 있었지만 옛 풍치는 그대로다. 전철역에서 내려 그다지 오래 걷지 않았을 때, 나는 곧 야마시타제과의 건물 앞에 다다를 수 있었다. 이곳은 지금 무슨 창고로 사용되고 있다고 했던가? 지난번 전화 통화가 생각났다.

과연 건물 앞에서 느껴지는 공기 자체가 식품회사의 분위기가 아니었다. 식품업계에 오래 몸담고 있다 보니 식품공장은 겉모습만으로도 한눈에 알아본다. 어떤 식품을 생산하는 공장인지도 얼추 짐작이 간다.

건물 앞에 선 나는 정문의 오른쪽 기둥을 망연자실하게 바라보고 있었다. 전에는 그곳에 '야마시타제과(주)'라는 간판이 붙어 있었고, 그 옆에는 먹음직스러운 슈크림 그림이 벽화처럼 그려져 있었다. 그러한 전경은 건물 안에서 곰실곰실 배어나오는 달콤한 커스터드크림 냄새와 함께 이따금 방문하는 나를 편안하게 맞아주곤 했다.

하지만 상전벽해(桑田碧海)가 그 어디 또 있을까! 그 정겹던 모습은 크게 변해 있었다. 벽화는 지워졌는지 거친 벽돌 면만 드러나 있었고, 간판이 붙어있던 자리는 무참히 패어나가 흉측한 모습으로 나를 맞고 있었다. 한동안 무상함에 젖어 있노라니 왼쪽 건너편의 출하장 쪽에서 트럭이 한 대 나오고 있었다. 그곳은 옛날엔 아담한 탑차가 방금 구워나온 슈크림을 싣기 위해서 기다리고 있던 장소였다.

나는 서둘러야겠다는 생각이 들어 무턱대고 안으로 들어가 사무실로 생각되는 곳으로 계단을 올라갔다. 옛날에는 기계 소리에 시끄러웠지만 지금은 마치 절간과 같이 조용했다. 건물 외관만 전의 모습 그대로이지 내부는 완전히 바뀌어 있었다. 문이 열려있는, 그리 넓지 않은 사무실에는 책상이 두 개 놓여 있었고, 여직원만 혼자 앉아 뭔가를 열심히 쓰고 있었다. 그 여자는 생각지도 않은 길손의 방문에 놀랐는지 흠칫 나를 쳐다본다.

"실례합니다."

"……?"

"한국에서 온 사람인데요. 한 가지 여쭤봐도 될까요?"

"무슨 일이시죠?"

"전에는 이곳이 과자 공장이었지요? 그 회사 사장님이신 야마시타 씨와 잘 아는 사람인데요. 그분을 좀 만나고 싶어서 왔습니다."

"……."

"여기 안 계신가요? 그렇다면 연락처라도 좀 알 수 없을까요?"

"글쎄요. 그건 저도 잘 몰라요."

그 여직원은 불청객에 의해 자신의 업무가 방해받은 게 불쾌했는지, 시종 퉁명스러운 태도를 취하며 책상 위의 서류로 다시 눈을 돌리고 있었다.

"그러면 혹시 다른 분이라도, 아는 분이 안 계실까요?"

"……"

나는 초조한 생각에 물러서지 않고, 다소 목소리의 톤을 높여 다시 말했다.

"바쁘신데 정말 죄송합니다. 그분을 만나기 위해 일부러 먼 곳에서 왔거든요. 좀 도와주시죠."

그때 안쪽의 문이 하나 열리며 50대로 보이는 중년 남자가 밖으로 나왔다. 나는 그곳에도 방이 있다는 사실을 그제야 알았다. 그 역시 무뚝뚝한 표정으로 나에게 다가오더니 자리를 권했다.

"어디서 왔다고요?"

"한국 서울에서 왔습니다."

"야마시타 씨를 어떻게 아시죠?"

그 질문에 대한 답변에는 다소 시간이 걸렸다. 나에 대해 의혹을 남기면 안 될 것 같아서 내 소개부터 시작해서 그로부터 신세를 진 이야기, 어느 날 갑자기 연락이 끊어진 사실, 내가 왜 그를 만나고 싶어 하는지 등을 상세히 얘기하고, 또 어떤 악의도 전혀 없는 점을 강조해서 덧붙였다. 그런 질문을 하는 그 남자는 야마시타의 소식을 알고 있음에 틀림없다는 생각이 들었다. 무뚝뚝한 태도를 보이던 그는 천천히 고개를 끄덕이더니 잔뜩 찌푸린 표정으로 대답했다.

"그 사람 지금 여기 없어요."

"그럼 어디 있죠? 신주쿠 집인가요? 아니면 고향에 내려가 있나요?"

"아니, 거기도 없어요."

그 남자는 머리를 뒤로 쓰다듬으며 내 눈치를 슬쩍 살피더니 천천히 말했다.

"죽었어요."

나는 순간 숨이 멎는 듯했다. 처음에는 귀를 의심했다. 그럴 리가 없다고 생각했다. 그 남자가 뭔가 잘못 알고 있든가 아니면 나를 돌려보내기 위해 아무렇게나 대꾸하는 것이라고 생각했다. 그러나 이어지는 그의 이야기를 들었을 때 그 말이 사실임을 알 수 있었다. 그도 야마시타를 잘 안다는 것이었다. 그는 그 창고의 주인으로서 건물과 터를 직접 샀다고 했다. 야마시타는 지난해 겨울 고향인 규슈에서 숨졌는데 자신도 나중에 알았다고 했다. 직장암이라고 했다.

"참 아까운 사람이었어요. 그 나이에……. 그런데 아무도 몰랐어요. 자신의 병을 누구한테도 알리지 않았다고 해요."

그 남자는 야마시타의 죽음에 대해 몇 마디 더 들려주는 듯싶었지만, 다른 이야기는 더 이상 내 귀에 들어오지 않았다. 멀리서 열차 지나가는 소리가 희미하게 들려왔다.

전철역까지 도보로 약 10여 분 걸리는 거리를 어떻게 걸어왔는지 기억이 없었다. 열차가 들어오고 있었다. 물끄러미 열차를 바라보던 나는 열차를 그냥 보냈다. 한적한 시골역의 플랫폼에는 개미 한 마리 보이지 않았다. 내 몸은 시원한 공기를 필요로 하고 있었다. 벤치에 앉아 하늘을 바라보았다. 흰 구름이 몇 조각 유유히 지나가고 있었다.

'지금 내 앞을 루비콘강이 가로막고 있다.' 나는 심호흡을 했다.

과자회사를 그만두고

아들은 엄마를 뜨악한 눈으로 쳐다보고 있었다. 냉장고를 열어보고는 그 안에 있어야 할 자신의 기호품들이 모두 없어진 것을 알아차렸기 때문이다. 그 아이는 나의 하나밖에 없는 아들로서 이제 중학교에 갓 입학했다. 축구에 막 재미를 붙이고 있었고, 그날도 땀 흘린 모습으로 집에 들어와서 콜라를 찾고 있었던 모양이다. 말문이 막힌 아내는 측은한 표정으로 나에게 얼굴을 돌렸다. 나는 대신 생수를 한 컵 따라 아들에게 건넸다.

그때가 내가 과자회사를 그만두고 약 일주일쯤 지난 시점이었다. 나는 더 이상 제과인이 아니었다. 그동안 많은 정신적 갈등을 겪었지만 결단을 내리기는 어렵지 않았다. 돌이켜보면 나의 결단을 도와준 사람들이 꽤 많았다. 오사와 교수, 배스킨 씨, 로빈슨 부자, 배첼러 회장 등이다. 결정적으로 내 결심을 도와준 사람은 야마시타 사장일 터다.

야마시타의 소식을 들은 날 저녁, 이국에서 나는 거의 잠을 이루지 못했다. 오랜만에 일본 호텔에서의 하룻밤이 그렇게 길게 느껴질 수가 없었다. 나는 침대에 누워있다가 일어나 앉기도 했고, 또 좁은 방을 거닐어 보기도 했다. 온갖 생각들이 머리를 스치며 지나갔고, 그 생각들은 무력감으로 변하여 부메랑처럼 다시 돌아왔다.

왜 그는 한창 일할 나이에 먼저 가야 했을까? 그 착잡한 와중에서도 나는 한 가지만은 분명하게 결론짓고 있었다. 그의 죽음은 결코 그 혼자만의 일이 아니다. 그것은 베이커리 업계의 문제며, 제과업계의 문제고, 가공식품 업계의 문제다. 그것은 결국 나의 문제고 나의 동료들의 문제며 가족과 이웃을 포함한 우리 모두의 문제다.

언젠가 사석에서 동료 한 사람이 농담조로 한 말이 생각났다. 자신은 무슨 일이 있어도 공장장은 하지 않겠다는 것이다. 그가 그 말을 한 이유는 간단했다. 공장장들은 이상하게 만년에 건강문제로 고통을 받는다는 것이었다. 그는 그런 말을 하며 알고 있은 사람들을 하나하나 꼽아나갔다. 듣고 보니 과연 그랬다. 나는 당시 그 사실들이 우연의 일치라고 생각했고, 그렇기 때문에 공장장 부임 전에 푸닥거리를 잘해야 한다며 웃은 적이 있다.

제과회사의 공장장. 그들은 명실상부한 과자 전문가다. 그들은 과자를 위해 청춘을 바친 사람들이며 누구보다 과자를 많이 먹어온 사람들이다. 그뿐만이 아니다. 공장장직을 수행하기 위해서는 앞으로도 계속 과자를 먹어야 한다. 왜냐하면 그 직책에서 가장 중요한 요소가 제품의 품질이고, 그 품질관리를 위해서는 입 안의 혀만큼 훌륭한 검증 수단이 없기 때문이다.

이 이야기는 사실 공장장에게만 국한되지 않는다. 나는 많은 선배들이 건강문제로 일찍 회사를 떠났으며 불행한 노후를 보내는 사례를 보아왔다. 그들 중에는 벌써 숨진 사람도 있다. 아직 젊은 나이였다. 또 회사에 남아있는 사람을 보아도 비만, 고혈압, 현기증, 만성피로 등으로 고통받는 예가 적지 않다.

그동안 나는 이러한 사실들에 대해 문제의식을 가져본 적이 없다. 그들의 문제는 유전적인 병력 때문이려니, 운동을 안 했기 때문이려니, 단지 건강관리를 잘못했기 때문이려니 하고 생각했을 뿐이다. 왜냐하면 우선 무지(無知)했고, 또 나의 관심사란 게 어떻게 하면 잘 팔리는 과자를 만들 것인지에만 초점이 맞추어져 있었기 때문이다.

이러한 사실, 즉 과자회사 직원과 건강과의 관련성은 여간해서 외부로 알려지지 않는다. 대부분의 사람들이 이에 대해 알지 못하고 있으며, 설사 알고 있다고 해도 누구에게 말하는 것을 꺼린다. 나는 그 이유가 유감스럽게도 투철한 직업의식에 있지 않을까 생각한다. 이러한 사실은 그들의 직업세계를 송두리째 위협하는 악재임이 분명하고, 자신들의 업계에서 수십 년간 쌓아온 명성에 먹칠을 할 것임이 뻔하기 때문이다.

야마시타 사장의 일도 맥을 같이 한다. 그의 변고는 나의 선배들이 겪은 불행과 조금도 다르지 않다. 과자를 많이 먹은 사람들의 자업자득이다. 다른 점이 있다면 그는 자신의 불행에 대한 원인을 분명히 알고 있었다는 사실이다. 그러나 그는 그 원인을 누구에게도 말하지 않았다. 만일 그가 사실을 밝혔다면 언론들이 대서특필했을 것이다.

과자회사를 그만둔 뒤, 나는 본격적으로 식품과 건강에 대한 자료들을 탐독했다. 특히 그 분야의 논문들을 집중적으로 읽었고, 관련 기관의 웹사이트를 자주 방문했다. 나는 이미 한 가지 확신을 가지고 있었다. 나의 건강문제에 대한 해결의 실마리를 찾을 수 있으리라.

나의 건강 상태는 날이 갈수록 악화되고 있었다. 당시 내가 안고 있던 건강문제는 신체적인 점에만 국한되지 않았다. 기억력이 크게 떨어지고 집중력도 현저하게 나빠져졌다. 이 문제는 나의 자신감을 떨어뜨렸고, 그것은 다시 자괴감으로 변하여 나를 괴롭혀왔다.

과자 만드는 일을 그만두면서 나는 곧바로 한 가지 일을 실천하기 시작했다. 과자를 먹지 않는 일이었다. 벌써 일주일째 지나고 있었다. 4년 전, 담배를 끊던 일이 생각났다. 그때는 수차례의 실패를 거듭한 끝에야 겨우 성공했다. 과자를 끊는 일은 담배 끊기에 비하면 쉬운 편이었다. '기호품과의 결별'이라는 점에서는 다를 바 없지만 중독현상은 훨씬 덜할 것이다. 하지만 일주일쯤 지난 그 시점에서 나는 약간의 금단현상을 경험하고 있었다. 입이 허전해왔고 몸속에서는 알지 못할 긴장감이 느껴졌다.

과자를 끊는다 함은 단맛에 대한 금욕을 뜻한다. 내가 멀리해야 할 식품은 비단 과자만이 아니고 청량음료 등 단맛을 내는 모든 식품이다. 돌이켜보면 30년 이상 가까이해왔던 친숙한 맛 아닌가? 최근 16년간은 설탕과 물엿에 절어 있었다고 해도 과언이 아니다.

그러나 나는 이렇게 생각했다. 어찌 금단현상이 없으랴. 나의 말초신경은 계속 단맛을 요구했지만, 몸속 깊은 곳에서는 단맛의 단절에 따른 새로운 질서가 만들어지고 있었다. 내가 느끼고 있는 긴장감은 그 후유증일 것이다. 그 긴장감을 즐기자.

문제는 견물생심(見物生心)이란 것. 새로운 질서로 인한 긴장감은 냉장고를 열 때마다 갈등으로 바뀌곤 했다. 그 안에는 초콜릿, 크림빵, 컵젤리, 요구르트, 잼, 콜라, 사이다 등이 수두룩하다. 그놈들은 매번 얄궂은 모습으로 나를 유혹했다. 아무리 큰맘 먹은 수도승이라도 술과 고기를 자주 접하면 의지가 약해지게 마련. 어차피 가족 모두에게 단것을 끊도록 권할 요량이었기에 그것들이 집안에 있으면 안 된다고 생각했다. 마음먹은 김에 모조리 치웠다.

아내는 쉽게 동의했지만, 문제는 아직 철부지인 아들이다. 우리 집에는 냉장고에만 과자들이 있는 게 아니었다. 냉장고 밖에는 그보다 훨씬 더 많은 과자들이 쌓여있었다. 아들은 꽤나 이른 나이에 단맛에 길들었고 순식간에 포로가 돼버렸다. 밖에서 들어오면 으레 마시는 게 콜라 아니면 사이다였으며, 급기야는 식사 때도 그 음료를 옆에 따라놓고 국물 마시듯 하는 상황에까지 이르렀다.

아들에게 내가 잔소리를 하기 시작한 지는 그리 오래되지 않았다. 그토록 깊숙이 단맛에 탐닉해 있는 아이에게 갑자기 그 맛으로부터의 단절을 요구하기란 쉬운 일이 아니었다. 아들은 이제까지 좋은 '동업자'였던 아빠가 어느 날 갑자기 '변절'을 하더니, 자신에게까지 변절을 강요하는 내막을 이해할 턱이 없었다. 그날도 내가 건네준 물 한 잔을 마시는 척하다가 나가버린 걸 보면 밖에 즐비한 어느 자판기 앞에서 갈증을 해소하고 있을 것이다.

전혀 귀띔 없이 냉장고를 비운 행위는 내가 구사할 수 있는 최고의 강수였다. 그것은 나의 '과자 끊기' 계획에 불가결한 일이기도 했지만, 실은 아들을 내가 실천하고 있는 일에 동참시키기 위한 극단적인 방법이었다. 하지만 생각처럼 쉬운 일이 아니었다. 막무가내식의 강요는 아빠에 대한 거부감만을 키울 뿐이다. 이해를 시켜야 한다. 그날 저녁 나는 중학교 1학년생인 아들을 조용히 불렀다. 내 능력껏 할 수 있는 가장 쉬운 말로 다음과 같이 이야기를 시작했다.

우리 몸 안에는 신기한 물질이 있단다. 과학자들은 그걸 인슐린이라고 부르지. 너 호르몬이라고 들어봤니? 호르몬이란 우리 몸 안에서 저절로 만들어지는 물질이지. 우리가 공부를 하거나, 운동을 하거나 어떤 활동을 할 때 꼭 필요한 물질이란다. 인슐린도 이러한 호르몬의 하나지.

아빠가 오늘 갑자기 인슐린 이야기를 하는 이유는 이 호르몬이 우리 건강에 너무나 중요하기 때문이야. 이 호르몬에 문제가 생기면 무서운 병에 걸린단다. 당뇨병이나 중풍 같은 병이 그거지. 또 몸이 뚱뚱해진다든가 암의 원인이 될 수도 있고.

이 인슐린은 설탕을 싫어한단다. 우리 몸 안에 설탕이 들어오면 그것을 치워버리려고 하지. 만일 설탕이 한꺼번에 많이 들어오면 어떻게 되겠니. 인슐린이 그걸 치우느라 무진 애를 쓰겠지. 이런 일이 자주 생기면 이 호르몬이 그만 지쳐버린단다.

인슐린은 굉장히 중요한 호르몬이지만 참을성이 없는 게 문제야. 이 호르몬이 지쳐버리면 결국 아까 얘기한 무서운 병에 걸리게 되는 거다. 원래 단것을 많이 먹는 사람은 이가 금방 썩지. 하지만 이가 썩는 건 문제도 아니란다.

아빠가 오늘 냉장고에 있는 것들을 모두 치워버린 이유를 알겠니? 과자나 콜라 같은 것들 속에는 설탕이 무진장 많이 들어 있거든. 그건 너도 잘 알지? 아빠가 요즘 과자를 안 먹는 이유도 그 때문이란다.

사실 과자에는 그런 문제만 있는 게 아니야. 잘 들어보렴. 과자 속에는 또 몸에 해로운 기름 성분이 많이 들어 있지. 이런 기름을 먹으면 우리 몸의 세포가 허약해진단다. 세포가 뭔지 아니? 세포란 우리 몸을 구성하는 가장 작은 알갱이를 말하지. 집이 벽돌로 이루어져 있다면, 우리 몸은 세포로 이루어져 있다고 생각하면 돼. 즉, 세포는 우리 몸을 만드는 벽돌이나 마찬가지지.

세포가 허약해지면 어떻게 되겠니. 사람이 힘을 못 쓰겠지. 정상적인 활동에도 지장이 생기고. 또 여러 병에 걸릴 수도 있단다. 요즘 확인된 걸 보면, 과자 속에 들어있는 기름이 심장병을 일으킬 수도 있다는 거야.

그뿐만이 아니란다. 우리가 좋아하는 과자나 음료수 속에는 여러 가지 화학물질이 들어있는 것도 큰 문제야. 화학물질은 원래 사람이 먹으면 안 되는 거지. 이런 물질이 우리 몸속에 들어가면 암을 일으키는 경우가 많단다. 또 화학물질은 우리의 뇌 활동에도 큰 지장을 준다고 해. 뇌에 문제가 생기면 어떻게 되겠니. 사람이 생각을 제대로 못하겠지. 정신병에도 걸릴 수 있고. 어떠니. 공부하는 학생들은 특히 이런 거 먹으면 안 되겠지?

이런 무서운 사실들을 전엔 잘 몰랐단다. 요즘에 와서 과학자들이 하나둘씩 밝혀내고 있는 거야. 이제부턴 아빠도 그런 거 안 먹을 거거든. 오늘 아빠가 과자랑 음료수들을 모두 치워서 기분 나빴니? 앞으론 그런 거 먹고 싶어도 참기로 하자. 알겠니?

삶의 진정성을 회복시키는 슬로푸드

내가 아들에게 설명했듯, 가공식품의 유해성에는 크게 세 가지 줄기가 있다. 첫째는 설탕을 비롯한 정제당(精製糖), 둘째는 쇼트닝과 같은 나쁜 지방(脂肪), 셋째는 수많은 종류의 화학물질이다. 과자도 그렇고 청량음료도 그렇고, 내가 이 식품들을 멀리하는 까닭은 바로 이와 같은 해로운 물질들이 들어있기 때문이다.

이처럼 해로운 물질을 중심으로 문제에 접근해 나가다 보면 다소 난삽한 질문과 만나게 된다. 그런 물질들이 단지 과자나 음료에만 들어있는 것일까? 그래서 그 식품들만 피하면 되는 것일까? 이렇게 생각할 때 사태가 녹록지 않음을 깨닫게 된다. 불행하게도 문제는 이들 몇몇 기호식품에만 국한되는 게 아니다. 매일같이 우리 식탁에 오르내리는 거의 모든 가공식품이 안고 있는 공통의 문제다.

집 가까이에 있는 마트의 식품 코너를 가보자. 편의점도 좋고 슈퍼도 좋고, 대형 백화점도 좋다. 가공식품 아무것이나 집고 들여다보자. 이들 세 가지 문제의 물질이 안 들어있는 제품이 있는가? 가공이라는 너울을 쓴 식품이라면 하나같이 이들 혐오물질이 들어있다. 이는 과자를 비롯한 몇몇 가공식품만 끊어서 될 일이 아니라는 뜻이다. 거의 모든 가공식품을 멀리해야 한다는 뜻이다. 결코 만만한 일이 아니다.

나는 그즈음 인터넷에서 한 웹사이트를 집중적으로 방문하고 있었다. 슈퍼에서 파는 가공식품을 이용하지 않으려면 음식을 직접 만들어야 한다. 우리 가족은 주방에서 보내는 시간을 더 늘려야 하고, 그만큼 부지런해져야 한다. 이건 어떻게 보면 비효율적인 일이다.

그때 내가 찾은 웹사이트는 이와 같은 비효율에 대한 우려를 일축하고 있었다. 이탈리아를 본거지로 하는 '슬로푸드(Slow Food) 운동본부' 홈페이지였다. 나는 금세 그 단체의 이념에 매료됐다. 그들은 이미 오래전부터 오늘날의 식생활 문제를 간파하고 있었고, 이제 막 눈을 뜬 나에게 둘도 없는 안내자가 돼주었다.

슬로푸드는 언뜻 '안티패스트푸드'의 의미로만 인식될 수 있으나 사실은 훨씬 광범위한 개념이다. 자연이 제공하는 음식을 맛있게 먹음으로써 잊혀져가는 식생활의 즐거움을 되찾고, 삶의 질을 향상시킨다는 취지가 골자다. 이 운동은 느림의 진정한 가치를 통찰하며 음식문화의 획일화를 거부한다. 그렇다고 전통 회귀만을 고집하는 건 아니다. 현대인의 바쁜 일상에서 어떻게 전통 음식문화를 '퓨전화'할 것인지에 대해 천착한다. 그런 점에서 슬로푸드는 미래지향적이다.

슬로푸드와 패스트푸드, 아니 슬로푸드와 반(反)슬로푸드. 이 이분법적인 개념은 오늘날 지구촌의 음식문화를 설명하는 두 가지 큰 조류다. 상반된 두 조류는 미래에도 우리 식생활을 이끌어갈 중요한 키워드가 될 것이다. 그런데 지금 당장 나를 당혹스럽게 하는 것은 두 개념의 대립적 현실이다. 하나는 가공식품 끊기를 실천하고 있는 나에게 희망의 길을 제시하지만, 다른 하나는 그 길이 결코 평탄치 않을 것이라고 으름장을 놓는다.

예를 들어보자. 이탈리아를 대표하는 극작가이자 노벨문학상 수상 작가인 다리오 포(Dario Fo)는 이렇게 말했다.

> 나는 오늘날 다국적 기업이 주도하고 있는 농산물 유통방식을 철저히 반대합니다. 그 거대 기업들은 우리의 특권이라 할 수 있는 먹거리 선택권을 약탈하고 있지요. 더 이상 그들의 희생자가 되지 않으려면 오늘날의 우리 음식문화에 대한

깊은 반성이 있어야 합니다.

나는 집에서는 훌륭한 요리사가 됩니다. 우리 아이들도 마찬가지죠. 나는 이탈리아 남성의 절반 이상이 요리의 즐거움을 알고 있다고 생각합니다. 누구든 요리를 직접 해보지 않고는 슬로푸드의 참뜻을 알 수 없지요.*1

한편, 국내의 한 경제신문은 우리나라 모 식품회사의 마케팅 정책에 대한 소개 기사를 이렇게 싣고 있었다.

5년 후 또는 10년 후, 우리 주거환경은 어떤 모습을 띠고 있을까? 국내 유력 종합식품업체의 하나인 이 회사는 '부엌이 없는 집'이란 청사진을 제시한다. 주부들이 부엌에서 일할 필요가 없게 만들어, 편리하고 위생적인 식생활 문화를 창출하겠다는 것이다. 이 회사의 총괄 부사장은 집에서 식사할 때도 전자레인지로 간단히 데우기만 하면 되는 식품을 지속적으로 개발할 계획이라고 말한다.*2

과연 앞서가는 식품회사의 마케팅 정책이다. 기사 옆에는 이 회사가 추진하고 있는 '부엌 없애기 프로젝트'의 단계적인 계획표와, 부엌은 없고 전자레인지와 식탁만 동그마니 놓여있는 어느 가정의 거실 사진이 나와있다.

편리하고 위생적이라는 말의 효용이 과연 우리 가정의 부엌을 내몰 수 있는 가치를 지닌 걸까? 요즘 이른바 '밀키트' 시장이 폭발하면서 부엌에 아예 도마와 식칼이 없는 가정도 꽤 있다고 한다. 집에서는 요리사가 된다는 다리오 포는 이를 뭐라고 평할까?

즉석에서 먹을 수 있도록 미리 조리된 인스턴트식품이나 밀키트 식품 따위는 대부분 국적 불명의 정제 원료를 쓴다. 여기에 식품첨가물이 남용되는 것은 거의 필수다. 이런 식품은 소비자 건강뿐만 아니라 인간성 말살의 원흉이다. 이 회사의 야심 찬 청사진은 우리에게 무엇을 시사하는가?

언론이 앞 다투어 홍보하고 있는 그 회사는 또한 국내 유수의 설탕 제조업체이기도 하다. 이 식품재벌이 공급해온 어마어마한 양의 설탕은 그동안 얼마나 많은 사람들의 '혈당 관리 시스템'을 교란시켰을까?

그러나 우리는 걱정하지 않아도 된다. 그 회사가 이미 훌륭한 대안을 마련해놓았으니까. 그 재벌은 당뇨병으로 고통 받는 고객들을 위해 혈당강하제를 판매하고 있다. 그 사업은 더할 나위 없이 매력적인 돈벌이 수단이다. 우리나라 당뇨병 치료제 시장의 규모는 이미 연 1조 원 고지를 돌파했다. 그 시장은 앞으로 더욱 큰 폭으로 성장해갈 것이다.

먹거리의 경이로움

"이거 먹으면 호박처럼 된다는데, 괜찮을까?" 나는 아내에게 농담을 던지며 방금 전에 시장에서 사온 늙은호박 껍질을 벗기고 있었다. 마침 일요일이어서 우리 가족은 호박죽을 만들어 먹을 참이었다. 어릴 때 어머니가 호박 껍질을 벗기시던 모습이 생각났다. 당시에는 구황작물의 하나였던 호박이 더없이 좋은 먹거리였다. 특히 겨울철이면 어머니는 늙은호박으로 국도 끓이고 죽도 쑤고 떡도 만드시곤 했고, 나는 그 음식들을 정말 자주 먹었다.

그래서인지 나는 커서도 가끔 호박 음식이 먹고 싶을 때가 있었다. 그렇지만 그동안 한 번도 늙은호박을 사서 직접 음식을 만든 적이 없었다. 몇 발자국만 나가면 가게가 있고, 그곳에는 편리하게 포장된 갖가지 호박죽들이 즐비하니, 굳이 그런 생각을 할 까닭이 없었다. 지금이 어떤 세상이냐. 첨단을 걷는 디지털 시대에 호박 껍질을 벗기고 앉아 있다니. 그런 시간이 있으면 다른 일을 하는 게 훨씬 더 생산적이라는 생각이었다.

하지만 이젠 휴일이면 으레 호박 껍질을 벗기는 일이 일과처럼 되었고, 제법 기술도 늘었다. 옛날에 어머니는 놋쇠 숟가락을 이용하여 껍질을 긁어내듯 하면서 벗기셨다. 놋쇠 숟가락도 새것보다는 낡은 것이 좋으며, 껍질에 접촉하는 부위가 자연스럽게 마모돼 날이 생기면 더 잘 긁어졌던 것으로 기억된다. 나는 스테인리스 숟가락으로 날을 세워보려 하지만, 시간이 꽤나 걸릴 것 같다.

"아빠, 재미있어요?" 휴일이면 으레 제 방에 틀어박혀 컴퓨터 게임에 빠져 있어야 할 아들이 그날은 부엌에 와서 참견하며 나에게 생뚱한 질문을 던진다. 누런 호박을 반으로 뚝 잘라놓고 신기한 듯 안을 들여다보고 있는 나의 모습이 제 딴에는 꽤나 재미있게 보였나 보다. 그렇다. 이게 바로 슬로푸드다. 생각해보면 그동안 나는 아들에게 한 번도 여유 있는 모습을 보여주지 못한 것 같다.

그 아이의 눈에 비친 아버지의 모습이란 어떤 형상일까? 저녁 늦게 집에 들어와서는 아침이면 다시 어디론가 총총히 나가는 사람, 뭔가 쫓기듯 늘 바쁜 사람, 도저히 교감이 이루어질 수 없는 기계적인 사람이 아닐까? 그런 모습의 아버지가 아무리 꿈을 가져라, 책을 읽어라, 적성을 계발해라 하고 주문한들 한창 감수성이 예민한 가슴에 와 닿을까?

사실 나의 일은 호박 껍질을 벗기는 것만이 아니었다. 떡을 찌는 일, 고구마 삶는 일, 마늘 까는 일, 파 다듬는 일, 감자 까는 일 등도 모두 내가 하겠다고 이미 자청해놓은 상태였다. 나는 아들이 아빠를 보는 시각이 다소 바뀌고 있는 듯하여 고무되었거니와, 무엇보다 부엌에서 아내와 자연스럽게 대화의 시간을 가질 수 있다는 또 다른 가치를 발견할 수 있었다. 이런 무형의 선물을 어찌 생산성 논리로 저울질할 수 있단 말인가?

내가 가공식품을 먹지 않은 지 어느덧 6개월이 지나고 있었다. 이젠 부엌에서 아내와 나란히 서서 채소를 씻거나 찜솥에 고구마를 안치는 모습이 전혀 어색하지 않은 시점이 되었을 때, 나는 몸에 변화가 오고 있음을 뚜렷이 느꼈다. 초창기에 입이 허전해서 약간 불편했던 기억을 나는 그때 단맛에 대한 금단현상이라고 정의한 바 있다. 이 과정을 극복하며 나는 신체의 컨디션이 조금 좋아진 듯한 느낌을 받았지만, 이 현상이 건강 회복의 시그널이었다고까지는 생각하지 않았다. 그러나 틀림없는 사실이었다. 몸이 좋아지고 있었다. 그토록 악화일로를 치닫던 나의 건강이 호전되고 있음이 분명했다.

문득 오래 전 신입사원 시절의 일이 생각났다. 당시 직장 대항 마라톤 대회가 있었는데, 비교적 장거리 달리기에 소질이 있었던 나는 회사 대표선수의 한 사람으로 차출된 적이 있다. 여기에 차출된 사람들은 일주일 동안 지방 연수원에서 훈련을 받아야 했다. 그 훈련은 짧은 기간에 마라톤 체질을 갖추도록 고안된 특수 프로그램으로, 우리는 20킬로미터 이상의 달리기를 포함한 몇 가지 훈련과정을 매일 소화해야 했다.

아직도 생생하게 기억되는 것이 식이요법 훈련이다. 우리는 연수원에 입소하면서 곧바로 식사에 대한 통제를 받았다. 절대로 허가된 음식물 외에는 먹으면 안 된다는 지침이 떨어졌다. 그날부터 사흘간은 오직 고기만을 먹어야 한다. 첫날은 그런대로 넘겼던 기억이 난다. 둘째 날이 되자 식사시간이면 구역질이 나고 기력이 떨어지기 시작하더니, 감당하지 못할 정도로 야릇한 갈증 같은 것이 느껴졌다.

나는 그날 저녁 절대로 이용하면 안 되는 매점으로 혼자 조용히 접근해갔다. 매대 앞에 놓여 있는 오렌지주스 한 캔을 따서 벌컥벌컥 들이켰다. 평생 가장 맛있었던 것으로 기억되는 그 오렌지주스를 마신 순간, 신기한 일이 일어났다. 금방 쓰러질 듯 쇠진해 있던 몸에서 힘이 생기기 시작하면서 고성능의 각성제 주사라도 맞은 것처럼 머리가 일순간에 맑고 상쾌해지는 게 아닌가?

고문과도 같았던 육식 기간을 넘기고 나자 탄수화물 식사 기간이 이어졌다. 이 과정은 쉽게 말해 황홀한 시간이었다. 그날부터 비로소 밥이 주어지는데, 그야말로 꿀맛 같은 밥맛이었다. 반찬이 전혀 없더라도 얼마든지 밥을 먹을 수 있겠다는 생각이 들었다. 무엇보다 신기한 점은 몸의 변화였다. 천근만근 무겁던 몸이 날아갈 듯 가벼워지는 게 아닌가? 단지 몇 차례 육식 후의 오렌지주스 한 잔, 그리고 탄수화물 식사가 몸과 마음에 미치는 가공할 위력. 하지만 사회 초년병이었던 나는 당시 그 현상에 별 의미를 부여하지 않았다.

그 뒤 십수 년이 지난 지금, 잊고 있던 그때의 기억이 새삼스럽게 다시 떠오르고 있다. 그 경험이 주는 의미가 새롭게 느껴졌다. 우리에게 음식이 얼마나 중요한지에 대한 교훈이다. 그렇다. 뇌를 포함한 우리 몸의 모든 기관은 평소 아무 생각 없이 먹고 있는 음식에 의해 만들어진다. 이는 신체적인 측면에만 국한되는 이야기가 아니다. 우리 몸과 마음의 모든 희로애락은 전적으로 음식에 의해 좌우된다. 식생활이란 얼마나 중요한가! 먹거리의 경이로운 카리스마에 새삼 경외감이 느껴진다.

나는 그때 오래 전의 일을 상기하며 한 가지 확신을 가질 수 있었다. 내가 느끼고 있는 건강 호전 현상은 일시적인 게 아니다. 내가 실천하고 있는 이 식생활을 지속한다면 건강의 완전한 회복은 물론, 훨씬 긍정적이고 자신감 넘치는 생활을 유지해나갈 수 있으리라. 그 발견은 나에게 희망이자 축복이었다. 그 깨우침은 나에게 더욱 용기를 주었다. 나는 이제 다시 '총천연색 꿈'을 꿀 수 있을 것이다.

식생활을 바꾼 뒤의 10가지 선물

월드컵 축구 4강 신화의 열기가 서서히 가라앉을 무렵의 어느 늦여름, 나는 개인적인 일로 자그마한 설렘을 느끼고 있었다. 방금 전 대학원 등록을 마치고 돌아온 참이었다. 나는 그동안 여러 번 공부를 더 하고 싶은 충동을 느껴왔다. 하지만 쉽게 실행에 옮길 수 없었는데 그 이유는 오로지 건강 때문이었다. 그동안 나의 건강상태는 최소한의 생업을 유지하는 데도 벅찬 상태였다.

하지만 언제부턴가 그런 나에게 알지 못할 용기가 생기고 있었다. 나는 자신감에 충만해 있었다. 사회생활을 갓 시작하는 신입사원처럼 무슨 일이든 못할 게 없다는 적극성이 나를 고무시켰다. '건강 때문에'라는 자괴적인 굴레는 이제 더 이상 나를 속박하지 못할 것이었다.

나는 천천히 내 자신을 둘러보았다. 나는 영양학자가 아니다. 또 의료인도 아니다. 하지만 식생활에 의해 원격조종되는 인체 건강의 근본 원리, 즉 음식과 건강의 숙명적인 함수관계를 체험에 의해 깨닫고 있다. 그것은 매우 재미있는 발견이었지만, 재미로만 보고 넘기기에는 너무나 중요한 이야기였다. 그 내용은 나에게만 중요한 게 아니었다. 인체 건강과 직접 관련된다는 점에서 내 주변 사람 모두에게 똑같이 중요한 일이었다.

천천히 상념을 즐기고 있을 때, 문득 어떤 의무감이 나를 엄습했다. '이 사실을 주변에 알려야 한다.' 하지만 그 내용은 한두 마디로 전달될 일이 아니다. 나는 그 시점에서 내가 느꼈던 심신상의 변화를 메모해보기로 했다. 그것은 있는 그대로 쓰면 되었기에 쉬운 일이었다.

1. 밥맛이 좋아졌다

돌이켜보면 나의 식생활은 언제부턴가 정도(正道)를 벗어나 있었다. 그동안 나는 식사 시간이 되면 그저 기계적으로 음식 먹는 동작을 취했을 뿐, 식탁에서 누릴 수 있는 즐거움은 탈취당했었다. 간혹 시도 때도 없이 공복감이 엄습하는 일이 있기는 했다. 어떤 때는 그 공복감이 너무 강렬해 갑자기 몽롱해지는 현상까지 경험하곤 했다.

하지만 그 공복감은 일반적인 식사, 즉 밥과 반찬에 대한 욕구와 차이가 있다는 점이 귀살쩍었다. 식사시간이 되어 식사를 하더라도 공복감이 만족스럽게 해소되지 않는 모순이 늘 나의 식생활을 얄궂게 옥죄고 있었다. 정체불명의 그 현상은 반드시 후식으로 캔디나 초콜릿 또는 아이스크림과 같은 정크푸드(junk food)를 필요로 했다.

지금 생각해보면 그 욕구는 설탕과 인공조미료에 대한 일종의 왜곡된 갈증이었던 것 같다. 내가 과자회사에 근무할 때 그 공복감은 가까이에 언제든 비치되어 있는 과자들에 의해 간편히 해소되곤 했다. 과자가 그냥 좋아서랄지 또는 관능검사 목적에서랄지 과자를 늘 습관처럼 먹었는데, 그 과정에서 정체를 알 수 없는 갈증은 무의식 중에 해소되곤 했다. 그런 나의 회사생활은 밥과 반찬에 대한 본질적인 친화도를 약화시켜갔다.

과자를 비롯한 가공식품을 끊고 약간의 금단현상을 겪은 뒤, 그 정체불명의 공복감이 서서히 사라지고 원상태로 회복되고 있음을 느낄 수 있었다. 이는 필시 음식에 대한 본연의 감각을 되찾아갔다는 표현이 옳을 것이다. 불규칙적으로 찾아오는 공복감이 없어졌으며, 정상 일과를 유지할 때는 공복감의 주기가 정확히 식사시간과 일치했다. 이 변화는 자연스레 밥맛을 좋게 해주었고, 식사의 즐거움을 재현시켜주었다.

2. 소화불량 증상이 없어졌다

그동안 나는 가능하면 규칙적인 식사를 하려고 노력했다. 그 이유는 심심찮게 나를 괴롭히는 소화불량 증상 때문이었다. 식사 시간이 너무 이르든가 또는 늦든가, 아니면 사정이 생겨 식사를 거르기라도 하면 여지없이 위장에서 신호가 왔다. 속이 더부룩해지며 힘이 빠진다. 또 소화불량기가 내습한 것이다.

소화불량 증상은 음주 후가 특히 문제였다. 조금이라도 과음한 듯하면 이튿날 식욕이 크게 떨어지고, 사나흘간 소화불량으로 인한 고통을 각오해야 한다. 언제부터 나에게 이런 문제가 생겼을까? 직장 초년병 시절에는 전혀 문제가 없었던 것 같다. 당시엔 며칠씩 계속되는 술자리라도 거리낌 없이 참석했고, 마음껏

풍류를 즐기곤 했다. 하지만 회사생활에 연륜이 쌓여가면서 언제부턴가 술자리가 부담스러워지기 시작했다. 이튿날부터 겪어야 할 소화불량증이 미리부터 염려돼서다. 급기야는 공식적인 회식자리까지 피하곤 하는 일이 생길 정도였다.

신기하게도 가공식품을 먹지 않으면서 이 문제들이 씻은 듯이 없어졌다. 그 이후 소화불량 증상은 한 번도 나타나지 않았다. 나는 이제 굳이 정해진 식사시간에 집착하지 않아도 됐고, 예전과 같이 아무런 부담 없이 다시 술자리를 즐길 수 있게 됐다. 잃어버린 삶의 재미 하나를 되찾은 것이다.

3. 숙면을 취하게 되었다

나의 수면 습관에는 두 가지 문제가 있었다. 하나는 쉽게 잠을 이룰 수 없는 문제였고, 또 하나는 잠이 들어도 숙면을 취할 수 없는 문제였다. 언제부턴가 이 문제들은 시지프스의 바위가 되어 잠자리의 나를 시나브로 괴롭혀왔다. 당시로서는 정말 해결책이 없는 듯 보였고, 어쩌면 그 문제는 내가 겪고 있는 가장 큰 어려움이었는지도 모른다. 하루 일과를 마치고 무거운 몸으로 귀가하여 휴식을 취해도 피로가 가시지 않는 악순환이 이어졌다.

이 만성적인 수면 문제 역시 신기하게 해결됐다. 어느새 나는 침대에 눕기가 무섭게 잠에 빠져들었고, 숙면을 즐길 수 있는 사람으로 변해 있었다. 피로가 쉽게 회복됨은 물론, 몸 상태를 늘 가뿐히 유지할 수 있었다.

4. 잃어버린 새벽시간을 되찾았다

'아침형 인간' 이론을 주창한 일본 사이쇼 히로시는 아침시간의 가치는 낮 시간의 네 배에 해당한다고 말한다. 나는 원래 아침형 인간이었다. 학창시절은 물론,

사회에 나와서도 한동안은 새벽시간을 주로 활용했다. 특별히 할 일이 없는 날도 이른 아침이면 깨어있는 경우가 많았다. 모두들 잠들어있는 새벽의 그윽함이 좋았고, 무료로 제공되는 무한정의 적막이 좋았다.

하지만 언제부터였을까? 나는 그 새벽시간을 잃어버렸다. 이는 나만이 가질 수 있는 보물의 일부를 빼앗긴 것이나 마찬가지였다. 큰맘 먹고 아침 일찍 자리를 박차고 일어나 보기도 했지만, 예전에 즐기던 새벽의 싱그러움은 없었다. 나는 늘 피로에 지친 게으름뱅이가 되어 말초적 안일에 순응해있었다.

그러나 어느 날 이른 아침, 예전의 새벽 모습이 가슴에 느껴졌다. 그 산뜻한 새벽의 모습은 그날만이 아니었다. 다음 날도 찾아와주었고, 그다음 날도 똑같은 모습으로 나를 찾아와 반겼다. 이게 얼마 만인가? 참으로 오랜만에 경험하는 소중한 해후였다.

5. 머리가 맑아졌다

내가 과자회사에 근무한 지 10년 정도가 지난 시점이었을까? 대략 30대 후반쯤으로 기억된다. 늘 머리가 띵하고 기억력이 감퇴되어감을 느끼고 있었다. 그뿐만이 아니었다. 집중력도 크게 떨어졌다. 책을 볼라치면 도무지 학습효과가 오르지 않는다는 자괴감이 나를 괴롭혔다.

억지로 주의력을 집중하여 책의 내용에 몰두해보려고 하지만 잠시뿐이었다. 금세 눈 따로, 머리 따로, 생각 따로가 돼버린다. 나는 인정하고 싶지 않았지만 이 현상을 노화의 한 단면으로 치부하고 있었다. 노화도 참으로 빠르게 온다고 생각하며, 극복할 수 없는 현상이라면 싫어도 인정하는 쪽이 현명하다고 결론지었다.

그러나 내 나름의 이런 결론이 번복될 줄은 미처 몰랐다. 식생활을 바꾸며 놀랍게도 머리가 맑아지기 시작한 것이다. 그동안 나의 머리는 잔뜩 찌푸린 흐린 하늘이었다. 그것이 청명한 가을하늘로 바뀌고 있었다. 그동안 나는 날이 갈수록 메말라가는 나의 '지식창고'를 보고도 속수무책이었다. 그곳에 새로운 지혜를 주입한다는 건 언감생심이었다. 그런데 이게 웬일이냐. 나의 기억중추를 둘러싸고 있던 충충한 구름들이 홀연히 걷히는가 싶더니, 신선한 공기가 학습 유전자를 자극해오는 게 아닌가?

그때 나를 더욱 고무시킨 것이 또 있었다. 한동안 잃어버렸던 독서삼매(讀書三昧)가 다시금 가능해졌다는 점이었다. 학창시절에 밤새워 책장을 넘기던 기억은 이제 더 이상 현실화할 수 없을 것이라는 그동안의 자격지심이 신기하게 자신감으로 승화하고 있었다. 나의 눈이 반짝거리기 시작했다. 나의 가슴은 다시 뜨거워지고 있었다. 나는 천천히 책상의 먼지를 털어냈다. 삐뚤어진 책도 다시 꽂고 의자에는 새로운 시트를 깔았다. 그곳에는 '르네상스'라는 글씨가 선명하게 아로새겨져 있었다.

6. 피로감이 사라지고 몸이 가벼워졌다

우리 동네 뒤편에는 아담한 산이 하나 있다. 그 나지막한 산은 내가 가장 아끼는 정신적 재산목록 1호다. 그 뒷동산은 계절에 따라 다른 화장을 하고 나를 반긴다. 오밀조밀한 등산로는 오래된 애인만큼이나 나에게 친근감을 주지만, 무엇보다 정상 바로 밑에 조성된 조깅트랙이 압권이다. 한 바퀴 돌면 400미터는 족히 됨직한 그 트랙은 오늘까지 나의 건강을 지켜준 은혜로운 장소다. 나는 거의 매일같이 그곳을 뛰었다. 내가 건강에 이상 징후를 느끼기 시작할 때부터였으니 그 트랙 역시 나에겐 십년지기인 셈이다.

내가 그곳을 그렇게 열심히 뛴 데는 이유가 있다. 오직 한 가지, 나의 만성적인 피로를 떨쳐버리기 위해서였다. 나는 그동안 일과를 마치고 귀가하면 몸이 천근이나 되듯 무거웠고, 전쟁터의 패잔병들이나 느낄 법한 불쾌한 피로감에 시달려야 했다. 그럴 때마다 나는 밤낮을 가리지 않고 그 트랙을 찾았고, '지친 엔진'에 시동을 걸어 마음속의 매연을 뿜어냈다.

문제는 그 효과가 오래가지 않는다는 점. 어쩌다 조깅을 거르기라도 하면 이튿날 나의 거동에서 금방 표시가 난다. 그런데 모를 일이었다. 순전히 나이 탓으로만 알고 있던 피로 증상이 식생활을 바꾸면서 하루가 다르게 개선되어가고 있었다. 이제 몸은 예전과 같이 다시 가벼워지고 있었고, 늘 입에 달고 다니던 '피로타령'은 완전히 내 사전에서 사라졌다.

7. 감기에 걸리지 않게 되었다

겨울철마다 내가 꼭 챙기는 것이 있다. 다름 아닌 마스크다. 환절기만 되면 나는 항상 비상사태를 선포한다. 감기에 대비해야 했기 때문이다. 찬바람이 불기 시작하면 나는 코가 가장 먼저 반응한다. 무슨 예리한 물체가 콧속을 찌르는 듯하면서 재채기와 함께 곧바로 콧물이 고인다. 또 겨울이 되었으니 불청객이 찾아온 것이다. 내가 가장 싫어하는 계절병, 감기다.

그때 찾아온 감기는 여간해서 떨어지지 않고 이듬해 봄까지 내 몸 한구석에 진을 치고는 '밤 놔라, 대추 놔라' 하며 내 활동을 참견한다. 그뿐만이 아니다. 그놈은 가끔 성을 부리기도 한다. 느닷없이 독감으로 변하여 며칠간은 나를 꼼짝 못하게 만든다. 겨울이면 꼭 이런 행사를 몇 차례 치르고 나야 봄을 맞는 식이었다.

그토록 감기에 취약한 나에게 믿기지 않을 일이 벌어지고 있다. 지난겨울에는 전혀 감기를 모르고 지낸 것이다. 지난겨울만이 아니다. 지지난해 겨울에도 감기 없이 건강하게 보냈다. 2년 전 겨울은 내가 가공식품을 먹지 않은 지 약 6개월 정도 되는 때였다. 식생활을 바꿈으로써 계절적인 병마를 극복했다는 좋은 예가 아닐 수 없다.

8. 변비 증상이 사라졌다

직장인 가정의 아침은 언제나 바쁘고 소란스럽다. 매일 똑같이 벌어지는 출근 준비는 눈감고도 할 수 있을 정도로 능숙한 일이지만, 시간이 적잖이 소요되고 번거롭기는 언제나 마찬가지다. 특히 자녀들의 등교시간과 겹치기라도 하면 더욱 시끄러워지게 마련이다.

우리 가정도 예외가 아니다. 잠자리 정리, 세면, 아침식사 등으로 모두가 분주한데 나의 경우는 또 한 가지 중요한 일이 있다. 화장실에서 용변을 보는 일이다. 학창시절부터 아침 배변 습관에 길들여져 온 터라 이 일을 생략할 수 없다. 하지만 언제부턴가 나는 배변을 거르는 경우가 자주 있었다. 바로 변비 때문이다. 이렇게 되면 문제가 그날로 끝나지 않는다. 배변을 거르면 여지없이 악성 변비로 발전하여 그 다음 날은 더 큰 고통을 안긴다. 나에겐 이렇듯 만성적인 변비 증상이 생겨있었다.

그런데 식생활을 개선하면서 이 고질적인 문제가 말끔히 없어졌다. 아침이면 정확히 변의가 느껴지고 용변시간도 짧아졌다. 나는 이것이 당연한 변화라고 생각한다. 가공식품을 먹지 않으니 식탁에는 상대적으로 채소류의 음식이 늘어날 수밖에 없다. 최근 우리 집 식탁에는 특히 나물류의 반찬이 두드러진다. 디저트는 과자 대신 과일이다. 이러한 식생활에서 변비가 생긴다면 오히려 이상할 것이다.

9. 이가 시리지 않다

치과(齒科)산업의 부흥은 제과산업의 발달에 비례한다. 이 말은 다시 말해 국민의 치아건강은 제과산업의 발달에 반비례한다는 뜻이다. 오늘날 큰 호황을 구가하고 있는 치과 의료업이 불과 반세기 전만 해도 비인기산업이었음을 우리는 잘 안다. 또 반세기 전인 70년대 이후, 우리나라의 제과산업이 비약적인 발전을 거듭해온 사실도 알고 있다. 치과 의료산업이 조금이라도 보은(報恩)의 뜻이 있다면, 당장이라도 제과업계에 감사의 표시를 해야 한다.

"과자회사 10년이면 '황금니'도 못 버틴다"는 제과업계의 전언(傳言)이 두 산업의 밀착 관계를 잘 풍자한다. 과자회사 개발실의 세척장에 가보면 가장 먼저 눈에 띄는 것이 칫솔걸이다. 그곳에 걸려 있는 칫솔의 개수를 세어보면 몇 명의 연구원이 근무하는지 정확히 알 수 있다.

이렇듯 과자를 만드는 사람들은 일터에 칫솔을 걸어놓고 수시로 양치질을 해야 한다. 문제는 양치질만 잘한다고 해서 끝나지 않는다는 것. 치과를 문지방이 닳도록 드나들어야 한다. 만일 개원(開院) 장소를 찾는 치과의사가 있다면 기꺼이 과자회사 근처를 권하고 싶다.

나도 그동안 누구보다 열심히 양치질을 했고, 뻔질나게 치과를 드나들었다. 그럼에도 이미 오래 전에 치아건강에 적신호가 들어왔다. 음식을 씹기가 불편할 정도로 이가 시리고 양치질을 할 때면 늘 출혈 현상이 있었다. 나는 치아건강 악화로 영락없이 수천만 원이라는 거금을 탕진해야 할 것으로 각오하고 있었다.

선배들을 보면 그랬기 때문이다.

그러나 과자를 멀리하면서부터 이 모든 걱정이 사라졌다. 더 이상 이가 시린 현상이 느껴지지 않았다. 출혈 현상도 나타나지 않고 있다. 일전에 치과에 들렀을 때 단골 의사가 한 말이 나를 더욱 기분 좋게 한다. "잇몸이 몰라보게 좋아졌어요."

10. 협심증 증상이 없어졌다

나를 가장 크게 고무시킨 것이 바로 이 대목이 아닐까 싶다. 언제부터였을까? 과자를 만들기 시작한 지 10년쯤 된 시점으로 어렴풋이 기억난다. 가끔 가슴이 쥐어짜듯 답답해지면서 불쾌감과 함께 예리한 통증 같은 것이 느껴지곤 했다. 이게 뭘까? 잠을 잘못 잤나? 가슴을 뭔가에 찧었나? 유감스럽게도 그 정체불명의 현상은 차츰 빈도가 잦아지는 느낌이었다. 심상치 않은 신호임에 틀림없다.

종합검진을 받아보기로 했다. 심전도를 비롯한 몇 가지 검사가 이루어졌던 것으로 기억한다. 검사 결과 충격적인 이야기를 듣게 된다. 협심증 전조증상이 있다는 것이었다. 협심증이라면? 심혈관 건강에 빨간불이 들어와있다는 이야기 아닌가? 나이를 먹어가고 있다는 뜻인가? 하지만 당시 나이 아직 30대였다.

나를 충격에 빠뜨렸던 그 증상은 내가 과자를 끊은 뒤에도 한동안 내 몸 안에 남아 있었다. 그러나 한 가지 분명한 것은 그 빈도가 뚜렷이 줄어들고 있다는 사실이었다. 결국 또 한 번 강산이 변했다 싶었을 즈음 나는 완전히 그 불쾌한 결박에서 벗어났음을 확인할 수 있었다. 그 뒤로 한 번도 그 증상을 경험하지 않고 있다. 심혈관 건강을 되찾은 것이다. 무서운 생활습관병이 과자와 함께 왔다가 과자와 함께 간 것이다.

이야말로 '약선요법'의 모범 사례가 아닐까? 음식으로 질병을 치유하는 것이 약선요법이다. 그렇다. 약선(藥膳)이란 일부 한의학자들만의 용어가 아닐 터다. 정크푸드를 멀리하고 좋은 식재료로 음식을 정성껏 만들어 먹으면 누구든 약선의 치유 효과를 누릴 수 있을 터다. 협심증 퇴치는 과자 끊기가 가져다 준 가장 큰 선물로 나의 사전에 기록될 것이다.

식품회사와 소비자의 엇박자

얼마 전에 존경하던 선배 한 분의 충격적인 소식을 들었다. 아직 50대 중반인 그 선배가 현직에서 물러났다는 것이다. 그는 국내 유명 제과회사의 생산부문 총책임자였다. 나는 그의 조기 은퇴소식이 믿기지 않아 내막을 알아보았다. 회사에서 갑자기 쓰러졌다는 얘기를 들었다. 물론 건강 때문이었으며, 뇌졸중이라고 했다.

그 선배는 호탕하면서도 솔직한 성격의 소유자로 늘 후배들이 따랐으며, 공장관리 능력도 뛰어나 자타가 공인하는 회사의 대들보였다. 20년이 훨씬 넘게 과자회사에서 신제품을 개발하고 생산 업무를 맡아온 그다. 그런 인재가 아직 한창 나이에 건강문제로 일을 놓아야 하다니, 개인적인 불행만이 아니라 제과업계를 보더라도 큰 손실이 아닐 수 없었다.

그 무렵 나는 또한 미국 벤앤드제리 아이스크림(Ben & Jerry's Ice Cream) 창업자에 대한 불길한 자료를 접하고 있었다. 그의 이름은 벤 코언(Ben Cohen). 뒤늦게 폐허가 된 어느 주유소에서 아이스크림 회사를 설립하여 짧은 기간에 세계적인 유명 브랜드로 키워낸 전설적인 인물이다. 하지만 유감스럽게도 그 역시 건강문제로부터 자유롭지 못했다. 그는 40대의 젊은 나이에 관상동맥 수술을 받아야 했다.*1

그뿐만이 아니다. 최근 나는 또 하나의 소식을 접하면서 당혹해하고 있다. 국내 모 제과회사의 기술담당 임원이었던 과자기술자 한 분이 작고했다는 전갈이었다. 그는 30년 가까이 과자회사에 근무하며 수많은 히트제품을 만들어온, 제과업계의 산 증인이다. 하지만 50대에 암 판정을 받았으며, 현직에서 물러나 수년간 투병생활을 해온 사실을 나는 잘 안다.

알음알음으로 짚어보면 만년에 건강문제로 불행을 당하고 있는 과자기술자는 헤아릴 수 없이 많다. 이들의 사례를 일일이 열거하자면 가히 삼국지가 되고도 남는다. 이들이 겪는 질환은 한결같이 이른바 생활습관병이다. 현대인의 잘못된 식생활이 만드는 질병이다.

나는 앞에서 기업주와 그 가족은 먹지 않는 식품을 만들어 팔면서 세계적으로 번창해가는 기업을 이상한 회사라고 정의했다. 이상한 회사라는 정의에는 완곡하게 표현하기 위한 나의 각별한 배려가 있었음을 밝히고 싶다. 미국 오레곤주에서 공인임상영양사로 활동하고 있는 캐럴 사이몬태치(Carol Simontacchi)는 이러한 기업들을 일컬어 차라리 '미친 회사(crazy maker)'라고 명토 박는다. 그는 저서 『크레이지 메이커즈』에서 이 회사들이 만드는 식품의 유해성을, 마치 법의관이 사체를 부검하듯 상세히 파헤치고 있다. 이 책은 특히 식품이 인간의 두뇌건

강에 어떤 영향을 미치는지를 집중적으로 다룬다.*2

하지만 나는 이러한 이상한 회사들을 손가락질하고 싶은 생각이 없다. 그들은 단지 '수요 있는 곳에 공급 있다'는 마케팅의 기초 이론을 충실히 이행하고 있을 뿐이다. 그런 점에서 손가락질을 받아야 할 것은 잘못된 식품시장이다. 그 시장은 물론 오늘날의 소비자들이 만들었다.

마케팅 이론을 충실히 이행하는 식품회사들의 표면적인 기치(旗幟)는 소비자를 위한 진정한 봉사다. 문제는 그 명제가 그들이 속마음으로 추구하고 있는 관심사와 다르다는 것. 그들이 가장 중시하는 개념은 바로 '생존'이다. 무한경쟁 시대에 어떻게 하면 살아남느냐는 문제가 가장 절박한 이슈다. 이것이 오늘날 식품 기업의 현주소이며, 그들에게 도덕적 가치를 기대한다는 게 공염불이 될 수밖에 없는 이유다.

이 사실을 뒷받침이라도 하듯, 한 물리학자가 주장하는 이론이 흥미를 끈다. 고려대 정재승 교수는 백화점과 같은 매장의 사례를 통해 인간의 행동 본능을 분석했다. 그는 "백화점을 비롯한 모든 영업점포의 주인은 '고객을 위한 설계'와 '자신의 이윤을 위한 설계'가 대치될 때에는 반드시 자신의 이윤 쪽을 택한다"고 했다. 인간의 행동 패턴을 놓고, 학문적 관점에서 연구한 결과와 비즈니스적 관점에서 연구한 결과가 서로 다르게 나타나는 이유를 그는 이 이론으로 설명한다.*3

이 논점에 대한 경제학자들의 이론은 훨씬 더 직설적이다. 그들이 즐겨 인용하는 '대리인 이론(agency theory)'을 보면, 기업의 전문경영인은 회사의 이익과 자신의 이익이 대치될 때에는 본능적으로 자신의 이익을 추구하게 마련이라는 것이다. 이 이론은 회사의 이익과 전문경영인의 이익이 상충되지 않도록 제도적인 장치를 갖추는 것이 중요하다고 충고한다.

이러한 주장들은 소비자 이익이 기업들에게 얼마나 가벼운 개념인가를 잘 설명하고 있다. 아울러 사회의 여러 현상을 도덕적인 틀 안에서만 해석하려는 시도가 결코 쉽지 않다는 것, 즉 모럴 해저드는 '필요악'일 수밖에 없다는 사실을 암시하는 내용이기도 하다.

요컨대 가공식품 회사들은 소비자의 궁극적인 이익을 생각하지 않고도 얼마든지 자신들의 이익을 확보할 수 있게 되어있다. 목적 달성을 위한 쉬운 길이 눈에 보이는데 굳이 어려운 길을 택할 이유가 없지 않은가? 이 왜곡된 현실은 '식품회사 이익'과 '소비자 이익'의 운명적인 엇박자에 의해 만들어진다. 오늘날 우리 가공식품 업계가 안고 있는 모든 문제의 출발점은 바로 그것이다.

내가 펜을 든 이유

우리는 평소 먹는 음식에 대해 잘 안다고 생각한다. 현미밥이 좋은 것 다 알고, 설탕 나쁜 것도 다 알고, 트랜스지방이라는 게 있는데 나쁜 것도 다 알고, 첨가물로 사용되는 화학물질 역시 나쁜 것을 다 안다고 생각한다. 그러나 그것들이 어떻게 나쁜지 구체적으로 물으면 답변을 못한다. 간혹 대답을 하는 사람이 있는 성싶어 들어보면 잘못 알고 있는 경우가 대부분이다.

그럴 수밖에 없다. 이러한 내용은 학교에서도 가르치지 않는다. 식품 관련 전공자라면 당연히 배울 법도 하지만 실제는 그렇지 않다. 학교의 커리큘럼은 어떻게 하면 가공식품을 잘 만들 수 있는지에만 초점이 맞추어져 있을 뿐, 그 식품들이 체내에서 어떻게 대사되어 어떤 생리효과를 갖는지, 또 우리의 뇌에 어떤 영향을 미치는지에 대해서는 의외로 소홀하다.

떼려야 뗄 수 없는 식품과 건강의 관계, 소비자가 최상의 가치로 추구한다는 데에 추호도 이견이 없는 이 중요한 사안이 왜 학계에서 냉대를 받고 있는 것일까? 이는 학계와 식품업체 간의 상호 의존적 공생구도에 대한 이해 없이는 풀리지 않는다.

학계를 대표하는 교수들을 보자. 그들은 학자다. 학자들은 늘 연구비 부족으로 갈증을 느낀다. 이 갈증은 어떻게 해소되고 있는가? 취지도 좋고 실속도 있는 산학협동이 가장 손쉬운 방법이다. 교수들은 식품회사에 의지하지 않을 수 없다.

게다가 엎친 데 덮친 격으로 근래 들어 상황은 더욱 불리해졌다. 제자들의 취업문제에 교수직이 걸린 시대가 된 것이다. 제자들이 취업할 곳은 바로 식품회사다. 거꾸로 교수들이 식품회사에 로비를 해야 할 판이다. 이러한 상황에서 학자들이 식품업계에 비판적인 의견을 낼 수 있을까?

우리는 당연히 모를 수밖에 없다. 식품기술자로서 오랜 기간 식품을 만들어왔던 나도 그랬다. 모르기 때문에 문제가 보이지 않는다. 어느 의학 평론가의 냉소적인 발언이 이 현실을 잘 묘사한다. 그는 이렇게 말했다.

"오늘날 주부들은 두 가지 점에서 경제성장에 크나큰 기여를 하고 있습니다. 하나는 무분별하게 가공식품을 소비함으로써 식품산업을 번창시킨다는 점이요, 또 하나는 가족을 질병에 걸리게 함으로써 의료산업을 발전시킨다는 점입니다."

이른바 '주부 경제 기여론'이다. 여기서 언급하는 두 경제행위는 물론 경제성장에 크게 기여한다. 이 말은 현대인의 그릇된 식생활을 풍자하는 우스개에 불과하지만 오늘의 실상을 알고 보면 전혀 터무니없는 발언이 아니다. 어쩌면 한술 더 떠 오늘의 과도한 의과대학 쏠림 현상도 주부가 책임져야 한다는 이야기가 나오지나 않을까 두렵다. 모두가 우리의 무관심이 빚은 아이러니다.

이제 내가 왜 이 책을 쓰게 되었는지 말할 때가 됐다. 나는 과자회사를 그만둔 뒤 나쁜 가공식품을 일절 입에 대지 않고 있다. 그런 나쁜 식품을 먹지 않으면서 내 생활은 너무나 밝고 건강하게 변했다. 물론 이 점에 대해서는 나의 가족도 마찬가지다. 그러나 나는 나의 친구, 친지, 이웃 사람들이 여전히 그 식품을 먹는 것을 본다. 그것도 아주 많이 먹는 것을 본다.

그들 중 몇몇 마니아들은 거의 100퍼센트 가공식품으로만 식단을 짠다. 그들은 얼마나 좋은 세상이냐고 어깨를 으쓱한다. 더 이상 부엌 싱크대의 수도꼭지를 틀 필요가 없어졌다는 것이다. 전자레인지가 있는데 가스레인지가 뭐가 필요하냐고 힘주어 말하기도 한다. 그들이 자랑하는 것은 바로 생산성 논리다. 취사시간을 줄이면 줄일수록 훨씬 더 생산적인 일을 할 수 있고, 문화생활을 즐길 수 있다는 것이다.

나는 그런 이야기를 들을 때마다 억장이 무너진다. 그들과 그들 가족의 건강에는 이미 빨간불이 들어와 있는 경우가 많다. 그들이 겪고 있는 문제는 신체상의 건강뿐만이 아니라 정신적인 건강까지 아우른다. 그들은 이 문제가 어느 정도의 금전적 손실을 발생시키고 있는지 모른다. 지금 지불하고 있는 의료비는 그 손실의 극히 일부분에 지나지 않는다는 사실도 모른다. 앞으로 그들이 지출해야 할 의료비용은 계속 늘어날 것이다.

내가 오랜 동안 공들여 다니던 회사를 그만두기로 결심하는 데에 앞에서 언급한 몇몇 사람들의 도움이 컸다고 밝힌 바 있다. 그러나 사실은 그들보다 훨씬 더 큰 영향을 미친 사람들이 있다는 점을 말하고 싶다. 나는 그동안 틈나는 대로 이 분야의 서적을 읽었다. 논문도 관련이 있다고 생각되는 것은 무조건 찾아보았다. 바로 그 책들의 저자와 논문을 발표한 과학자들이 나를 더 부추긴 셈이다.

그들은 내가 아닌 내 몸의 세포에게 메시지를 전달했다. 수십조 개에 달하는 내 몸의 세포는 그들로 인해 각성하여 나로 하여금 이제까지 해온 일을 중단하도록 급기야 사보타주를 일으켰다. 그런 점에서 나의 결단은 어쩌면 본의가 아니었는지도 모른다. 나는 지금부터 그 이야기를 천천히 소개하고자 한다. 그것이 바로 내가 펜을 든 이유다.

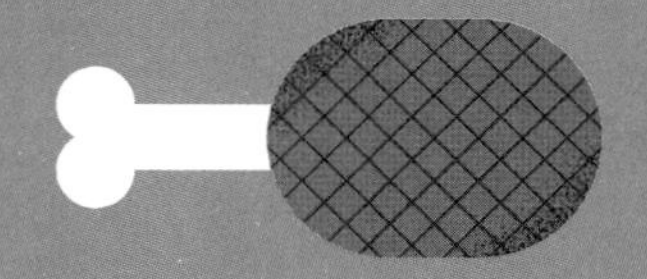

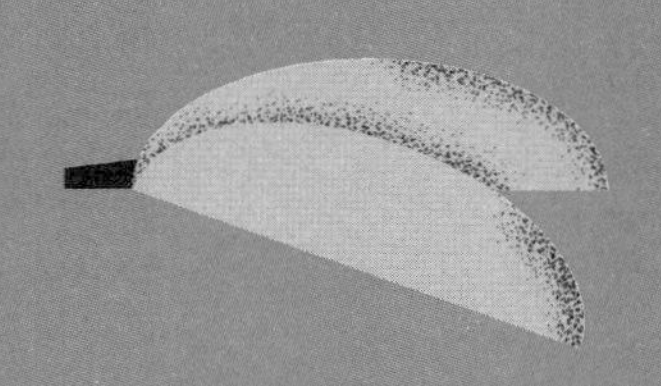

제1장
달콤한 유혹의 민낯

우리가 매일 먹는 음식에 독이 들어있다

인스턴트식품의 총아 〈라면〉

'식품업계가 낳은 20세기 최대의 걸작.'

일본의 건강 저널리스트 이마무라 고이치의 저서 『어린이를 위한 올바른 식생활』에 나오는 말이다.*1 찬사의 말인가? 하지만 저자는 곧바로 '21세기에는 가장 먼저 없어져야 할 식품'이라고 냉소한다. 그것은 무엇인가? 이 시대 최고의 간식이자 어떤 이에게는 주식이기도 한 인스턴트 라면이다.

지금부터 약 70년 전, 튀김요리 만드는 과정을 유심히 지켜보던 어느 일본인의 뇌리에 기발한 아이디어가 하나 스치고 지나간다. 국수같이 생겼지만 국수가 아니었고, 기름에 튀겼지만 속칭 덴푸라도 아니었다. 그의 아이디어는 '끓는 물에 2분'이라는 캐치프레이즈를 내걸고 제품화되어 곧 상업 생산에 들어간다. 편의식품 문화가 싹트던 20세기 중반, 혜성과 같이 등장한 이 신기한 식품은 과연 난세의 영웅이었다. 순식간에 소비자 입맛을 사로잡고 식탁을 점령해버린다.

이 기발한 식품은 곧 현해탄을 건너 우리나라에도 상륙한다. 1인당 연간 소비량 70여 개, 연간 총 생산량 약 40억 개, 시장규모 2조 원. 오늘날 우리나라 가공식품 시장에서 절대 강자로 군림하고 있는 이 제품의 성적서다. 이 발군의 실적은 우리나라가 자랑하는 '세계 최고' 기록의 하나로 자리매김한다. 무엇에 대한 이야기인가? 역시 인스턴트 라면이다.

전통식품들을 몰아내며 가공식품 업계의 판도를 바꾼 우리나라의 인스턴트 라면 산업은 이미 오래 전에 라면 종주국인 일본을 크게 앞질렀다. 한국인이 일본인보다 라면을 더 많이 먹는다? 이 말을 들으면 대부분의 사람들은 고개를 갸우뚱할 것이다. 하지만 틀림없는 사실이다. 일본인이 먹는 1인당 인스턴트 라면의 양은 한국인에 비하면 절반도 안 된다.

왜 이런 일이 벌어지고 있는 것일까? 일본 사람들은 인스턴트 라면을 싫어하는 것일까? 그 내막을 알면 왜 일본의 건강 저널리스트가 인스턴트 라면을 가리켜 21세기에 가장 먼저 없어져야 할 식품이라고 혹평하는지 알게 된다.

오사와 히로시 교수의 저서 『식원성증후군』에는 인스턴트 라면의 피해 사례들이 다수 소개되어있다. 병원에 입원했다 숨진 어느 중학생의 방에 가보니 라면봉지가 산더미처럼 쌓여있었다는 이야기, 라면을 늘 박스 채로 구입하던 어느 가정의 어린아이가 숨진 이야기, 라면을 주식으로 삼던 한 대학생이 숨진 이야기, 라면 애호가였던 한 30대 남성이 사망한 이야기, 라면으로 끼니를 때우던 어느 화가가 암 진단을 받고 결국 사망한 이야기 등.[*2]

이러한 불상사는 대체로 인스턴트 라면이 선을 뵌 지 10년 이내에 있었던 일로, 유해 식품에 대한 소비자의 무차별적 탐닉이 어떤 결과를 빚는지를 잘 알리는 사례다. 그 뒤 일본에서는 인스턴트 라면에 대한 인기가 크게 퇴조한다. 오늘날 일본인들이 즐겨 먹는 이른바 '라멘'은 인스턴트 라면이 아닌 점을 주목하자.

인스턴트 라면 표기 사례

제품명 : ○△라면	식품의 유형 : 유탕면
원재료명 : 면/소맥분(미국산, 호주산), 팜유(말레이지아산), 감자전분, 변성전분, 정제염, 면류첨가알칼리제(산도조절제), 마늘시즈닝, 인산나트륨, 글루텐, 구아검, 스프/정제염, L-글루탐산나트륨, 소고기맛베이스, 건청경채, 설탕, 간장분말, 후추가루, 5'-리보뉴클레오티드이나트륨, 매운맛조미분, 복합조미식품, 산도조절제, 카라멜색소, 파프리카추출색소, 새우분말, 건파, 건당근, 고추장양념분말, 향미증진제, 물엿, 건미역	

20세기 식품업계가 낳은 이 최대의 히트제품에 무슨 문제가 있는 것일까? 많은 전문가들이 이구동성으로 지적하는 문제가 바로 식품첨가물이다. 인스턴트 라면의 구성원료는 수입 밀가루와 첨가물이라고 보면 된다. 이마무라 고이치는 자신의 저서에서 아무리 건강한 사람이라도 인스턴트 라면을 3주간 계속 먹게 되면 반드시 뇌와 정신에 이상이 생긴다고 경고한다.[*3] 또 식품첨가물 컨설턴트인 와타나베 유지는, 인스턴트 라면의 가장 큰 문제는 여러 종류의 첨가물을 한꺼번에 먹도록 고안된 점이라고 설명한다.[*4]

제품에 따라 차이는 있지만 인스턴트 라면에 사용되는 첨가물은 대체로 비슷하다. 인공조미료 · 산도조절제 · 향료 · 색소 · 유화제 · 안정제 · 증점제 등이다. 기름은 정제가공유지다. 이 첨가물들은 때로는 제품 라벨에 표기되지 않을 수도 있다. '반제품' 이름을 원료명의 하나로 기재한 경우가 그 예다. 이런 때는 전문가도 그 반제품 안에 무엇이 들어있는지 알 수 없다. ○○맛베이스, △△양념분말, ××풍미액 등이 그것인데, 이 안에 인공조미료가 들어있을 가능성이 높다.

저첨가 라면의 재료 구성

제품명	라면
내용량	114g(530kcal)
식품유형	유탕면
품목보고번호	1996
원재료명	**면 87.7%**-밀가루 48.754%(밀:**국산**), 감자전분(**국산**), 팜유(**말레이시아산**), 밀글루텐(**프랑스산**), 태움용융소금(**국산**), 구아검, 비타민B_2 **분말스프 10.5%**-시원한해물스프(해물맛베이스, 정제염, 백설탕, 양파분말, 마늘분말, 고춧가루, 청양고춧가루, 흑후추분), 정제염, 백설탕 **건더기스프 1.8%**-건오징어 29.4%(**국산**), 건미역(미역:**국산**), 건당근{당근(**국산**), 포도당}, 건파(**국산**), 건새우 11.8%(**국산**)

요즘에는 인공조미료를 대표하는 MSG, 즉 L-글루탐산나트륨을 쓰지 않았다고 표방하는 라면들이 더러 눈에 띈다. 이런 제품에는 조미료가 사용되지 않은 것일까? 그렇지 않다. MSG만 아닐 뿐이지 다른 인공조미료들이 대신 사용된다. 유해성으로 치면 크게 다르지 않다.

라면은 그럼 무조건 내쳐야 할 나쁜 식품의 대명사인가? 아니다. 원래 나쁜 식품이란 없다. 나쁜 식품을 만드는 나쁜 마음이 있을 뿐이다. 나쁜 원료는 쓰지 않고 좋은 원료로 제대로 만들면 라면도 얼마든지 '건강라면', '웰빙라면'이 될 수 있다. 여기서 나쁜 원료란 당연히 식품첨가물이다. '무첨가'가 정 어렵다면 최선을 다해 '저첨가'라도 모색하자. 첨가물을 빼거나 줄이는 것은 좋은 라면이 되기 위한 필수 요건이다.

본보기로 삼을 만한 것이 일본의 전통 라면이다. 그 라면들은 일반 인스턴트 라면과 확연히 다르다. 자연식품을 이용하여 업소에서 육수를 직접 만든다. 면

(麵)도 현장에서 직접 뽑는다. 조미료를 비롯한 첨가물은 당연히 들어가지 않는다. 이런 라면을 만드는 '착한 라면집'이 우리나라에도 있다. 중요한 것은 라면도 얼마든지 웰빙식품이 될 수 있다는 사실이다.

여기서 중요한 것 하나. 라면이 좋은지 나쁜지를 판단하는 잣대가 식품첨가물 하나만은 아니라는 사실이다. 인스턴트 라면에는 또 다른 치명적인 약점이 있다. 인체의 당(糖) 대사 메커니즘과 관련된 문제다. 그것은 왜 인스턴트 라면이 정크푸드로 분류될 수밖에 없는지를 설명한다. 사실 모든 인스턴트식품이 공통으로 안고 있는 아킬레스건이기도 하다.

정크푸드 제1호 〈스낵〉

인스턴트식품의 또 다른 문제를 살펴보기 위해 잠시 식품의 '당지수(glycemic index)' 개념을 익히고 넘어가자. 줄여서 보통 'GI'라고 쓴다. 최근 들어 언론에도 자주 오르내리는 당지수는 정크푸드 여부를 가늠하는 중요한 지표다.

일반적으로 식품을 섭취하면 체내 혈당치가 올라간다. 혈당치가 올라가는 까닭은 식품 속에 많든 적든 탄수화물 성분이 존재하기 때문이다. 이때 혈당치가 올라가는 양상은 식품의 종류에 따라 달라진다. 어느 식품은 혈당치를 빨리 올리고 어느 식품은 천천히 올린다. 혈당치를 빨리 또 높게 올리는 식품은 당지수가 높다고 하며, 혈당치를 천천히 또 낮게 올리는 식품은 당지수가 낮다고 한다.

대체로 같은 소재의 식품은 당지수가 비슷하다. 식품 속에 들어있는 탄수화물의 형태와 양이 크게 다르지 않기 때문이다.

그런데 같은 소재의 식품이라도 당지수가 달라지는 경우가 있다. 이는 당지수를 결정짓는 변수에 '식품의 종류' 외에도 다른 요소가 또 있음을 의미한다. 다름 아닌 '가공방법'이다. 가공방법의 차이에 의해 같은 소재의 식품이라도 당지수가 달라진다.

예를 들어보자. 옥수수 식품의 경우, 쪄서 만든 찐옥수수와 튀겨서 만든 팝콘은 당지수가 서로 다르다. 같은 쌀로 만들었다 해도 밥과 쌀튀김 역시 당지수가 다르다.

왜 이런 일이 생길까? 식품을 찔 때와 튀길 때, 식품 내 탄수화물의 '입자 크기'와 '입자 간격'이 달라지기 때문이다. 찔 때는 상대적으로 온도가 낮아 탄수화물의 입자 크기가 커지고 간격이 촘촘해지는 반면, 튀길 때는 온도가 높아 입자 크기가 작아지고 간격이 뜬다. 입자 크기가 크고 간격이 촘촘한 탄수화물은 천천히 소화 · 흡수되지만, 작고 간격이 뜬 것은 빨리 소화 · 흡수된다. 이런 이유로 같은 소재의 식품이라도 찐 것은 당지수가 낮고 튀긴 것은 당지수가 높게 나타난다. 가공 온도뿐만이 아니다. 가공 시간과 가공 횟수도 탄수화물 입자의 물리적 특성에 많은 영향을 미친다. 이를테면 오랜 시간, 여러 차례 가공하면 탄수화물 입자가 더 작아지고 간격이 뜬다. 그 결과는 당연히 당지수를 높인다.

당지수를 주목해야 하는 이유는 무엇일까? 일반적으로 당지수가 높은 식품은 혈당치를 급격하게 높임으로써 우리 몸 안에서 여러 문제를 일으킨다. 설탕을 비롯한 정제당이 해로운 이유가 바로 혈당치를 빠르게 올리기 때문이란 점은 주지의 사실이다. 결국 식품은 당지수 차원에서 볼 때 가공을 적게 하는 쪽이 많이 하는 쪽보다 좋다는 이야기가 된다.

토론토 대학 데이비드 젠킨스(David Jenkins) 박사가 창안한 이 이론은 많은 학자들에 의해 검증되어 있다. 하버드 대학 영양학과 교수인 월터 윌렛 박사는 탄수화물 식품의 경우 오래 익힌 것일수록, 또 가공을 많이 한 것일수록 섭취 후 혈당치 상승속도를 가속시킨다고 말하고 있다.*1 또 미국의 건강 저널리스트인 미리엄 윌리엄슨은 쌀밥의 경우 열처리를 많이 한 '인스턴트밥'이 '일반밥'에 비해 당지수가 약 3배 정도로 높다고 보고한 바 있다.*2

이 당지수 개념을 기초로 오늘날의 가공식품을 분석해보자. 앞에서 인스턴트 라면은 첨가물 문제 외에 또 하나의 치명적인 약점을 가지고 있다고 했다. 이제 그 약점이 무엇인지 자연스럽게 드러난다. 인스턴트 라면의 제조공정을 보면, 면발을 100℃ 이상에서 찌고 다시 150℃ 안팎에서 기름으로 튀긴다. 소비자는 먹기 전에 또 그것을 끓는 물에 삶는다.

이렇게 세 차례에 걸쳐 열처리된 탄수화물은 당연히 입자가 작아지고 성겨질 수밖에 없다. 소화 · 흡수 속도가 그만큼 빨라진다는 뜻이다. 그 결과는 우리 몸의 인슐린 분비 세포에 타격을 준다. 만일 혈당관리 기능이 비정상인 사람이 인스턴트 라면을 먹는다면 문제가 어떻게 될까? 게다가 첨가물의 유해성까지 겹친 결과를 상상해보기란 어렵지 않다.

식품의 당지수 개념은 인스턴트식품에만 국한되는 이론이 아니다. 우리 주변의 가공식품 가운데 고온의 열처리 공정을 여러 차례 거치는 식품들은 수없이 많다. 대표적인 것이 심심풀이 과자로 사랑받고 있는 스낵 제품이다. 이 제품들은 대체로 두 단계의 열처리 공정을 거친다.

우리나라 스낵시장에서 가장 큰 볼륨을 차지하는 소맥계 팽화(膨化) 스낵을 보자. 그 유명한 새우맛 스낵이 이에 해당한다. 이 유형의 제품은 첫 번째 단계에서 모든 원료들이 스팀에 의해 완전히 익혀진다. 두 번째 단계에서는 열전도체나 튀김유 등을 매개로 고온에서 열처리되어 크게 팽창된다.

마찬가지로 인기를 끌고 있는 옥수수나 감자계 스낵도 비슷하다. 고온 · 고압에서 강제로 팽창시키거나 200℃ 가까운 뜨거운 기름에서 오랜 시간 튀겨낸다. 이렇게 여러 방식으로 가혹한 조건에서 가열처리된 탄수화물은 소화기관에 도달하는 즉시 흡수되어 혈당치를 빠르게 올린다.

왜 우리는 이런 유형의 식품을 정크푸드라 하는가? 영양가는 없으면서 적은 양으로도 혈당치를 빠르게 올리고 공복감을 없애기 때문이다. 식탐이 사라지는 셈이니 좋을 듯싶지만 당지수 이론을 이해하면 중요한 사실을 깨닫게 된다. 눈에는 보이지 않는, 그러나 자못 심각한 대사상의 문제다. 이런 식품을 탐닉하면 결국 혈당관리시스템에 빨간 불이 들어온다.

소맥계 새우맛 스낵 표기 사례

제품명 : ○새우△	식품유형 : 과자[유(탕)처리제품]
원재료명 : 소맥분{밀(미국산)}, 팜유(말레이지아산), 해바라기유, 옥수수전분, 새우(캐나다산), 맛베이스조미분말, 변성전분, 말토덱스트린, 감자분말, 새우풍미유, 염미시즈닝, 복합조미식품, 체다치즈분말, 정제소금, 쌀가루, 산도조절제, 향미증진제, 팽창제	

더 심각한 것은 무분별하게 사용되는 식품첨가물이다. 부드럽게 팽화시키기 위해 반드시 팽창제라는 화학물질들이 들어가야 한다. 팽창제는 산도조절제라는 이름으로 표기되기도 한다. 제품에 따라 변성전분도 사용된다. 맛을 내기 위

해 인공조미료와 향료도 필수다. 더 먹음직스럽게 하기 위해 색소 따위가 사용되는 경우도 흔하다.

당지수가 높고 식품첨가물이 들어있다는 것은 자연과 멀다는 뜻이다. 아무리 심심풀이로 먹는 과자라도 자연에 가깝게 가공할 수는 없을까? 나쁜 식품에는 다 이유가 있는 법이다. 그 이유를 없애면 좋은 식품이 된다.

과일을 동결건조하여 만든 스낵이 있다. 사과칩, 배칩 같은 제품이다. 최소한의 가공 과정을 거친 '친자연' 스낵이다. 이런 제품이 바로 좋은 가공식품이다. 훌륭한 대안으로 추천하고 싶다. 또 식감은 좀 다를지라도 고구마말랭이나 무화과말랭이, 감말랭이 같은 건과(乾果)도 대안이 될 수 있다.

이들 제품은 당지수가 하나같이 낮다는 공통점이 있다. 자연의 영양분, 맛, 향도 거의 그대로 남아있다. 당연히 식품첨가물을 비롯한 해로운 물질은 없다. 다만, 시중의 일반 건과의 경우 아황산 처리를 한 제품들이 더러 있다. 이런 제품은 경계해야 한다.

친(親)자연 사과칩

제품명	사과칩
식품유형	과·채가공품
중량	20g(76 kcal)
원재료명 및 함량	사과 100 %(국산)
품목보고번호	201
제조원	영농조합법인
유통전문판매원	(주)

친자연 배칩

제품명	배칩
식품유형	과·채가공품
중량	20g(75 kcal)
원재료명 및 함량	배 100 %(국산)
품목보고번호	201
제조원	영농조합법인
유통전문판매원	(주)

초콜릿인 듯 초콜릿 아닌! 〈초콜릿가공품〉

가공식품의 꽃이 과자라면, 과자의 꽃은 초콜릿이다. 초콜릿에는 독특한 제과 기술이 들어있고 과자 명인의 장인정신이 들어있다. 초콜릿의 자랑은 대표적인 항산화 식품이라는 점이다. 제과류 가운데 거의 유일하게 항산화력을 가진 과자가 초콜릿이다. 단, 좋은 초콜릿일 때 한해서다.

초콜릿에 항산화력이 완성되기 위해서는, 즉 좋은 초콜릿이 되기 위해서는 꼭 필요한 원료가 있다. 다름 아닌 '코코아버터'다.*1 코코아버터는 카카오 열매에 들어있는 천연유지다. 안정성이 뛰어나고 쓰임새가 다양하여 업계에서는 고급 유지로 통한다. 당연히 가격이 비쌀 수밖에 없다.

그래서 대체유지가 개발됐다. 업계에서 편의상 '대용버터' 또는 '대용유지'라고 부른다. 이 대체유지는 천연유지가 아닌, 화학공정을 거친 인공유지다.*2 물성만 코코아버터와 비슷하게 만들었다. 초콜릿이 고체인 만큼 이 대체유지도 상온에서 고체의 형상을 띤다. 쇼트닝이나 마가린과 같은 인공경화유의 일종으로 정제가공유지에 속한다. 당연히 좋은 기름이 아니다.*3

코코아버터를 쓰지 않거나 적게 쓰고 대신 대체유지를 사용하여 초콜릿을 만들면 값싸게 만들 수 있다. 이런 초콜릿을 업계에서는 '준초콜릿'이라고 부른다. 저급 초콜릿이라는 뜻이다. 서양에서는 이런 초콜릿을 초콜릿이라고 부르지 않는다.*4 '페이크(fake) 초콜릿'이라는 말이 가끔 나오는데 그게 바로 준초콜릿이다. 페이크란 가짜라는 뜻 아닌가? 진짜 초콜릿을 가리키는 '리얼(real) 초콜릿'과 대척점에 있는 말이다.

준초콜릿에는 정제당과 정제가공유지, 유화제, 증점제, 향료 등 식품첨가물이 많이 들어간다. 그만큼 코코아버터를 비롯한 천연 카카오 성분은 적게 사용될 수밖에 없다. 이런 초콜릿에서는 항산화력이 완성되지 않는다. 오히려 항산화 효능을 해치는 활성산소 따위가 만들어질 수 있다. 식품첨가물들이 들어있기 때문이다.[*5]

우리나라 초콜릿 시장에서는 유감스럽게도 리얼(진짜) 초콜릿을 찾기가 쉽지 않다. 시장이 준초콜릿 위주로 형성되었기 때문이다. 초콜릿 소비문화가 잘못 발달되어왔다는 뜻이다. 그 원인 제공자가 '초콜릿가공품'이라는 유형의 과자다. 이 과자들은 엄밀히 말하면 초콜릿이 아니다. 하지만 지금 우리나라 초콜릿 시장을 주름잡고 있다. 이 초콜릿가공품에 주로 사용되는 초콜릿이 바로 준초콜릿이다.

초콜릿가공품이란 초콜릿과 다른 과자를 함께 먹을 수 있도록 만든 제품들을 말한다. 비스킷, 파이, 케이크, 캔디, 스낵 등의 겉에 초콜릿을 바르거나 안쪽에 주입하는 식으로 만든다. 대표적인 제품이 둥근 모양의 초콜릿파이다. 또 비스킷을 가늘고 길게 뽑아 한쪽에 초콜릿을 바른 초코비스킷, 견과류 등에 초콜릿을 입힌 초코볼, 막대 모양의 과자에 초콜릿을 바른 초코바, 캔디와 초콜릿을 함께 먹게 만든 초코캔디, 스낵에 초콜릿을 결합시킨 초코스낵 따위도 다 초콜릿가공품이다. 요즘엔 전통식품인 떡에까지 초콜릿을 발라 만드는 시대가 되었다.

초콜릿가공품 시장의 개척자이자 리더는 단연 초콜릿파이다. 우리나라 사람들이 그동안 가장 많이 먹어온 그야말로 제과시장의 전설이다. 이 과자의 특징은 달콤함과 부드러움에 있다. 왜 그리 달콤한가? 간단하다. 정제당이 많이 사용됐기 때문이다. 왜 그리 부드러운가? 역시 간단하다. 수분이 많기 때문이다.

과자에 수분이 많으면 부드러워서 먹기는 좋다. 하지만 치명적인 약점이 하나 있다. 보관성이 나빠진다는 사실. 쉽게 변질될 수 있다. 그래서 반드시 콜드체인에 태워 유통해야 한다. 현실은 어떤가? 냉장고가 안 보인다. 아무 데나 쌓아놓고 판다. 그럼에도 변하지 않는다. 곰팡이조차 스는 일이 없다.

초콜릿파이 표기 사례

제품명 : ○○파이	식품의 유형 : 초콜릿가공품
원재료명 : 밀가루(밀-미국산), 백설탕, 물엿, 쇼트닝{팜유, 팜올레인유(말레이지아산), 식물성유지(말레이지아산)}, 부분경화유, 전지분유, 코코아분말, D-소르비톨액, 코코아매스(가나산), 결정포도당, 유당, 산도조절제, 전란액(계란), 주정, 젤라틴(돼지), 기타과당, 정제소금, 유화제(대두), 아라비아검, 잔탄검, 합성향료(바닐린, 바닐라향, 초콜릿향)	

비밀은 식품첨가물이다. 설탕, 물엿, 유화제, 산도조절제 등이 보관성 향상에 기여한다. 하지만 미미한 정도다. 강력하게 보관성을 좋게 해주는 원료가 있다. 다름 아닌 쇼트닝이다. 쇼트닝은 식물성 유지에 속하지만 좋은 기름이 아니다. 제조과정에서 화학공정을 거치는데 이때 지방산 분자구조가 미세하게 변형이 일어나고 트랜스지방산 등 여러 해로운 물질들이 만들어진다. 미생물이 좋아하지 않고 변질이 쉽게 일어나지 않는 이유다.[*6]

초콜릿파이뿐만이 아니다. 다른 부드러운 과자들, 예컨대 커스터드, 쉬폰, 슈크림, 카스텔라 등에도 거의 필수로 쇼트닝이 사용된다. 쇼트닝이 사용되는 한, 수분이 많더라도 보존료가 필요 없다. 문제는 그만큼 쇼트닝이 우리 몸에 맞지 않는다는 것. 미생물이 좋아하지 않는 만큼 인체의 효소나 호르몬도 좋아하지 않는다. 대사가 잘 안 되어 심혈관질환 등 여러 질병의 원인이 될 수 있다.[*7]

초콜릿 자격이 없는 준초콜릿은 여러 형태로 우리 제과시장에 잠입해 있다. 밸런타인데이 등 기념일에 아이들이 선물로 주고받는 각종 캐릭터 초콜릿도 대부분 준초콜릿이다. 정통 초콜릿으로 보이는 판초콜릿조차 준초콜릿으로 만들어지는 경우가 있다. 전문가들은 초콜릿은 되도록 천연 코코아 성분이 70퍼센트 이상 되는 제품을 선택하라고 조언한다.*8 준초콜릿으로서는 언감생심이다. 천연 코코아가 적게는 7퍼센트 수준에 불과해서다.*9

그럼 초콜릿파이 같은 전설적인 과자를 포기해야 하나. 분명히 해두자. 초콜릿파이가 나쁜 것이 아니다. 저급 초콜릿을 쓰고 식품첨가물을 남용한 나쁜 초콜릿파이가 나쁜 것이다. 초콜릿가공품을 사랑하는 이라면 대신 추천해드릴 만한 초콜릿파이 제품이 있다. 포장지 라벨을 잘 살피면 답이 보인다.

저첨가 대안 초콜릿파이

제품명	초코파이	품목보고번호	20090
내용량	140 g(35 g×4개) / **730 kcal**	식품의 유형	초콜릿 가공품
제조원	(주) 식품		
유통전문판매원			
원재료명	초콜릿(유기농다크초콜릿N1) 23.15%[유기농코코아매스(**네덜란드**) 47%, 유기농설탕 38.6%, 유기농코코아버터(**네덜란드**) 14%, 레시틴(대두)], 밀가루(**국산**) 12.44%, 계란(유정란, **국산**) 16.53%, 버터(유크림 99%, 정제수 1% / **뉴질랜드**) 14.56%, 유기농설탕 13.77%, 유기농코코아분말 2.75%, 프락토올리고당 3.94%, 버터(유크림 99%, 정제수 1% / **뉴질랜드**) 7.54%, 프락토올리고당 2.66%, 딸기잼{딸기(**국산**), 설탕}, 발효주정 0.09% **우유, 계란, 대두, 밀 함유**		

먼저 코코아버터가 눈에 확 들어온다. 그 앞에 있는 코코아매스는 뭔가? 코코아버터와 코코아파우더의 혼합물이다. 설탕도 정제된 일반 백설탕이 아니다. 여

기에 버터가 사용됐다. 쇼트닝 같은 정제가공유지는 없다. 다른 해로운 첨가물들도 없다. 파이에 사용된 밀가루가 우리밀이라는 점도 신뢰감을 준다. 초콜릿 가공품도 얼마든지 안전하게 즐길 수 있다는 뜻이다.

충치는 빙산의 일각 〈캔디〉

오늘날 가공식품이 비판받는 까닭은 대체로 세 가지 혐오물질군이 들어있어서다. 정제당, 정제가공유지, 화학물질 등 식품첨가물이 그것이다. 좋은 식품이라면 당연히 이 문제의 물질들이 없거나 적어야 한다. 식품업체들이 진정 소비자 건강을 생각한다면 최선을 다해 이 물질들을 사용하지 않도록 노력해야 한다.

캔디 표기 사례

제품명 : ○△캔디	식품의 유형 : 캔디류
원재료명 : 설탕, 물엿, 식물성기름, 젖산나트륨, 구연산, 프로필렌글리콜, 블루베리농축액0.1%, 딸기농축액0.1%, 허브추출물, 모과추출물, 도라지농축액, 유화제, 천연향료, 합성향료, 천연색소	

하지만 우리 주변의 가공식품을 보면 하나같이 이들 혐오물질 범벅이다. 대표적인 것이 흔히 사탕이라고 불리는 캔디 제품이다. 캔디는 오로지 이와 같은 문제의 물질로만 이루어졌다고 해도 과언이 아니다.

캔디 만드는 방법을 살펴보자. 정제당의 쌍벽인 설탕과 물엿을 넣고 가열 · 농축한다. 부드러운 캔디의 경우에는 여기에 쇼트닝이나 마가린 같은 정제가공유지와 유화제 따위를 넣는다. 농축이 끝나면 맛을 내기 위해 산미료나 조미료, 향료 등을 넣고, 색깔을 내기 위해 색소를 쓴다. 더러 농축과즙이 들어가지만 극미량으로 영양적인 가치는 거의 없다.

캔디의 주원료로서 설탕과 함께 필수적으로 사용되는 물엿에 대해 잘못된 상식을 가진 사람이 간혹 있다. 물엿은 그다지 해롭지 않다고 생각하는 것이다. 얼마 전 한 원로 출판인이 자신의 장수비결을 담은 책을 펴낸 적이 있다. 그는 건강을 위해 백설탕 대신 물엿을 먹는다고 소개했다. 시중에서 판매되고 있는 물엿을 조청과 같은 전통 당류로 착각하고 있음이 분명하다.

얼토당토않은 일이다. 조청과 물엿은 전혀 다르다. 자연의 미량 영양분이 있고 없고의 차이다. 중요한 것은 물엿 역시 정제당이란 사실이다. 과잉행동장애아 연구기관인 미국의 파인골드협회에서도 물엿을 '요주의 당류'로 분류하고 있다.[*1] 대부분의 시판 물엿을 유전자 변형(GMO) 옥수수로 만든다는 사실도 알아두어야 한다.

현명한 소비자라면 캔디에 들어있는 설탕과 물엿이 몸 안에서 당 대사 기능에 어떤 해악을 끼치는지 알아야 한다. 또 경화시킨 유지와 첨가물들이 생리기능과 신경전달기능, 뇌 기능에 어떤 장애를 주는지 생각해야 한다. 이러한 문제의 물질들이 동시에 섭취되었을 때 유해성이 더욱 상승된다는 점도 잊지 말아야 한다. 캔디는 충치를 일으킬 수 있어서 조심해야 한다고? 충치는 빙산의 일각이다.

저첨가 대안 캔디

• 제품명 : 캔디 • 식품의 유형 : 캔디류 • 내용량 : 80 g (320 kcal)
• 원재료명 및 함량 : 마스코바도(사탕수수원당100%, 필리핀산) 90%, 프락토올리고당
• 제조원 :
• 포장재질(내면) : 폴리에틸렌

물론 캔디라고 다 해로운 물질로만 이루어지는 것은 아니다. 잘 찾아보면 썩 괜찮은 캔디도 있다. 백설탕 대신 '마스코바도 설탕'을 쓴 제품이 그 예다. 마스코바도 설탕이란 사탕수수 원당, 즉 정제하지 않은 자연의 설탕이다. 흔히 '비정제설탕'이라고 부른다.

여기에 올리고당이 조금 사용됐다. 올리고당 대신 전통 조청을 사용했다면 더 좋았을 것이다. 하지만 이 정도 제품이라면 자연식품 철학이 충분히 살아있다고 볼 수 있다.

일반 캔디에 필수적으로 사용되는 화학첨가물들도 전혀 없다. 향료조차 없다. 향료를 넣지 않아도 비정제설탕에 자연의 묵직한 풍미가 들어있기 때문이다. 이런 제품이라면 대안으로 기꺼이 권할 수 있다.

심심풀이 기호식품의 이면 〈추잉껌〉

'첨가물 과자' 하면 빼놓을 수 없는 제품 장르가 있다. 다름 아닌 추잉껌이다. 껌에는 유지가 거의 사용되지 않는다. 정제가공유지 같은 나쁜 지방 문제는 없다고 보아도 된다. 그러나 제품 자체가 속속들이 식품첨가물이다. 그 유해성은 정제가공유지 문제로부터 자유롭다는 이점을 상쇄하고도 남는다.

정제당 70퍼센트, 화학물질 30퍼센트. 국내에서 유통되는 일반 껌의 실루엣이다. 이것을 사람들은 입 안에 넣고 다니며 씹는다. 껌을 씹는 것은 곧 이 두 가지 '반건강 물질'을 씹는 것이다. 물론 이 물질들은 침과 함께 식도를 넘어간다.

약 70퍼센트에 해당하는 정제당은 대부분 칼로리 덩어리의 상징인 백설탕이다. 여기에 단맛과 씹는 질감을 보정하기 위해 정제포도당이나 정제물엿을 조금씩 쓴다. 요즘 인기를 끌고 있는 기능성 껌의 경우 다른 형태의 당류가 쓰이기도 하지만 다 정제당의 아류다.

다행히 껌은 1회 섭취량이 비교적 적은 과자다. 지독한 마니아가 아니라면 껌을 통해 섭취하는 정제당은 그리 큰 문제가 되지 않을 것이다. 껌의 진짜 문제는 바로 화학물질에 있다. 껌은 화학물질의 진열대라고 보아도 된다.

무설탕껌 표기 사례

제품명 : ○○자일리톨	식품의 유형 : 추잉껌
원재료명 : 자일리톨35%, 껌베이스{감미료(수크랄로스), 식물성유지(경화유)}, 말티톨18%, D-소비톨10%, 인산칼슘, 인산나트륨, 글리세린, 구연산, 잔탄검, 치자청색소, 코치닐색소, 유화제, 합성향료, 카나우바왁스, 쉘락	

먼저 껌의 뼈대라 할 수 있는 껌베이스(gum base)를 보자. 예전엔 치클과 같은 천연물질이 사용되곤 했지만, 요즘엔 거의 없다. 대부분 합성물질로 이루어진다. 물론 사용 허가가 된 물질들이어서 법적으로는 문제가 없다. 그러나 전문가들 사이에서 줄곧 논란의 대상이 되고 있다.

일본의 식품첨가물 전문 컨설턴트인 와타나베 유지는 "껌베이스를 구성하는 물질들에 대해서는 아직 연구가 덜 돼 있으며 안전성에 불확실한 점이 많다"고 말한다.[*1] 껌베이스는 삼키지 않는다는 점에서 안전성 관리가 무척 허술하다. 실제로는 침과 함께 미세한 베이스 조각들이 식도를 넘어가는데 말이다. 아이들은 씹다가 무심코 삼키는 경우도 많지 않은가?

껌베이스뿐만이 아니다. 향료 · 색소 · 유화제 · 산미료 · 감미료 · 연화제 · 가소제 등이 모두 화학물질이다. 여기서 가장 눈살을 찌푸리게 하는 것이 향료다. 껌에는 무척 많은 양의 향료가 사용된다. 보통 1퍼센트를 훨씬 넘는다. 사용 비율로 볼 때 일반식품의 약 10배를 넘는 수치다. 일반적으로 껌은 포장 용량이 적고 섭취량도 적은 식품이라는 점에서 화학물질의 사용량 규제가 불필요하다는 인식이 있다. 타당한 의견인가?

하루에 세 번 껌을 씹는 사람이 있다고 치자. 보통 판껌 하나가 2.7그램 정도 된다. 이 사람은 매일 8그램 이상의 껌을 씹게 되는데, 이때 섭취하는 향료가 0.1그램 가까이 된다. 0.1그램이라면? 물 한 방울쯤에 불과한 양이다. 하지만 여기에는 보통 수백 종의 화학물질이 들어있다는 사실을 직시해야 한다. 그 가운데는 환경호르몬이 있을 수 있으며 아직 검증이 안 된 발암물질도 있을 수 있다.

최근의 연구에 의하면 이러한 물질은 우리 몸에서 '1조분의 1'의 농도인 ppt 단위에서도 해롭게 작용하는 것으로 알려져 있다.[*2] 체중 50킬로그램인 사람이

0.1그램의 향료를 섭취했을 경우, 향료 성분의 체내 농도는 약 2ppm이다. 이 값은 200만 ppt에 해당한다. 호르몬 교란 측면에서 볼 때는 상상을 초월하는 진한 농도다. 여기에 색소 등의 다른 화학물질까지 동시에 섭취하는 상황이다.

최근엔 기능성 껌이 대세를 이루고 있다. 대표적인 제품이 '자일리톨껌'이다. 자일리톨은 독특한 청량감에다 충치방지 기능까지 갖추었으니 껌에는 안성맞춤의 당류 소재다. 업체들은 자일리톨이 자연계에 존재하는 물질인 점을 내세우지만, 시중에 유통되는 자일리톨은 공장에서 인공적으로 만들어진다. 체내 대사에 필요한 영양분이 전혀 없다는 점에서 정제당의 아류다.

무엇보다 자일리톨은 인체에 무척 낯선 물질이다. 과량 섭취했을 때 생기는 설사 문제 등이 그 방증이다. 또 자일리톨 같은 당알코올이 사용된 식품에는 대개 합성감미료가 사용된다. 이들 감미료는 자일리톨과 함께 당 대사 체계에 혼선을 일으킴으로써 대사성 질환의 원인이 될 수도 있다.

이제 껌이라는 기호식품도 건강 측면에서 다시 조명되어야 한다. 껌을 씹음으로써 얻는 효용도 재평가돼야 한다. 잠시의 '기분 전환' 또는 간편한 '입 청소'라는 가치가 몸 안에서 보이지 않게 진행되는 신경독성이나 생리적 부작용을 능가하는지 곱씹어볼 일이다.

청정 도시국가 싱가포르의 국민들은 껌을 씹지 않기로 유명하다. 시내에서는 껌을 씹지 못하도록 법으로 규정되어 있는 이유도 있지만, 국민들 사이에 껌의 '반건강성'에 대한 공감대가 충분히 확산되어 있기에 가능하다.

그런데 얼마 전 싱가포르가 자랑하는 이 금기가 깨졌다. 정부가 껌 금지법을 부분적으로 해제하기 시작한 것이다. 전문가들은 이 조치를 미국의 압력에 굴복

한 결과라고 통탄한다. 이 조치가 취해지자마자 그 청정도시에 세계 최대 껌 재벌인 미국의 리글리(Wrigley)사가 보무당당하게 입성했다. 이것이 오늘날 문명국 가공식품 정책의 현주소다.

저첨가 대안 껌

물론 껌도 제대로만 만들면 썩 괜찮은 기호식품이 될 수 있다. 서양에 천연치클로 껌베이스를 만든 껌이 있다. 설탕은 비정제설탕을 썼다. 쌀가루를 사용한 점이 흥미롭다. 화학물질은 최대한 배제했다. 100퍼센트 안전한 껌이라고는 할 수 없지만, 천연껌의 가능성을 시도하고 있다는 점에서 신선하다. 우리나라에도 이런 껌이 나왔으면 좋겠다.

허울만 유가공품 〈아이스크림〉

우는 아이도 그치게 하는 '현대판 곶감', 타 장르의 식품이 감히 넘볼 수 없는 독특한 개성의 디저트 식품. 아이스크림은 과연 남녀노소를 가리지 않고 사랑받는 기호식품의 대명사다. 하절기 식품이라는 종전의 개념을 완전히 뒤집고 이젠 사계절 식품이 됐다. 마니아들은 이 '얼음과자'를 겨울철에 더 즐긴다.

아이스크림은 인기만큼이나 종류가 다양하다. 세계적인 유명 브랜드의 제품부터 각종 군소 업체의 콘 · 바 · 컵 따위 제품에 이르기까지 그 얼굴은 실로 가지각색이다.

이와 같은 다양성을 무기로 국내에서 아이스크림은 이제 가장 인기 있는 가공식품의 반열에 올라있다. 어디를 가든 장사가 될 법한 곳에는 반드시 아이스크림 체인점이 자리를 잡고 있고, 아무리 작은 구멍가게라도 빙과용 냉동스토커는 꼭 있다.

아이스크림은 시장 기반 또한 탄탄하다. 전 세계 최고 브랜드들의 각축장으로 떠오르고 있는 우리나라 시장을 보면, 이른바 프리미엄급 아이스크림의 경우 불황에도 불구하고 매년 높은 판매 신장을 보인다.

국내 최장수 아이스크림으로 알려져 있는 모 콘제품은 단일 품목으로 30년간 30억 개가 넘는 양이 팔려나갔다. 아이스크림 한 브랜드가 연평균 1억 개. 소비자 입의 지칠 줄 모르는 '흡입력'을 새삼 실감하게 한다.

아이스크림 표기 사례

제품명 : ○○콘	식품의 유형 : 아이스크림
원재료명 : 정제수, 물엿, 올리고당, 기타과당, 과자{소맥분(미국산, 호주산), 설탕, 쇼트닝, 가공버터}, 혼합분유(탈지분유, 유청, 레시틴, 준초콜릿(식물성유지, 설탕, 코코아분말, 땅콩버터), 가당연유, 정제소금, 혼합제제(글리세린지방산에스테르, 로커스트콩검, 카라기난, 알긴산나트륨), 덱스트린, 난황분, 카로틴, 합성향료(초코향, 바닐라향, 땅콩향)	

그럼 이런 인기는 안전성을 담보하고 있는가? 원료를 보자. 주원료는 당류와 유지다. 여기에 물이 섞여있는 상태다. 원료의 좋고 나쁨을 따지기 전에 먼저 한 가지 궁금증이 떠오른다. '물과 유지를 어떻게 섞을까?' 그렇다. 아이스크림 공장의 기술자들이 가장 골머리를 앓고 있는 문제다. 조금만 조건이 맞지 않으면 물과 기름이 순식간에 분리돼버린다. 이 고민거리를 간단히 해결해주는 것이 바로 식품첨가물이다. 아이스크림에는 유화제, 즉 계면활성제가 꽤나 많이 사용된다.

유화제에는 천연 유화제도 있지만 아이스크림의 경우 대부분 합성 유화제가 사용된다. 문제는 합성 유화제들이 대개 체내에서 고약한 짓을 한다는 사실. 서로 다른 물질을 섞이게 하는 유화력이 강하다 보니 발암물질을 비롯한 각종 유해성분을 체액에 잘 섞이도록 돕는다. 체액에 고루 섞인 유해물질들은 한결 쉽게 흡수되어 세포 안에 깊숙이 자리 잡을 터. 이와는 별도로 유화제는 장염을 일으킴으로써 대장암과 대사증후군의 원인이 될 수 있다는 보고도 있다.[*1]

아이스크림은 사실 첨가물 덩어리다. 맛을 내기 위한 향료, 먹음직스럽게 보이기 위한 색소, 나아가 안정제 · 증점제 등도 사용된다. 증점제 가운데 카라기난이 눈엣가시다. 일본의 식품첨가물 전문가인 와타나베 유지는 카라기난을 발암물질로 분류하고 있다.[*2] 이 물질은 일본 『식품첨가물 평가일람』에서 '위험등급

4급'에 올라있다. 발암성 · 최기형성 등이 우려되거나 급성 또는 만성 독성을 가진 물질들이다.[*3] 그밖에 아이스크림에는 인공감미료나 보존료, 산화방지제 따위도 더러 눈에 띈다.

아이스크림의 '반건강성'은 이들 화학첨가물에만 있는 것이 아니다. 정제당과 정제가공유지가 다량 사용된다는 점에서 또 하나의 치명적인 결함이 있다. '고당분 · 고지방 식품'이 갖는 유해성의 상승효과다. 대사기능 악화로 인해 고지혈증 등이 더욱 빠르게 진행될 수 있다.

이 이론을 뒷받침이라도 하듯, 일본의 건강 전문가인 나가타 다카유키는 저서에서 "탄수화물과 지방이 함께 들어있는 식품은 체내의 지방축적 효소를 더 활성화시킨다"고 설명하고 있다.[*4] 또 미국에서 당 대사를 연구하고 있는 리차드 헬러 박사도 "포화지방 위주의 식단을 좋아하는 사람이 당류 식품을 자주 먹는 경우 심장병의 위험성이 더욱 커진다"고 발표했다.[*5] 결국 아이스크림은 비만과 생활습관병의 주범이라는 뜻이다.

요즘 보면 고급 레스토랑에서도 디저트로 으레 아이스크림이 제공된다. 또 아이스크림을 먹으며 길거리를 활보하는 젊은이들의 모습도 일상화되었다. 흔히 아이스크림은 유가공품으로 분류되는 만큼 몸에 좋은 식품이라는 인식이 있다. 과연 그런가? 시중의 일반 아이스크림을 보면 쇼트닝을 비롯한 정제가공유지가 주원료다. 유(乳)가공품이라기보다 유(油)가공품이라 해야 타당하지 않을까?

얼마 전 사회를 경악시켰던 희대의 연쇄 살인범 거처에서 경찰은 산더미처럼 쌓여있던 아이스크림 포장지들을 보았다고 언론이 전한다.[*6] 그는 오랜 전부터 아이스크림 마니아였다. 무엇이 사회를 보는 그의 눈을 삐뚤어지게 했을까? 아이스크림이 아니기를 간절히 바란다. 나쁜 가공식품에 들어있는 나쁜 물질은 인간의 품성까지 망가뜨릴 수 있기 때문이다.[*7]

저첨가 아이스크림

물론 아이스크림도 제대로만 만들면 얼마든지 좋은 식품이 될 수 있다. 흔히 젤라토로 알려진 이탈리아의 전통 아이스크림엔 첨가물이란 것이 없다. 요즘 우리나라에서도 주목받고 있는 이른바 '착한 아이스크림'이 그 예다. 우유 · 과일 · 채소 등이 듬뿍 사용됨은 물론, 현미 같은 통곡류가 사용되는 제품도 있다. 이런 아이스크림이라면 식사대용으로도 이용할 수 있을 정도다. 아이스크림이라고 다 나쁜 게 아니다.

아메리칸 사료 〈패스트푸드〉

…나는 지금
햄과 치즈와 도막 난 토마토와 빵과 방부제가 일률적으로 배합된
아메리카의 사료를 먹고 있다.
재료를 넣고 뺄 수도,
젓가락을 댈 수도,
마음대로 선택할 수도 없이
맨손으로 한 입 덥석 물어야 하는 저
음식의 독재,
자본의 길들이기.
자유는 아득한 기억의 입맛으로만
남아 있을 뿐이다.

시인 오세영 교수는 『햄버거를 먹으며』에서 패스트푸드는 음식이 아니라 '사료'라고 했다. 동양사상에 실존주의적 정서가 깔려있는 그의 시상(詩想)에는, 우리의 소중한 젓가락 문화를 흔들어대는 '음식 독재'의 행태가 꽤나 통탄스럽게 비쳐졌음에 틀림없다. 하지만 실상을 알면 그런 식의 품격 있는 수사(修辭)는 오히려 한가한 비유라는 것을 곧 깨닫는다.

미국의 식품 저널리스트인 에릭 슐로서의 지적을 보자. 그는 저서 『패스트푸드 왕국』에서 이렇게 고발하고 있다.

유명 패스트푸드 체인 M사는 자신들의 감자튀김에 사용되는 향료 정보가 공개되는 것을 꺼린다. B사의 치킨 패티, W사의 샌드위치에도 향료가 사용된다. M사, B사, W사에서 판매되는 치킨류, 샌드위치, 샐러드류, 쿠키, 음료 등에는 색소가 사용된다.*1

포장 햄버거 표기 사례

제품명 : ○○버거	식품의 유형 : 즉석섭취식품
원재료명 : 햄버거번35.2%{소맥분(밀/미국산, 호주산), 백설탕, 쇼트닝(말레이지아산), 물엿, 효모, 참깨, 유화제, 기타가공품, 산도조절제}, 패티26.1%{돼지고기(국내산), 닭고기(국내산), 탈지대두, 소맥분, 빵가루, L-글루탐산나트륨(향미증진제), 기타과당, 현미식초, 향신료(신나몬), 진간장, 불고기양념베이스, 양파, 오이피클, 우유}, 마요네즈(계란), 변성전분, 주정, 소르빈산칼륨	

일반적으로 지적되는 패스트푸드의 문제는 크게 두 가지다. 슐로서가 공개한 첨가물 문제가 그 하나요, 지방 함량이 높음으로써 생기는 고칼로리 문제가 다른 하나다. 칼로리 문제는 한국소비자보호원에서 최근에 조사한 자료가 실상을 잘 웅변한다. 어린이와 청소년들이 즐겨먹는 햄버거 · 감자튀김 · 치킨 세트 등에는 하루 열량 권장량의 최대 53퍼센트, 지방 권장 섭취량의 최대 82퍼센트가 들어 있다는 것이다. 자료는 이들 식품이 비만과 소아 생활습관병의 원인이 된다고 지적한다.*2

이와 같은 고칼로리 문제는 패스트푸드점의 감초 격인 감자튀김에서 특히 심각하다. 흔히 프렌치프라이로 불리는 이 간판 메뉴는 기름에 튀긴다는 점에서 고열량 식품의 굴레를 벗을 수 없다. 국내 모 대학 조사에 의하면, 감자를 찌거나 구운 제품의 경우 100그램당 65킬로칼로리인데 비해, 프렌치프라이는 그 5배에 해당하는 324킬로칼로리나 되는 것으로 나타났다.[*3] 이 고열량 식품을 콜라와 함께 드시는가? 칼로리 문제가 더욱 커짐은 말할 나위가 없다.

여기서 '고칼로리 식품'이라는 불명예보다 더 무시무시한 것이 바로 트랜스지방산이다. 미국 공인과학센터의 마이클 제이콥슨(Michael Jacobson) 박사는 저서 『레스토랑의 비밀』에서 이렇게 폭로했다. "유명 패스트푸드 체인에서는 그동안 감자튀김에 쇠기름을 써왔는데, 여론의 비난에 밀려 식물성 유지로 바꿨다. 그러나 그 식물성 유지에 수소가 첨가된 것이 쇼트닝이다. 이로 인해 고체화된 쇼트닝은 쇠기름보다 더 나쁘다."[*4]

튀김 식품의 트랜스지방산 문제는 이미 널리 알려져 있다. 튀김유 자체에도 트랜스지방산이 들어있는 데다 튀기는 과정에서 트랜스지방산이 또 만들어진다. 더 심각한 것은 이때 발암물질인 '아크릴아마이드'도 만들어진다는 사실이다. 트랜스지방산에 아크릴아마이드가 합세한 감자튀김, 현대식 가공식품 문화의 난맥을 보여주는 정크푸드의 전형이다. 이는 감자튀김과 뿌리가 같은 포테이토칩에서도 똑같이 생기는 문제다.

이쯤 되면 시인처럼 점잖게 음식 독재를 운운하고 있을 때가 아니다. 당장 우리의 건강 앞에 비수가 드리워져 있어서다. 사실 감자튀김이나 포테이토칩은 인간의 어리석은 발상에 의해 만들어진 식품이다. 일본의 건강 저널리스트 이마무라 고이치는 "프렌치프라이나 포테이토칩과 같은 감자 가공식품의 경우 귀중한 미네랄이 절반가량이나 유실되어 있다"고 지적한다.[*5] 왜냐하면 생산과정에서 감자를 가늘게 또는 얇게 썰고 물에 담가놓기 때문이다.

햄버거와 피자는 패스트푸드의 양대 산맥이다. 이들 식품은 영원히 패스트푸드일 수밖에 없는 것일까? 그럴 리가 없다. 햄버거를 보자. 식품첨가물 등 해로운 물질은 빼고 채소, 과일, 우유 같은 자연소재로 만들면 된다. 요즘 주목받고 있는 이른바 '수제 햄버거'다. 이런 햄버거는 패스트푸드가 아니다. 슬로푸드다.

피자는 어떤가? 가장 큰 흠결이 치즈에 있다. 시중의 일반 피자에는 흔히 모조치즈가 사용된다. 우유와는 관계가 없는, 정제가공유지등 식품첨가물로 주로 이루어진 치즈가 모조치즈다. 당연히 고단백 · 고칼슘의 영양 효과를 기대할 수 없다. 오히려 해롭다.

친건강 샌드위치

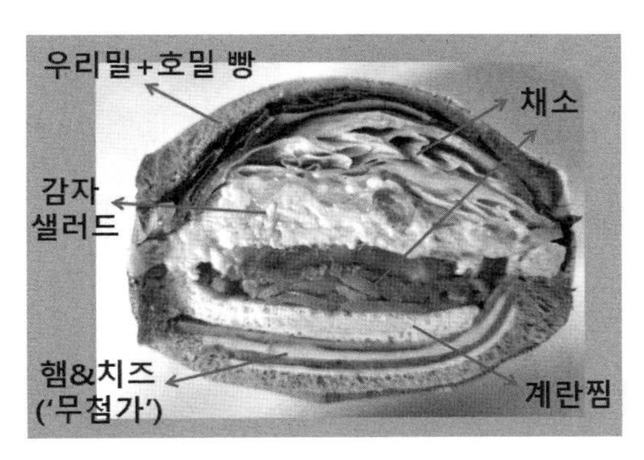

피자의 종주국인 이탈리아에서는 피자를 밥처럼 먹는다. 이탈리아의 전통 피자에도 모조치즈가 사용될까? 식품첨가물이 들어갈까? 이탈리아가 손꼽히는 장수국이라는 사실 속에 힌트가 있다. 패스트푸드의 또 한 축인 샌드위치도 마찬가지로 생각하면 된다. '친건강' 햄버거 · 피자 · 샌드위치, 얼마든지 가능하다.

가공, 그 찬란한 너울 〈가공치즈·가공버터〉

연간 약 300조 원. 어느 나라 예산인가? 그렇다. 2010년대 초반의 우리나라 1년 예산이다. 이 천문학적인 숫자는 21세기 중반을 향해 달려가고 있는 오늘날 우리나라 가공식품 시장의 연간 규모이기도 하다.[*1] 한국의 소비자들은 약 10년 전 정부가 집행했던 예산만큼의 돈을 가공식품 구입에 지출하고 있다.

미국인들은 보통 음식물 비용의 약 90퍼센트를 가공식품 구입에 사용한다.[*2] 특이한 몇몇 나라를 빼고는 오늘날 문명국 소비자들의 가공식품 선호도는 비슷하다. 음식물 구입비 100원 가운데 90원을 가공식품 구입에 쓰고 있다는 이야기다. 우리나라도 크게 다르지 않을 터다. 현대인은 이제 가공식품과는 불가분의 관계에 있으며, 앞으로도 더욱 탄탄한 밀월관계를 유지해갈 것이다.

여기서 교과서적인 질문을 한번 던져보자. 가공식품이란 무엇일까? 사전에서 찾아보면 '원자재를 인공적으로 처리하여 만든 식품'이라고 나와있다. 그런데 이 말을 식품위생법은 사뭇 난해하게 설명하고 있다. 식품 규격의 바이블이라 할 수 있는 식품공전을 보면 가공식품을 정의하는 데에 '식품원료의 변형'이라는 말이 등장하고, '식품첨가물 사용'이라는 말이 눈에 띈다. 부연 설명으로 '첨가물을 사용하지 않고 원료의 원형을 유지함으로써 위생상 위해 발생의 우려가 없는 경우는 제외한다'는 구절도 나온다. 이 설명들을 종합해보면 결국 식품을 가공한다는 말은 첨가물을 사용하여 식품소재를 변형하는 것을 말하고, 가공식품이란 그런 방법에 의해 만들어진, '위해 발생의 우려가 있는 식품'이라고 정리된다. 그렇다면 식품위생법에서 정의하는 가공이란 말은 '해로운 식품을 만든다'는 뜻으로 받아들여야 하는 것인가? 참으로 묘한 뉘앙스의 정의다.

가공치즈 표기 사례

제품명 : ○△치즈	식품의 유형 : 가공치즈
원재료명 : 체다치즈{외국산(호주산, 미국산 등) – 원유, 정제소금, 유산균배양액, 응유효소}, 크림치즈(호주산 – 원유, 유크림, 정제소금, 로커스트콩검, 구아검, 유산균배양액), 정제수, 카제인나트륨, 유청분말, 폴리덱스트로스, 식물성크림, 치즈파우더, 산도조절제, 합성향료, 혼합제제{정제가공유지, 베타카로틴(착색료), 비타민E}	

이 정의는 가공이란 단어가 붙은 식품을 생각해보면 무슨 뜻인지 곧 알게 된다. 예를 들어보자. 치즈에는 자연치즈와 가공치즈가 있다. 자연치즈는 우유가 응유효소에 의해 응고된 것 자체, 즉 아무것도 첨가되지 않은 치즈를 일컫는다. 여기에 가공식품 업자들은 여러 가지 첨가물을 넣는다. 정제가공유지, 산도조절제, 증점제, 유화제, 색소, 향료 등이다. 제품에 따라 조미료나 보존료 따위가 들어가기도 한다. 이렇게 만들어진 화학물질투성이의 치즈가 바로 가공치즈다.

모조치즈 표기 사례

제품명 : ○○△△	식품의 유형 : 기타가공품
원재료명 : ○○△△99%{정제수, 팜유(말레이지아산), 렌넷카제인, 중력분(미국산, 호주산), 구연산삼나트륨, 폴리인산나트륨, 제이인산칼륨, 정제염, 덱스트린, 구아검, 합성향료, 정제가공유지, 치자황색소}, 변성전분	

요즘엔 이 가공치즈보다 가공도를 더욱 높인 치즈가 있다. 당연히 식품첨가물이 훨씬 더 많이 들어간다. 앞에서도 잠시 언급한 이른바 '모조치즈'가 그것. 이 치즈에는 대부분 우유가 들어가지 않는다. 신통한 식품첨가물이 우유 역할을 대신해주기 때문이다. 언론에서는 이런 치즈를 가짜치즈라고 부른다.*3 하지만 불

법 식품은 아니다. 식품위생법에서 다 허가하고 있다. 주로 업무용(업소용) 치즈가 이에 해당한다.

이런 모조치즈를 많이 쓰는 식품이 패스트푸드다. 대표적인 것이 피자라고 했다. 시중의 일반 피자가 나쁜 식품으로 인식될 수밖에 없는 이유다. 물론 햄버거나 파스타 등에도 대체로 이런 모조치즈를 쓴다.*4

가공치즈와 사촌쯤 되는 유가공품이 또 하나 있다. 바로 가공버터다. 유지방에 물리적인 충격을 주어 지방 입자를 키운 것을 천연버터라 한다면, 여기에 각종 식품첨가물들을 섞은 것이 가공버터다. 이 가공버터도 가공도를 더 높일 수 있을까? 물론이다. 첨가물을 더 많이 사용하여 '모조버터'를 만들 수 있다. 그것이 다름 아닌 마가린이다.*5 마가린의 주원료는 인공경화유를 비롯한 정제가공유지다. 당연히 유가공품이 아니다.

일반 소비자들은 이 '가공'이란 단어가 무엇을 의미하는지 관심이 없다. 가공치즈든 가공버터든 유가공품이겠거니 생각하고 장바구니에 넣는다. 우리나라에서는 사실 자연치즈나 천연버터는 시중에서 찾아보기가 쉽지 않다. 수요가 없으니 업체에서 굳이 만들 이유가 없는 것이다. 이러한 사고방식이 오늘날 가공이라는 너울을 쓴 수많은 유해식품, 모조식품의 범람을 불러왔다.

앞에서 초콜릿파이나 초코비스킷 같은 제품에는 준초콜릿이 사용된다고 했다. 이 준초콜릿도 엄밀히 말하면 모조 초콜릿에 속한다. 초콜릿 종주국에서 초콜릿으로 인정하지 않기 때문이다. 준초콜릿을 사용한 과자에는 보통 '초콜릿가공품'이라는 표기가 있다고 했다. 여기에도 '가공'이라는 글자가 붙어있다. 유해성을 넌지시 알리는 표기다.

우리는 흔히 가공이라는 말을 생각할 때면 기술이라는 진보된 개념을 연상한다. 그 말은 과학과도 잘 어울리며 무엇보다 부가가치라는 뜻을 표방한다. 식품에서는 어떤가? 이러한 미사여구들은 오직 생산자의 잔칫상에나 오를 수 있는 수사(修辭)가 아닌가? 소비자에게는 위험한 단어다.

자연치즈

제품명	치즈	식품유형	자연치즈
내용량	200 g[20 g × 10개입] (490 kcal)		
품목보고번호			
원재료명	자연치즈 100%{원유 98.7983%(국산/유기), 유산균배양액, 정제소금, 렌넷} 우유 함유		
제조원			

여기서 중요한 것 하나. 가공이라고 무조건 다 나쁜 것이 아니다. 해롭지 않은 가공 방법도 얼마든지 있다. 유해물질을 쓰지 않고 자연의 철학을 훼손하지 않은 가공법이 그것이다. 실제로 요즘 가공식품 가운데는 썩 훌륭한 제품도 꽤 많다. 그런 좋은 가공식품을 만드는 것이 바로 식품가공 기술이다. 앞으로 식품업계가 나아가야 할 길이다. 아무튼 유가공품인 치즈와 버터는 자연치즈와 천연버터를 먹을 일이다.

리콜 대상 식품 〈햄 · 소시지〉

"아질산나트륨이 발암물질이라면서요?"

"……."

"그걸 왜 넣죠?"

"안 넣으면 색깔이 잘 안 나오거든요. 그런 제품은 잘 안 팔려요."

"그게 몸에 좋지 않다는 건 아시나요?"

"……."

얼마 전 햄 · 소시지에 사용되는 아질산나트륨이 발암물질이라고 언론에 보도된 바 있다. 그 뒤 한 TV 프로그램에서는 리포터의 기습적인 인터뷰를 받은 모 가공육 업체 생산 담당자가 대답을 얼버무리는 장면이 그대로 방영됐다.

일본의 식품첨가물 전문 컨설턴트인 와타나베 유지는 "만일 가공식품 중 가장 해로운 게 뭐냐고 묻는다면 햄과 소시지를 들겠다"고 말한다.[*1] 이유는 바로 아질산나트륨이 들어있기 때문. 그는 아질산나트륨을 첨가물 가운데 가장 위험한 물질이라고 정의한다.

소시지 표기 사례

제품명 : ○○비엔나	식품의 유형 : 소시지(살균제품)
원재료명 : 돼지고기51.5%(외국산 – 미국, 스페인), 닭고기24.1%(국산), 정제수, 옥수수전분, 설탕, 두류가공품, 피로인산나트륨, 폴리인산나트륨, 메타인산나트륨, L-글루탐산나트륨(향미증진제), 대두단백(대두), 정제소금, 글리신, 아질산나트륨, 카라기난, 덱스트린, 복합스파이스, 코치닐추출색소, 폴리소르베이트, 스모크향, 콜라겐케이싱	

아질산나트륨은 가공육 제품에서 그야말로 약방의 감초다. 햄·소시지는 물론이고 베이컨, 미트볼, 핫도그, 육포 등 시중의 육가공품에는 거의 빠짐없이 사용된다. 이 첨가물은 가공육에서 매우 유용한 역할을 한다. 첫째 미생물 번식을 억제하여 보관성을 좋게 하고, 둘째 선홍색을 발산시켜 먹음직스럽게 하며, 셋째 이미(異味)를 덮어줌으로써 맛을 부드럽게 해준다. 요즘엔 어육소시지나 명란젓·연어알젓 등 젓갈류에까지 사용 범위를 넓혀가고 있다.

물론 아질산나트륨은 우리나라에서만 사용되는 것은 아니다. 미국이나 일본과 같은 선진국에서도 마찬가지로 사용된다. 미국의 경우 첨가물이 발암물질로 밝혀지면 즉각 추방시킬 수 있는 법률 조항이 있다. 이른바 '델라니조항'이다. 그럼에도 이런 물질이 여전히 사용되고 있다. 왜일까?

그동안 미국 식품의약품국(FDA)에서는 육가공업계에 아질산나트륨을 빼고 생산하도록 지도해왔다. 또 미국 농무부(USDA)도 최대한 그 사용량을 줄이도록 권고해왔다. 업체들은 이러한 조치가 취해질 때마다 강력히 반발했다. 반발 논리는 아질산나트륨을 대체할 만한 물질이 아직 없다는 것.*2 업계의 로비력이 법률의 절대성을 능가한다는 사실을 극명히 보여주는 사례다.

사실 아질산나트륨을 식품에 사용한다는 것은 몰상식한 일이다. 발암물질이기 이전에 맹독성 물질이기 때문이다. 사람의 경우 섭취량 0.18~2.5그램의 범위에서 사망할 수 있다는 보고가 있다. 여기서 최저 섭취량 0.18그램이 의미하는 바는 무엇일까? 가장 독성이 강한 청산가리의 치사량이 0.15그램이다. 거의 비슷한 수준 아닌가? 이 첨가물이 얼마나 위험한 물질인지 짐작하고도 남는다.*3

아질산나트륨의 암 발병 기작을 보자. 물질 자체가 직접 암을 일으키는 것은 아니다. 이 첨가물은 인체의 위에서, 육류식품에 필연적으로 들어있는 '아민' 성분과 결합하여 '니트로사민(nitrosamine)'이라는 물질을 만든다. 암을 일으키는 주범은 바로 그 니트로사민이다.

니트로사민은 어떤 물질인가? 동물실험에서 체중 1그램당 니트로사민 0.3마이크로그램 한 번의 투여로 간암이나 폐암이 발생한다는 사실이 확인됐다.*4 이 결과를 사람에게 그대로 적용할 경우, 체중 30킬로그램인 아이의 경우 니트로사민 0.009그램의 미량으로도 암 발병이 가능하다는 이야기다.

우리나라 식품위생법에서는 식육가공품의 경우, 제품 100그램당 아질산나트륨 함량을 최대 0.01그램까지 허용하고 있다. 만일 아질산나트륨이 인체 내에서 같은 양의 니트로사민으로 바뀐다고 가정하면, 햄이나 소시지를 약 90그램 먹었을 때 암 발병이 가능한 농도에 도달한다는 논리가 된다.

최근 들어 발암물질은 '단 한 입자의 노출(one hit)'도 위험하다는 이론이 새로운 학설로 인정되는 추세다. 이 이론에 의하면 현재 식품위생법에서 관리하고 있는 아질산나트륨의 사용량 기준은 어마어마한 양이 된다. 독성 정보를 고려할 때 가공육 약 1.8킬로그램 안에 치사량에 해당하는 아질산나트륨이 들어있다는 점도 유념해야 한다. 육가공품을 단번에 그 정도씩이나 먹어치울 사람은 없겠지만, 섬뜩한 이야기임에 틀림없다.

일반적으로 햄이나 소시지의 주 소비층은 초등학생 정도의 어린아이들이다. 어느 가정을 가든 젊은 주부가 프라이팬에 기름을 치고 비엔나소시지를 볶는 모습을 쉽게 볼 수 있다. 그 구수하고 먹음직스러운 소시지볶음은 십중팔구 어린 자녀의 젓가락 옆에 놓인다. 더구나 요즘 아이들은 거의 김치를 먹지 않는다. 이미 화학물질의 맛에 길들여졌기 때문이다. 김치와 같은 섬유질을 섭취하지 않는 아이들에게 아질산나트륨은 더욱 치명적일 수박에 없다.

무첨가 소시지

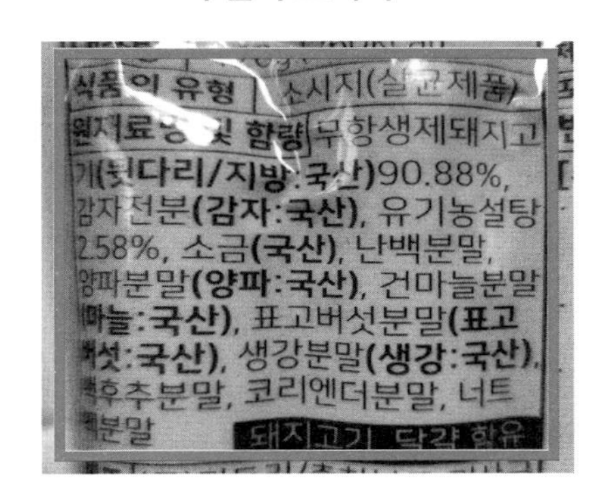

다행스럽게도 요즘 들어 '아질산나트륨 무첨가' 제품이 더러 나오고 있다. 가공육을 구입할 때는 반드시 라벨을 확인해볼 일이다. 아질산나트륨 표기가 있는 제품은 무조건 장바구니에 넣지 말아야 한다. 물론 조미료, 인산염(산도조절제), 색소, 유화제 따위의 일반 첨가물이 들어있는 제품도 피하는 것이 좋다. 친환경 식품 매장에 가보면 '완전 무첨가' 가공육 제품도 꽤 많다.

겉 노랗고 속 검은 〈가공우유〉

첫맛은 기분 좋게 달콤하다. 그 달콤한 맛이 바나나의 이국적인 향에 이끌려

오묘하게 상승한다. 오묘한 그 단맛은 잠시 후 또 다른 맛에 의해 연착륙한다. 그것은 진한 우유 맛이다. 우유 맛이 확인될 때쯤, 그 액체는 식도를 타고 꿀꺽 넘어간다. 그 순간 입안에서는 큰 공허감이 느껴진다.

이번에는 좀 더 많은 양으로 다시 입안을 채운다. 반복되는 달콤한 맛, 바나나 맛, 우유 맛의 황홀감은 세 번째, 네 번째 모금을 재촉한다. 반투명의 넉넉한 용기, 아니면 산뜻하고 아담한 팩. 그 안에 담긴 연노란 액체. 가공우유의 최강자 바나나맛우유다.

이 제품 장르의 대표 브랜드를 보자. 연간 약 3억 개, 물량으로 약 7만 톤. 서울 코엑스 아쿠아리움의 방대한 공간을 서른 번 정도나 채울 수 있는 양이다. 금액으로는 이미 연간 2,000억 원 고지를 점령했다.[*1] 한 회사 단일 품목만의 성적서이니 제품군 전체로 치면 훨씬 늘어날 터다. 과연 유가공품의 최고 브랜드다.

그런데 무슨 조화일까? 그 가공할 명성에 걸맞지 않은 표기가 눈에 띈다. 제품 한쪽 구석에 겸연쩍은 듯 숨어 있는 '가공유'라는 글자가 그것이다. 틀림없는 바나나 우유이지만 어딜 보아도 실제 바나나를 사용했다는 표기는 없다. 바나나 농축과즙 표기만 보일 뿐이다. 농축과즙 사용량은 어느 정도일까? 주요 제품의 경우 0.5퍼센트 이하다. 영양적으로 거의 의미가 없는, 생색용으로 찔끔 사용된 정도다. 그렇다. 이 우유 역시 가공이라는 수식어가 잘 어울리는 가공식품의 1등 효자다.

이 제품은 반세기 가까운 장수상품을 소개할 때면 어김없이 등장한다. 하지만 그 영예의 뒤안길에서 우리는 오늘날 가공식품이 안고 있는 어두운 그림자를 발견한다. 문제는 '왜 우유에 쓸데없이 해로운 물질을 넣느냐'는, 극히 초보적인 질문으로부터 시작된다.

이 가공유 제품의 맛의 뼈대는 설탕이다. 설명이 필요 없는 정제당이자 칼로리 덩어리다. 미국의 건강 저널리스트 그렉 크리처는 저서에서 정제당을 값싸게 생산할 수 있는 기술을 개발한 사람을 가장 잔인한 인물로 묘사하고 있다.[*2] 그 노란 우유에 들어있는 칼로리 덩어리는 그동안 얼마나 많은 소비자의 혈당관리시스템을 교란시켜 왔을까?

바나나맛우유 표기 사례

제품명 : ○○바나나(맛)우유	식품의 유형 : 가공유
원재료명 : 원유(70%), 정제수, 혼합분유, 설탕, 바나나농축액(0.3%), 카로틴, 탄산수소나트륨, 합성향료(바나나향)	

통통한 바나나 살을 그대로 갈아넣은 듯한 연노랑의 정체는? 천연 바나나가 만들었다고 생각하면 순진한 사람이다. 그 신비한 색상은 색소가 만든다. '카로틴'이라는 물질이 그 색소다. 카로틴의 주종인 베타카로틴의 경우 사망률을 높이고 암 발병을 촉진하는 것으로 나타났다. 천연 카로틴이 아닌, 합성 카로틴이기 때문이다.[*3]

붕어빵에 붕어 없듯, 바나나우유에도 바나나 과육은 없다. 그 그윽한 바나나 맛은 어디서 오는 것일까? 향료가 답이다. 향료는 보통 수백 가지의 화학물질로 이루어진다. 그 속에 뇌 활동을 왜곡하는 물질, 호르몬 교란물질, 알레르기 유발물질 따위가 들어있을 수 있다는 것이 전문가들의 지적이다.

제품에 따라 탄산수소나트륨이 사용되곤 한다. 이른바 '중조(重曹)'라는 물질이다. 이 첨가물은 맛, 색깔, 식감 등을 좋게 하기 위해 쓴다. 문제는 많이 먹을 경

우 고혈압의 위험성이 있고 위장 건강을 해칠 수 있다는 보고가 있다.[*4]

이 제품의 인기는 인터넷 카페까지 결성할 정도로 맹위를 떨치며 가공유 시장을 뜨겁게 달구고 있다. 애호가들은 매년 수만 톤에 달하는 '노란 유음료'가 쏟아져 나온다는 데에 열광한다. 그러나 그 어마어마한 가공유 속에는 수천 톤에 달하는 정제당이 가려져있고, 수 톤에 달하는 색소와 향료가 매복되어 있다는 사실은 모른다. 색소나 향료와 같은 미량원료가 한 가지 제품에만 연간 톤 단위로 소진된다는 사실은 전무후무한 기록이 될 것이다.

바나나, 딸기와 같은 과일맛 우유 외에 또 하나의 큰 시장을 형성하고 있는 것이 초코우유와 커피우유다. 이들 제품에는 실제로 코코아분말이나 커피분말이 사용된다는 점에서 향으로만 맛을 내는 과일맛 우유와는 다르다고 업체들은 주장할지 모른다. 그러나 마찬가지로 정제당, 향료가 남용된다는 점에서 다 그 나물에 그 밥이다.

초코우유 표기 사례

제품명 : ○○초코(맛)	식품의 유형 : 가공유
원재료명 : 원유(국산)76.2%, 정제수, 설탕, 혼합분유(네덜란드산), 유크림(국산), 기타과당, 덱스트린, 코코아분말(가나산)1.2%, 유화제, CMC, 카라기난, 탄산수소나트륨, 정제염, 합성향료(초콜릿향)	

오히려 초코우유의 경우는 코코아분말을 사용한다는 점에서 더 복잡한 문제가 따른다. 다름 아닌 침전 현상이다. 이 문제는 안정제라는 또 다른 첨가물의 필

요성을 부른다. 흔히 사용되는 것이 증점제로도 쓰이는 '카라기난'이다. 이 물질은 앞에서도 지적했듯 발암성이 있는 위험한 물질이다. 커피우유에는 카페인이 들어있다는 사실도 간과할 수 없다.

결국 가공유 문제는 왜 천연우유에 해로운 물질을 넣어 위험한 식품으로 만드느냐로 귀결된다. 이들 제품은 주 타깃층이 어린이나 학생들이라는 점이 더 문제다. 요즘 흰 우유를 잘 마시지 않는다고 자녀를 꾸중하는 부모가 많다. 이 어찌 어린 자녀 탓인가? 어릴 때부터 아무 생각 없이 자녀를 정제당과 향료 맛에 길들도록 만든 부모 탓 아닌가? 나아가 오로지 '첨가물 우유'만 범람시킨 사회 탓 아닌가?

엄마표 바나나우유

'○○○맛', '△△향' 표시의 진실을 알면 정답이 보인다. 과일우유를 좋아하는 이라면 진짜 과일우유를 마시자. 어렵지 않다. 집에서 만들어먹으면 된다. 우유에 바나나, 딸기 과육을 갈아넣자. 첨가물이란 것이 필요 없다. 아이들에게도 이런 과일우유를 주자. '엄마표 바나나우유' 또는 '아빠표 딸기우유'다. 다른 가공우유도 마찬가지다.

첨가물 용액 〈청량음료〉

가공식품 문제의 백미는 역시 청량음료에 있다. 가공식품을 논하는 자리에서 청량음료를 빼놓을 수 없고, 청량음료 하면 뭐니 뭐니 해도 탄산음료다. 톡 쏘는 상쾌한 맛이 좋아 탄산음료를 즐기시는가? 생각해볼 일이다. 얼마 전 국내 모 유력 언론사가 의사 · 약사 · 영양학자 등 건강전문가 100명에게 물었다. 가장 먹기 싫은 식품 1위는? 탄산음료였다.*1 왜일까?

콜라 표기 사례

제품명 : ○○콜라	식품의 유형 : 탄산음료
원재료명 : 정제수, 기타과당, 당시럽, 설탕, 이산화탄소, 카라멜색소, 인산, 천연향료(콜라향), 카페인(향미증진제)	

탄산음료의 간판이라 할 수 있는 콜라를 보자. 기타과당, 당시럽, 설탕, 이산화탄소, 카라멜색소, 인산, 향료, 카페인. 이 음료를 생산하는 세계 최대 음료회사 공장의 원료창고에는 오직 이 여덟 가지만 들어있을 뿐이다. 하나같이 건강전문

가들의 사전에 블랙리스트로 올라가 있는 것들이다. 이런 제품으로 어떻게 세계 최대가 될 수 있는 것일까? 아이러니다.

최근 들어 콜라의 유해성에 대한 인식이 자못 확산되는 느낌이다. 비만의 주범이라는 사실, 치아나 뼈와 같은 골조직을 해친다는 사실, 아이들에게 특히 해로운 카페인 음료라는 사실 등은 이제 너무나 진부한 이야기다. 우리나라에서도 콜라의 유해성 시비가 법정으로까지 가는 시대가 되었다.

콜라의 허물은 이것만이 아니다. 새로운 유해성들이 계속 발표되고 있다. 독일 마인츠 대학 임상연구팀은 "식품에 첨가된 인산 성분이 아이들의 정신건강을 위협하는 행동독리 물질"이라고 발표했다.*2 콜라 특유의 톡 쏘는 산미(酸味)가 바로 인산의 작품이다. 인산이 칼슘 등 미네랄 흡수를 방해한다는 사실과 연관이 있을 터다.

콜라의 트레이드마크인 검붉은 색상에 친근감을 느끼시는가? 카라멜색소가 만든다. 카라멜색소는 천연색소로 분류되지만 경계해야 할 색소다. 제조과정에서 화학처리 공정이 수반되기 때문이다. 이 색소는 유전자에 손상을 가할 수 있는 물질로 지적되고 있다.*3 콜라에 발암물질이 들어있다는 사실을 아시는지? 바로 카라멜색소 때문이다. 이 색소가 암까지 일으킬 수 있다.*4

최근 수년 간 지구촌은 코로나19 팬데믹으로 그로기 상태였다. 이런 대규모 감염성 질환의 원인은 무엇인가? 여러 가지일 것이다. 유감스럽게도 콜라가 그 원인 가운데 하나일 수 있다. 대표적인 면역력 약화 식품이기 때문이다. 그 주범이 바로 카라멜색소다.*5 충치의 원인일 수 있어 콜라를 피한다고? 극히 일부분의 허물일 뿐이다.

"우리 회사는 음료회사가 아닙니다. 브랜드 이미지를 파는 회사입니다." 한 콜라 회사의 마케팅 간부는 이렇게 말했다. 물론 자신들의 마케팅력을 자찬하는 말이지만, 이 발언은 어찌 보면 자사 제품의 취약성을 스스로 인정하는 말이기도 하다. 또 어떤 전문가는 이렇게 말했다. "콜라 한 캔을 뽑기 위해 자판기에 돈을 넣었다면 그 돈의 95퍼센트 이상은 광고비와 포장비, 회사의 이익금으로 충당됩니다."

그들이 스스로 말했듯, 정말 이 회사는 음료회사가 아닐지도 모른다. 이 회사는 마케팅회사요 광고회사로 보는 게 더 옳다. 이는 비단 콜라 회사에만 국한된 이야기가 아니다. 거의 모든 청량음료 회사가 그렇다. 이러한 회사들에게 식품이나 영양에 대한 개념은 불필요하다. 이런 회사가 필요로 하는 인재는 고도의 심리학 전문가다.

요즘 콜라의 유해성이 속속 드러나는 까닭인지, 아니면 이 회사의 마케팅 활동이 잠시 주춤해서인지 콜라 소비량이 다소 위축되는 경향을 보이고 있다. 이는 국민 건강 측면에서 볼 때 매우 고무적인 현상인 듯 보인다. 그러나 다른 자료를 보면 '고무적'이란 표현이 일거에 무색해진다. 이웃 청량음료 집안에 경사가 났다고 난리 법석이기 때문이다.

70년 역사를 자랑하는 국내 최대 사이다 회사는 요즘 표정 관리에 여념이 없다. 이 회사는 최근, 콜라 판매가 감소하는 불황 속에서도 사이다 매출이 늘어나는 것을 보고 회심의 미소를 짓는다. 그들은 소비자가 드디어 사이다 시장의 영원한 강자인 자사 제품의 진수를 인정하기 시작했다고 어깨를 으쓱댄다. 자료대로라면 자판기의 콜라 버튼을 누르던 소비자가 대신 사이다 버튼을 누르고 있음에 틀림없다.

콜라 대신 사이다? 소비자 입장에서 생각해보자. 사이다는 콜라의 안전한 대안이 될 수 있는가? 유감스럽게도 이 대답 역시 '아니요'다. 사용하는 원료를 보라. 주원료는 역시 정제당과 향료가 아닌가? 혹시 콜라의 유해성이 두려워 사이다를 선택했다면, 이는 마치 호랑이를 피하기 위해 늑대 굴로 들어서는 격이다.

미국인의 '건강의 파수꾼' 역할을 하는 미국공익과학센터(CSPI)는 청량음료를 '액체사탕(liquid candy)'이라고 부른다. 그들의 묘사에 의하면 이 액체사탕은 그것 자체로도 나쁘지만 우유와 같은 영양음료의 음용 기회를 박탈하는 점이 더 문제다.

이 단체는 그동안 청량음료의 포장용량이 계속 커왔던 사실을 심각하게 지적한다. 청량음료가 미국 사회에 비만을 불러온 주범이며, 골다공증 · 충치 · 심장병 · 신장결석 · 알레르기 · 각종 정신질환의 원흉이라는 것이다.[*6]

주의력결핍 · 과잉행동장애(ADHD) 연구의 권위자인 벤 파인골드 박사의 주장도 맥을 같이한다. 그는 저서에서 "청량음료 생산량 증가와 청소년 비행(非行) 증가가 정확히 일치한다"는 사실을 그래프로 제시함으로써 음료 만능 사회에 경종을 울리고 있다.[*7]

미국의 저명한 영양학자인 마이클 제이콥슨 박사의 충고에 답이 있다. 그는 "자녀의 건강을 생각한다면 어릴 때부터 물 마시는 습관을 길러주라"고 말한다.[*8] 물의 참맛을 아는 아이는 자연스럽게 청량음료를 멀리할 것이고, 어른이 되어도 칼로리와의 전쟁에서 자유로울 수 있다는 것이 그의 지론이다.

최고의 음료 물

그렇다. 가장 안전한 고급 음료는 물, 즉 생수다. 물론 보리차나 옥수수차, 녹차 등도 좋은 대안이 될 수 있다. 어린이 식생활 교육의 출발은 물맛을 알게 하는 것이다.

고가의 청량음료 〈드링크류〉

비록 식품으로 분류되지는 않지만 음료를 논할 때 빼놓을 수 없는 제품 장르가 있다. 이른바 각성 드링크다. 제약회사에서 생산한다는 점에서 대부분 의약품으로 분류되는 이 제품류는 청량음료 못지않게 우리 가정의 냉장고를 현란하게 장식한다. 예전에는 약국에서만 팔았는데, 요즘엔 편의점은 물론 일반 식품 매장에서도 쉽게 만날 수 있다.

이 각성 드링크는 이름값을 반영이라도 하듯 호칭이 무척이나 많다. 자양강장제, 영양드링크, 피로회복제……. 한결같이 건강의 개념을 표방한다. 이 호칭들이 의미하는 바처럼 이 드링크류는 소비자 건강을 깊이 배려하여 만든 것일까? 안타깝지만 또 '아니요'라고 대답할 수밖에 없다. 건강에 대한 배려는커녕 오히려 그 반대라는 표현이 더 적절할지 모른다.

연간 5억 병! 경이적인 생산물량을 자랑하며 장장 60년간 의약품 분야 '부동의 1위 권좌'를 지켜온 드링크가 있다. 이 제품은 명실 공히 이 장르의 대표 브랜드다. 그 불가사의한 힘의 원천은 무엇인가? 역시 라벨에 정답이 있다.

각성 드링크 표기 사례

제품명 : ○○△△액	식품의 유형 : 의약외품
원재료명 : 타우린, 이노시톨, 니코틴산아미드, 티아민질산염, 리보플라빈, 피리독신염산염, 카페인, 고과당, 백당, 효소처리스테비아, 시트르산, 시클로덱스트린, 염화나트륨, 농축사과과즙, 에탄올, 에데트산나트륨수화물, 갈르산프로필, 파인애플엣센스에스피, 오렌지에센스, 스트로베리엣센스, 파인애플플레이버, 오렌지플레이버, 스트로베리플레이버, 정제수	

먼저, '고과당'이라는 글자가 눈에 들어온다. 종전의 액상과당을 가리킨다. 요즘엔 기타과당이라는 이름으로 바뀌었다. 과당이 주류를 이루는 시럽당, 즉 액당이다. 과당은 설탕과 쌍벽을 이루는 정제당인데, 유해성을 보면 설탕보다 더 나쁜 당이다. 고지혈증을 불러와 대사증후군을 일으키고 비알코올성지방간의 원인이 된다.[*1] 또 체내에 요산을 늘려 통풍을 부를 수 있다는 보고도 있다.[*2]

고과당만으로는 단맛이 미흡했을까? 백당과 효소처리스테비아도 이어서 눈에 들어온다. 백당은 당연히 설탕을 가리킨다. 효소처리스테비아는? 감미료다. 다행히 합성감미료는 아니다. 천연감미료다. 그럼 괜찮을까? 물론 합성감미료보다는 좀 낫다 할 수 있다. 그러나 안심하면 안 된다. 여러 논란이 있는데, 대표적인 것이 우리 몸에서 환경호르몬 짓을 한다는 사실이다.[*3] 내분비계를 교란한다는 보고가 있다. 또 현대병의 관문인 대사증후군을 부를 수 있다는 연구도 있다.[*4]

빼놓을 수 없는 것이 카페인이다. 카페인은 아시다시피 커피를 상징하는 물질이다. 신경을 흥분시키는 각성 물질의 하나라는 점은 이미 잘 알려져 있다. 각성효과가 탁월하다보니 신경계를 건드리곤 한다. 신경독성물질이라는 뜻이다.[*5] 신경독성의 폐해는 아이들에게 더욱 심각하다.[*6]

더 주목해야 할 것이, 카페인도 대사증후군을 부를 수 있다는 사실이다.[*7] 에너지대사 호르몬인 인슐린의 기능을 방해하기 때문이다. 고과당에 스테비아와 카페인의 혼합물 드링크, 대사증후군을 더욱 촉진할 수밖에 없다. 팬데믹을 이겨내기 위해 드링크를 꾸준히 마신다고? 그 반대의 결과를 맞이할 것이다.

결론적으로 우리가 피로회복제로 알고 있는 드링크 제품은 정제당과 향료로 맛을 내고 각성물질이나 감미료 등 해로운 첨가물을 물에 녹여 만든, 고가의 청량음료라고 보면 된다. "한국의 제약사는 음료회사다." 세계적인 제약회사 베링거인겔하임의 부회장인 안드레아스 바너(Andreas Barner) 박사가 한 말이다.[*8] 이 말 속에 진실이 들어있다.

가끔 업계에 회자되는 풍문이 있다. 제약회사 직원들은 결코 자신들이 생산하는 드링크 제품을 마시지 않는다는 것이다. 실상을 알고 나면 이 이야기가 결코 우스개만은 아니라는 생각이 든다. 드링크류 시장을 선도하고 있는 국내 최대 제약회사는 매출액의 20퍼센트 이상을 이 '물제품'에 의존하고 있다. 이것이 제약업계의 실상이며, 우리가 아무 생각 없이 습관적으로 마시고 있는 이른바 영양 드링크의 현주소다.

20세기 중반, 우리나라 제약 산업의 척박한 터에 희망의 씨를 뿌렸던 고(故) 유일한 박사. 그의 소신은 '절대로 물장사는 하지 말자'였다. 아직도 한국의 가장 존경받는 경영인으로 칭송되는 박사의 철학은 간단하다. '소비자를 우롱하는 제품은 만들면 안 된다'이다. 현실은 어떤가? 유 박사가 금기로 여기던 '물장사'로 돈을 번 회사들은 훨훨 날고 있다. 소비자의 무관심이 빚은 역사의 아이러니다.

드링크는 그럼 다 나쁜가? 그럴 리가 없다. 다른 식품과 마찬가지다. 나쁜 드링크가 나쁜 것이다. 카페인 같은 각성물질에 의존하거나 식품첨가물 등 해로운 물질로 치장한 드링크가 나쁜 것이다. 좋은 원료로 만들었다면 드링크라도 나쁠 이유가 없다.

대안 드링크

생각을 조금 바꿔보자. 드링크와는 좀 다르지만 썩 괜찮은 대안 음료가 있다.

예로부터 우리와 친근한 생강차 또는 식초음료 등이 어떠신가? 생강에 신경안정 및 기분전환의 효능이 있다.[*9] 식초에는 피로회복의 효능이 있다.[*10]

다만, 식초는 반드시 좋은 식초여야 한다. 좋은 식초란 천연발효 식초다. 곡물 또는 과일을 자연 발효하여 만든 식초다. 빙초산을 희석해서 만든 합성식초는 사절이다. 주정을 초산 발효하여 만든 이른바 양조식초도 자격 미달이다.

물론 이들 대안 음료는 식품첨가물을 쓰지 않은 '무첨가'를 전제로 한다. 굳이 시중에서 찾지 않아도 된다. 집에서 만들어 마시면 된다. 단맛이 필요하다면 정제당 대신 비정제당을 쓰면 된다. 모든 식품은 안전한 대안이 있다.

청량음료 뺨치게 해로운 〈주스〉

청량음료는 아니지만 청량음료 같은 음료가 있다. 첨가물이 무척 많이 들어간다. 당연히 해롭다. 하지만 웰빙식품으로 알고 있는 소비자가 많다. '마시는 과일', 다름 아닌 주스다.

어린 자녀에게 혹시 "콜라 · 사이다 마시지 마라. 마시려면 주스를 마셔라"라고 교육하시는가? 위험할 수 있는 교육 방법이다. 가장 흔한 오렌지주스 제품의 라벨을 하나 보자. '오렌지과즙 100'이라는 표기가 있다. 이 문구만 보면 오직 오렌지로만 만들었다고 생각하기 십상이다만 이는 큰 오해다.

오렌지주스 표기 사례

제품명 : ○○오렌지주스	식품의 유형 : 과 · 채주스
원재료명 : 정제수, 오렌지농축과즙(브라질산), 기타과당, 글루콘산칼슘, 젖산칼슘, 비타민C, 구연산, 천연착향료, 초산비타민E, 말토덱스트린, 변성전분, 아라비아검, 유화제, 가공유지, ß－카로틴(합성착색료), 백설탕	

오렌지농축과즙, 기타과당, 글루콘산칼슘, 구연산, 천연착향료, 말토덱스트린, 변성전분, 아라비아검, 유화제, 가공유지, ß-카로틴(합성착색료), 백설탕……. 사용된 주요 원료 및 첨가물들이다. 다 경계해야 할 물질들이다.

맨 앞의 오렌지농축과즙이 무엇인가? 과즙을 끓여 졸인 것이다. 보통 부피가 5분의 1 이하가 되도록 졸인다. 짜낸 과일의 즙액을 끓인다고? 그렇다. 생각해보면 꽤나 몰상식한 일이다. 끓이는 과정에서 과일의 여러 유익한 영양분들이 온전할 리 없다. 상당량 손상될 것이다. 맛, 향기, 색깔 등 과일 고유의 특성도 대부분 사라질 것이다.

농축과즙은 업체에게 여러 이점이 있다. 우선 다루기가 편할 것이다. 흘리거나 엎지를 우려가 적기 때문이다. 또 수입해올 때 운임이 절약될 것이다. 해상 운임은 부피로 결정되기 때문이다. 가장 큰 이점은 변질에 대한 우려가 적다는 점이다. 졸여서 과즙 농도를 높이면 그만큼 보관성이 좋아진다. 문제는 이 이점이라는 것들이 소비자 건강에 크게 역행한다는 사실이다. 오직 업체 편의만을 위한, 극히 이기적인 발상이다.

농축과즙 사용량은 얼마나 될까? 아무도 모른다. 표기하지 않았기 때문이다. 이런 경우 대개 생색용으로 찔끔, 아주 적게 쓴다. 당연히 주스와는 거리가 먼, 멀건 액체가 될 것이다. 정제당, 산미료, 향료, 색소, 증점제, 유화제 따위의 해로운 첨가물들이 필요한 까닭이다.

이런 것을 주스라고 할 수 있을까? 솥뚜껑을 놓고 자라라고 우기는 격이다. 무늬만 주스일 뿐이다. 어찌 보면 청량음료보다 더 나쁜, 굳이 이름 붙이자면 '정크음료'다. "식품첨가물이 들어있는 주스는 청량음료보다 더 나쁘다"는 미국심장협회의 경고를 마음 깊이 환기할 필요가 있다.[*1]

무첨가 비농축 오렌지주스

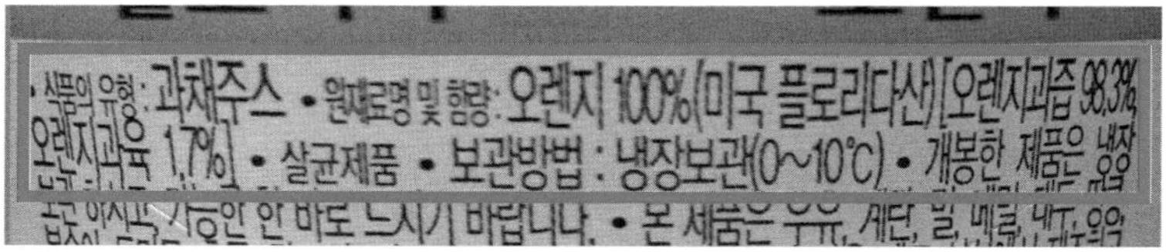

물론 주스라고 다 그렇다는 것은 아니다. '마시는 과일'의 취지를 살린 진짜 주스가 있다. 라벨을 잘 보면 쉽게 알 수 있다. 일단 과즙을 끓여 졸인다는 발상부터 잘못됐다. 농축과즙이 아닌 비농축 과즙 제품을 선택하면 된다. 영양분은 물론이고 맛, 향기, 색깔 등도 그대로 살아 있다. 정제당이니 산미료니 향료 따위가 필요 없다는 이야기다. 서양 사람들이 말하는 이른바 '스트레이트 주스'가 그것이다.

비농축 주스에는 첨가물이 들어가지 않는다. 물을 섞지 않기 때문이다. 당연히 안전하다. 과일의 여러 유익한 영양분들이 그대로 남아있다. 건강에 좋은 이유다. 안전한 진짜 주스를 선택하는 지혜다. 주스라고 다 똑같은 주스가 아니다. 상식적으로 생각하면 된다.

식생활 서구화의 졸작 〈치킨〉

'소울푸드(soul food)'라는 말이 있다. 우리나라에서는 '영혼을 흔드는 음식' 또는 '추억을 간직한 음식' 정도의 용어로 통용되는 것 같다. 그렇다면 한국인의 소울푸드는 김치 또는 김밥, 떡볶이 등이 되지 않을까? 그런데 요즘엔 이것들보다 더 먼저 꼽을 수 있는 식품이 있을 법하다. 튀김식품의 대표 선수, 치킨이 아닐까?

한국인의 치킨 사랑은 유별나다. 그 인기가 패스트푸드의 양대 산맥인 햄버거, 피자를 능가한 지는 한참이다. 국내 치킨집이 전 세계 맥도널드 매장보다 많다고 하지 않는가?[*1] 배달 음식 문화가 빠르게 정착하면서 치킨의 인기는 하늘을 찌를 기세다.

이런 소비자 사랑에 대해 치킨은 어떻게 보답하고 있을까? 음식이 소비자에게 보답하는 길은 건강에 기여하는 것일 터다. 유감스럽게도 실상은 그 반대다. 오히려 소비자 건강을 해친다. 문제는 기름을 매개로 높은 온도에서 조리한다는 데에 있다. 이는 비단 치킨만의 문제가 아니다. 튀김식품 공통의 숙명이다.

우선 치킨은 대표적인 비만 식품이다. 고지방, 고칼로리 식품이기 때문이다. 하버드 대학 연구팀은 "비만 유전자가 있는 사람은 되도록 치킨을 멀리하라"고 충고한다.[*2] 비만뿐인가? 고혈압 등 심뇌혈관질환이나 당뇨병을 부를 수 있다.[*3] 뜨거운 기름에서 튀길 때 필연적으로 생기는 트랜스지방산, 과산화물, 활성산소 따위가 원인이다.

더 주목해야 할 것이 암과의 관련성이다. 치킨은 조리과정에서 여러 발암물질들이 만들어진다. 대표적인 것이 아크릴아마이드다.[*4] 물론 트랜스지방산 · 과산화물 · 활성산소 따위도 직간접적으로 암을 일으키는 물질들이다. "튀김식품을 많이 먹으면 전립선암 발병률이 35퍼센트나 높아진다"는 연구가 그 방증이다.[*5] 이들 유해물질은 육류에 튀김옷을 입히고 고온의 기름 속에서 조리할 때, 또 튀김유를 반복해서 사용할 때 더 많이 만들어진다.

'치맥'이니 '치콜'이니 하는 국적 불명의 용어가 버젓이 언론에도 오르내리곤 한다. 치킨을 맥주 또는 콜라와 함께 먹는 방식을 말한다. 당연히 치킨의 유해성이 더욱 커질 터다. 치맥의 경우 당장 통풍을 부를 수 있다는 보고가 있다.[*6] 우리 몸에서 요산 수치를 높이기 때문이다.

치콜은 전형적인 고지방 · 고당분 식품이다. 이런 식품은 쾌락을 느끼게 하는 오피오이드(opioid)라는 신경전달물질의 활동성을 떨어뜨림으로써 쉽게 중독에 빠뜨린다.[*7] 이런 중독성은 젊은이들에게 더욱 민감하다.

포장 치킨 표기 사례

제품명 : ○○치킨	식품의 유형 : 양념육
원재료명 : 닭고기(브라질산)65.2%, 정제수, 밀가루(밀 – 미국산), 옥수수전분, 변성전분, 쇼트닝, 대두유, 향미유, 설탕, 결정포도당, 정제소금, 대두단백, 난백분, L-글루탐산나트륨(향미증진제), 식물성분해단백, 양조간장, 규소수지, 폴리소르베이트, 복합조미식품, 치킨베이스, 청양고추, 마늘, 후추가루, 카르복시메틸셀룰로오스나트륨, 잔탄검	

치킨은 의외로 식품첨가물이 많이 사용되는 식품이기도 하다. MSG를 비롯한 인공조미료가 거의 필수로 들어간다. 라벨에 나와있는 '식물성분해단백', '○○조미식품', '치킨베이스' 따위도 사실은 인공조미료의 일종이다. 향미유에는 향료가 들어간다. 각종 유화제나 안정제 등도 빼놓을 수 없는 첨가물이다.

튀김식품이다 보니 치킨에는 정제가공유지를 쓰는데, 특히 쇼트닝 같은 인공 경화유가 사용되는 점도 좌시할 수 없다. 문제는 이들 첨가물에 대한 정보를 소비자가 알 수 없다는 점이다. 시중의 일반 치킨에는 라벨이 없기 때문이다. 휴게음식의 경우 원료 표시 의무가 없다.

포장 삼계탕

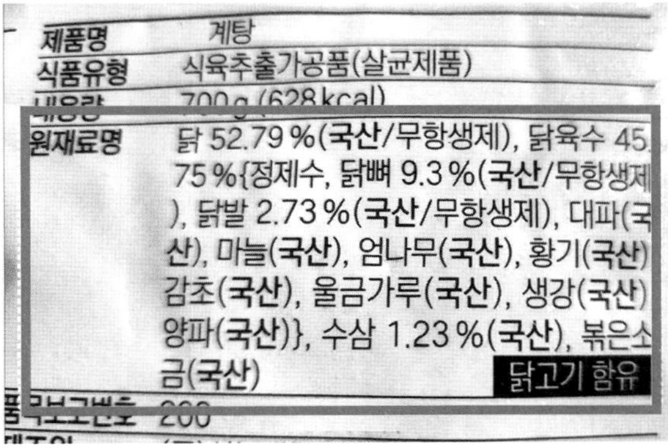

우리나라의 전통적인 닭고기 요리는 원래 백숙이나 삼계탕이다. 치킨은 식생활의 서구화가 만든 졸작이다. 국민 건강 측면에서는 백숙이나 삼계탕이 치킨을 압도해야 한다. 그러나 현실은 그 반대다.

닭고기는 되도록 끓이거나 조려서 먹어야 한다. 이는 비단 닭고기에만 해당하는 이야기가 아니다. 모든 육류 요리의 기본 상식이다. 명망 있는 미식가들은 튀김식품을 거의 입에 대지 않는다.

건강과 부엌을 내쫓는 〈밀키트〉

우리 집에서 가장 중요한 곳이 어디일까? 안방일까? 거실일까? 다 아니다. 부엌이어야 한다. 부엌은 건강을 만드는 곳이기 때문이다. 건강을 좌우하는 가장 큰 요소가 음식 아닌가? 그 음식이 태어나는 곳이 바로 부엌이다.

이 중요한 부엌이 요즘 들어 위기를 맞고 있다. 가정에서 내쫓길 운명에 처한 것이다. 식자재들을 씻고 다듬고 조리하는 곳이 부엌인데, 요즘엔 그럴 필요가 없어졌다. 대단히 친절하게도 모든 식자재가 깨끗이 손질되거나 반조리된 상태로 집에 들어오기 때문이다. 이른바 '밀키트(meal kit)'가 그것. '가정간편식(HMR)'이란 음식 장르가 따로 있는데, 일반인들은 밀키트와 굳이 구분해서 사용하지 않는 듯하다.

밀키트도 그렇고 HMR도 그렇고 지향점은 고도의 편이성이다. 모바일 앱에서 또는 동네 자판기에서 세트 단위로 포장된 각종 밀키트 제품들을 간편하게 구입할 수 있다. 소비자는 그걸 뜯어서 데우거나 끓이기만 하면 된다. 요리라는 것이 필요 없다. 부엌이 필요 없다는 이야기다. 설사 부엌이라는 물리적인 공간이 있다 해도 그곳에 반드시 있어야 할 식칼과 도마가 필요 없어졌다. 싱크대에서 수도꼭지를 틀 일도 없어졌다. 오직 전자레인지나 하나 있으면 '만사 오케이'다.

편리하기만 하면 좋은가? 편리성은 대개 대가를 요구한다. 식생활의 경우 특히 그렇다. 여기서 포장자재 남용으로 인한 환경오염 문제는 거론하지 말자. 주목해야 할 것은 역시 식품첨가물이다. 시중의 일반 밀키트 제품에는 하나같이 식품첨가물이 듬뿍 들어있다. '편리성 = 첨가물 = 유해성'은 언제나 성립하는 영원한 등식이다.

밀키트 표기 사례

제품명 : ○○된장찌개	식품의 유형 : 즉석조리식품
원재료명 : 두부{대두(외국산), 혼합제제(염화마그네슘, 식물성유지)}, 정제수, 된장{대두(외국산), 소맥분(밀-미국산, 호주산), 정제염, 밀쌀, 주정}, 양파(국산), 우렁이(우렁이살-국산), 무, 호박, 대파, 혼합제제(히드록시프로필인산이전분, 말토덱스트린), 마늘, 고추, 고추장, 기타과당, 곡류가공품, 청양고추, 설탕, L-글루탐산나트륨(향미증진제), 참기름, 복합조미식품, 고춧가루, 소스, 효모추출물, 타마린드검, 향미증진제	

밀키트 중에는 이른바 '채소 세트'도 있다. 각종 채소들을 깨끗이 손질하여 견고하게 포장했다. 소비자는 가정에서 샐러드로 만들어 먹거나, 찌개나 국을 끓일 때 넣기만 하면 된다. 비가열 식품인 만큼 이런 데는 첨가물이 들어가지 않겠지, 하고 생각하기 십상이나 큰 오해다.

채소는 원래 씻거나 자르면 변질이 시작되게 마련이다. 색깔이 바래거나 시들거나 진액 따위가 나온다.*1 그런데 왜 그리 싱싱하고 깨끗한가? 오존수나 염소산수 따위로 살균 처리하기 때문이다.*2 이런 것들도 다 식품첨가물이다.

흔히들 식품첨가물은 패스트푸드나 인스턴트식품, 과자 · 빵, 청량음료 따위의 가공식품에나 들어가는 것쯤으로 알기 쉽다. 이것도 큰 오해다. 요즘엔 식품의 종류를 가리지 않는다. 안전하겠거니 하는 전통식품이나 발효식품, 절임식품, 유아용 식품 등에도 거침없이 사용되고 채소와 과일, 심지어는 곡류 따위에도 마구 들어간다. 그야말로 첨가물 만능사회다.

무첨가 밀키트

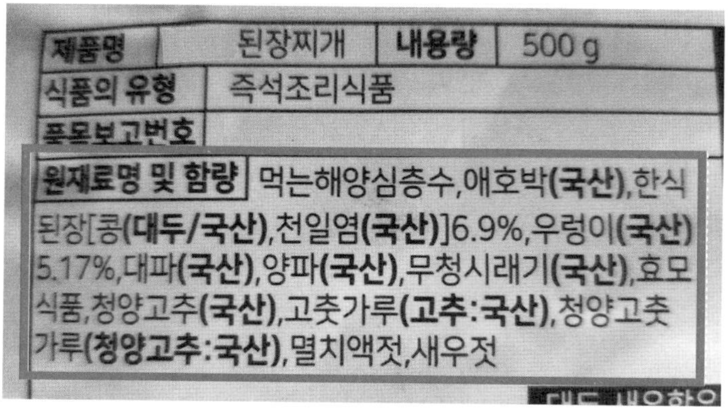

제품명	된장찌개	내용량	500 g
식품의 유형	즉석조리식품		
품목보고번호			

원재료명 및 함량 먹는해양심층수,애호박(국산),한식된장[콩(대두/국산),천일염(국산)]6.9%,우렁이(국산)5.17%,대파(국산),양파(국산),무청시래기(국산),효모식품,청양고추(국산),고춧가루(고추:국산),청양고춧가루(청양고추:국산),멸치액젓,새우젓

물론 밀키트라고 해서 다 식품첨가물이 사용되는 것은 아니다. 당연히 '무첨가' 밀키트 제품류도 있다. 이런 밀키트 제품들은 일반 유통 시장에서는 찾기가 쉽지 않다. 친환경 식품 매장에 가야 한다. 약간의 불편을 감수할 마음만 있다면 안전한 식생활을 할 수 있는 길이 있다.

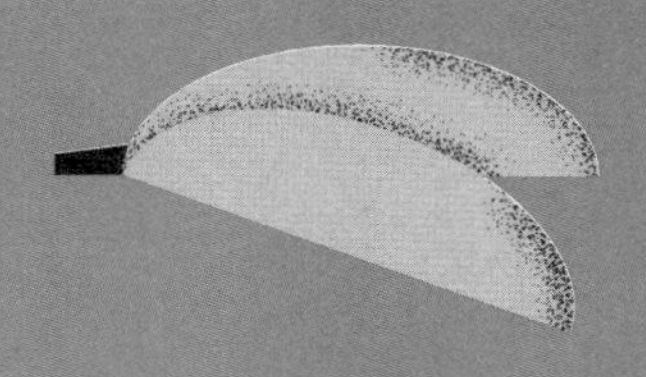

제2장
정크푸드와 팬데믹

식품첨가물이 면역력 약화를 부른다

코로나19의 근원

조류독감, 사스, 신종플루, 메르스, 코로나19……. 근래 들어 지구촌을 뒤흔들었던 감염성질환들이다. 뒤로 갈수록 감염성의 규모가 더 커지는 양상이다. 가장 최근에 겪었던 코로나19는 '팬데믹(pandemic)'이라고 한다. 대규모 감염성 질환이라는 뜻이다.

이들 감염병의 중간 숙주는 동물, 특히 야생동물로 추정된다. 메르스는 낙타로부터, 코로나19는 박쥐나 천산갑 등에 의해 전염된 것으로 알려져있다. 야생동물에 함부로 손대지 말고 자연보호에 더 힘써야 한다는 말이 그래서 나오는데…, 여기서 한 가지 의아한 생각이 든다. 이들 동물이 예전에는 없었나?

물론 예전에도 낙타는 있었다. 박쥐도, 천산갑도 있었다. 그런데 왜 이들 대규모 감염병이 근래 들어 꼬리를 물고 창궐하는 것인가? 예전에는 없었는데 말이다. 운송수단이 발달하고 국경이 낮아졌기 때문이라는 지적에 일리가 없는 것은 아니다. 하지만 그것이 진짜 근본적인 원인일까? 여기서 바로 현대인의 면역력을 주목하고 싶다. 현대인들은 체구는 커졌지만 체력이 약해졌다. 면역력은 체력의 중요한 요소 가운데 하나다.

팬데믹성 바이러스는 면역력이 약한 인체를 좋아할 터다. 노크도 없이 들어와 멋대로 활개를 치다 옆에 면역력이 약한 사람이 또 있으면 곧바로 옮겨간다. 이런 현상이 빠르게 확산되는 상황이 팬데믹이다. 관건은 면역력이란 이야기다. 사회 구성원이 면역력만 좋으면 감염병은 확산하지 않는다. 면역력이 좋은 인체는 감염병에 쉽게 걸리지 않으며, 설사 걸린다 해도 가볍게 이겨낸다. 유일한 방어책인 백신도 실은 면역력을 높여주는 수단 아닌가?

현대인은 왜 이토록 중요한 면역력이 약한 것일까? 이유를 들자면 여러 가지가 있을 것이다. 그 가운데 가장 중요한 요인이 바로 식생활이다. 잘못된 식생활을 하면서 면역력이 좋아지길 바라는 것은 콩 심어놓고 팥 나오길 기다리는 일이나 마찬가지다. 나쁜 가공식품, 즉 정크푸드가 면역력을 떨어뜨린다는 것은 삼척동자도 아는 상식.[*1]

인스턴트식품, 패스트푸드 등 나쁜 가공식품을 도마 위에 올려보자. 일단 면역력 증강에 도움이 되는 영양분들이 부족하다. 여기서 중요한 것이 식품첨가물이다. 이들 나쁜 식품에는 약방의 감초처럼 첨가물이 꼭 들어있다. 이 첨가물이 면역력 약화의 원흉이다.[*2] 즉, 식품에 사용되는 수많은 화학물질, 설탕과 물엿 같은 정제당, 추출정제유와 인공경화유 따위의 정제가공유지가 팬데믹을 불러온다는 이야기다.

이 설명을 뒷받침이라도 하듯 글로벌 출판 그룹인 네덜란드의 '엘스비어' 건강

과학회지에 최근 논문이 하나 올라와 있다. '정크푸드를 즐겨먹는 사람은 코로나19를 특히 조심해야 한다'는 내용이 골자다. 정제당, 가공유지, 화학첨가물이 면역력을 떨어뜨리기 때문이라고 논문은 밝히고 있다. 어린이 및 청소년들이 평소 이런 정크푸드를 자주 먹는다는 점에서 더 심각하다는 것이다.[*3]

흥미롭게도 이 연구 결과를 검증해준 가공식품이 있다. 햄, 소시지 등 가공육 제품이다. 미국 노스웨스턴 대학 연구진은 최근 식생활과 코로나19 감염률에 대한 연구를 했다. 가공육 제품을 매일 0.43인분만 섭취해도 코로나19 감염률이 높아진 것으로 나타났다. 반면에 가공육이 아닌 고기는 비록 적색육이라 해도 코로나19 감염률을 높이지 않았다.[*4]

가공육과 비가공육, 무슨 차이일까? 식품첨가물이 있고 없고의 차이다. 대부분의 시판 가공육은 보존료, 유화제, 산도조절제, 증점제, 조미료, 향료 등 첨가물이 범벅되어 있다. 식품첨가물이 팬데믹을 부채질한다는 사실은 앞에서 지적한, 가공육 제품의 아질산나트륨이 암을 일으킨다는 사실만큼 중요한 문제다.

식품첨가물은 우리 몸의 호르몬에까지 악영향을 미친다. 에너지대사를 관장하는 호르몬인 인슐린을 보자. 식품첨가물의 핍박에 자주 시달리게 되면 인슐린의 감도가 떨어진다.[*5] 이 현상이 심해져서 인슐린 기능에 문제가 생기는 상황, 그것이 바로 '인슐린저항'이다. 이 상태가 되면 비만이 진행된다. 반대로 비만해지면 인슐린저항이 오기도 한다.

문제는 인슐린저항이 되어 비만해지면 코로나19 바이러스가 우리 몸의 세포 안으로 훨씬 쉽게 침투한다는 사실이다.[*6] 당연히 코로나19 확진 가능성이 높아진다. 비만한 사람은 코로나19에 더 조심해야 한다는 전문가의 충고가 그래서 나온다.

물론 인슐린저항이 굳이 아니더라도 비만한 사람은 코로나19 팬데믹에 취약하다는 보고가 있다.*7 식품첨가물의 죄과 중 하나가 비만이라는 사실이 새삼 더 아프게 다가온다. 식품첨가물은 여러 경로를 통해 팬데믹을 부채질하고 있는 것이다.

전문가들은 대규모 감염병이 앞으로 잦을 것이라고 한다. 코로나19 팬데믹을 예언했던 마이크로소프트의 빌 게이츠 회장도 더 강력한 팬데믹이 올 수 있다고 경고한 바 있다. 식품첨가물 만능 사회가 더 근심스러워지는 이유다.

생활습관병의 주범

팬데믹은 원인이 당연히 바이러스 같은 병원균이다. 눈에 보이지도 않는 미물이 사람 몸속에 들어가면 빠르게 증식하여 강한 전파력을 갖는다. 순식간에 옆 사람에게 옮겨간다. 코로나19의 경우 지구촌에 모습을 드러낸 지 꽤 오래됐고 이제 종식을 의미하는 엔데믹 상황이건만 아직도 매일 적지 않은 신규 확진자가 나오는 이유다.

여기서 생각해볼 것 하나. 팬데믹은 원인이 꼭 병원균이어야 하는 것일까? 그래야만 팬데믹이라고 부를 수 있는 것일까? 국립국어원의 우리말샘에 나와 있는 팬데믹의 풀이를 보자. '전염병이 전 세계적으로 크게 유행하는 현상, 또는 그런 병'으로 되어있다. 이 설명에 바이러스니 병원균이니 하는 말은 없다. 그렇다. 팬데믹이라고 해서 꼭 병원균이 원인이어야 하는 것은 아니다. 병원균과 무관한 팬데믹도 있을 수 있다. 대규모로 빠르게 유행하기만 한다면 말이다.

이때 떠오르는 것이 다름 아닌 '대사증후군'이다. 이 질병은 병원균과는 무관하다. 신진대사의 잘못으로 생기는 병적 증상이기 때문이다. 이 증후군은 불과 40년 전만 해도 생소했던 질병이다.[*1] 근래 들어 느닷없이 출몰하더니 빠르게 번지고 있다. 우리나라만 해도 30세 이상 성인 세 명 가운데 한 명이 이 질병에 걸려 있다.[*2] 전파 양상이 대규모 감염병을 빰칠 정도다. 팬데믹이라고 부르기에 충분하지 않나. 메르스나 코로나19가 '바이러스성 팬데믹'이라면 대사증후군은 '비바이러스성 팬데믹'인 셈이다.

대사증후군은 대표적인 현대병, 즉 생활습관병이다. 정확히 말하면 생활습관병의 초기 상태다. 병원균과 무관하다면 무엇이 원인일까? 생활습관병이라는 말 속에 답이 있다. 가장 큰 원인이 잘못된 식생활이다. 여기서 또 식품첨가물을 지적하지 않을 수 없다. 잘못된 식생활의 원흉인 식품첨가물이 우리 몸의 신진대사를 왜곡한다. 그 결과가 병적 증상으로 나타난 것이 대사증후군이다.[*3]

대사증후군 상태가 되면 거의 대부분 비만이 온다. 반대로 비만해지면 대사증후군이 올 수도 있다. 비만뿐인가? 고혈압, 동맥경화, 심근경색, 심장마비, 뇌졸중 등 심뇌혈관질환의 출발점이 대사증후군이다. 또 현대인의 고질병인 당뇨병으로 이어질 수도 있고, 국민 사망 원인 1위인 암 발병률이 현저히 높아진다. 심지어 골다공증이나 치매 같은 노인병도 대사증후군과 관계가 깊다.

생활습관병은 예전엔 흔치 않은 질병이었다. 그런데 요즘엔 나이 들면 으레 생기는 노화 현상의 하나로 인식되는 듯하다. 이것이 바로 생활습관병이 현대병이라고 불리는 이유이며, 비바이러스성 팬데믹으로 부를 수 있는 까닭이기도 하다. 그 음모자가 바로 대사증후군의 주범인 정크푸드인 것이다. 더 정확하게는 정크푸드에 들어있는 정제당과 식품첨가물이다.

요즘엔 생활습관병 유병자의 연령이 점차 낮아지는 추세다. 앞으로 이 추세는 가속화할 것이다. 젊은 층일수록 정크푸드성 가공식품과 편의성을 내세운 배달음식 문화에 깊이 빠져들어 있기 때문이다. 식품첨가물 만능사회가 걱정되는 또 다른 이유다.

정신건강 위협 인자

"국내에서 정신과를 찾는 사람이 연간 300만 명을 넘어섰다." 얼마 전에 언론에 올라온 기사의 한 구절이다. "정신질환 진료비가 연간 4조 원 가까이 된다"는 기사도 있다. 요즘 정신과 의원은 예약하지 않으면 진료받기 힘들다고 한다. 정신과의 인기가 날로 높아지고 있고, 개원의도 매년 늘어나는 추세다.[*1] 정신질환을 호소하는 국민들이 그만큼 많아졌다는 뜻이다.

정신질환이라는 말은 불과 1세기 전만 해도 일반인에게는 생소한 용어였다. 언제부턴가 '마음의 병'이라는 이름으로 언론에 등장하더니 근래 들어 상용어가

되었다. 정신과가 정신건강의학과로 이름이 바뀌었고 환자가 폭발적으로 늘고 있다. 마치 전염병처럼 번지는 모양새가 어엿한 팬데믹을 방불케 한다. 그렇다면 정신질환도 비바이러스성 팬데믹으로 부르기에 충분하지 않을까?

유감스럽게 이런 정신적인 아노미(anomie)의 밑바탕에도 잘못된 식생활이 자리하고 있다. 주범은 역시 정크푸드의 식품첨가물이다. 정신질환을 대표하는 우울증을 보자. 정제당, 정제가공유지, 화학물질 등에 의해 인슐린저항이 되면 혈당치가 제대로 관리되지 않는다. 기준치 이하로 뚝뚝 떨어지는 일이 생긴다. 이른바 '저혈당(低血糖)' 사태다. 이때 가장 타격을 받는 것이 두뇌세포다. 만사에 의욕이 떨어지고 비관에 빠질 수 있다. 이것이 우울증이다.*2

저혈당 사태가 되면 반대로 공격적인 성향을 띨 수도 있다. 우리 몸에 이른바 공격 호르몬으로 불리는 아드레날린이라는 호르몬이 있다. 이 호르몬이 과잉으로 분비되는 일이 있는데, 바로 저혈당일 때 그렇다. 이 경우 사람에 따라 불안감이나 초조감 따위로 나타날 수도 있다.*3 이 문제가 심해지고 오래 지속되면 두뇌세포가 손상을 입기도 한다.*4 기억력 감퇴, 학습력 저하 등 지적활동의 장애가 그 결과다.

정신질환의 배후에 저혈당이 있다는 사실은 선진국에서 이미 오래전에 밝혀졌다. 그 중심인물이 미국 분자교정의학회 회장이었던 마이클 레서(Michael Lesser) 박사다. 그는 의회의 영양특위에서 "정신분열증 환자의 67퍼센트는 저혈당증을 그 원인으로 하고 있다"고 증언했다.*5 일본에는 심리영양학자인 오사와 히로시 교수가 있다. 그는 많은 정신분열증 환자들이 저혈당증과 관계가 있다는 사실을 확인하고, 식생활 개선을 통해 이들을 직접 치료해왔다.*6

일본생산성본부의 조사에 의하면 샐러리맨의 약 10퍼센트가량이 정신과 의사의 카운슬링을 받아야 할 정도로 정서불안 문제가 심각하다고 한다. 또 대학생을 대상으로 한 조사에서도 이와 크게 다르지 않은 것으로 나타났다. 건강 저널리스트인 이마무라 고이치는 이들 중 많은 사람이 저혈당증을 그 원인으로 하고 있다고 말한다.*7

식품첨가물 가운데는 신경계를 손상시키는 물질이 꽤 있다.*8 이른바 신경독성물질이다. 합성감미료, 합성보존료, 인공조미료 등에 신경독성물질이 특히 많다. 이들 물질은 신경세포뿐만 아니라 두뇌세포까지 파괴한다.*9 이 결과 역시 정신질환의 또 다른 경로일 수 있다. 노인성 치매 따위가 그 예다.

요즘엔 정신질환 역시 저연령화하는 추세다. 촉법소년의 나이를 낮춰야 한다는 의견이 많다. 아이들의 비상식적인 행동도 늘어나고 있다. 이유가 뭔가? 잘못된 식생활이 원인이고 그 중심에 식품첨가물이 있다는 연구가 많다.*10 주의력결핍·과잉행동장애(ADHD) 또는 발달장애 따위도 그 연장선에 있다.

정신질환은 예전에는 흔치 않았다. 이유는 간단하다. 당시에는 정크푸드가 없지 않았나. 식품첨가물도 당연히 없었다. 오늘날은 식품첨가물 전성시대다. 인기식품, 기호식품은 대부분 정크푸드다.

정크푸드와 팬데믹은 공통점이 있다. 자연의 섭리를 거역한다는 점이다. 그 거역의 현장에 꼭 식품첨가물이 있다. 코로나19, 생활습관병, 정신질환 등 망국적인 이들 팬데믹의 발호를 막기 위해서라도 오늘의 식생활을 겸허히 돌아볼 필요가 있다.

선각자인 소크라테스는 “야생동물은 병이 없다”고 갈파했다. 그들 세계에는 팬데믹도 당연히 없다. 선각자는 이미 오래 전에 오늘날의 식품첨가물 만능사회를 예견했을까?

가축은 야생동물과 달리 사료를 먹는다. 그 사료에는 식품첨가물과 뿌리가 같은 사료첨가물이 들어있다. 그걸 먹은 가축은 인간과 같이 질병에 시달린다.

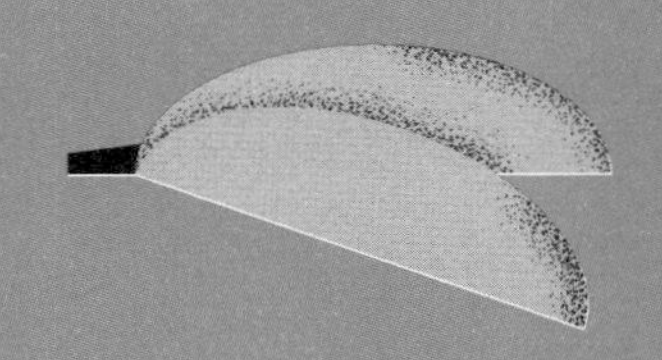

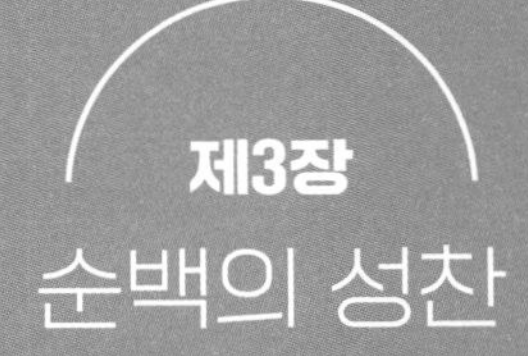

제3장
순백의 성찬

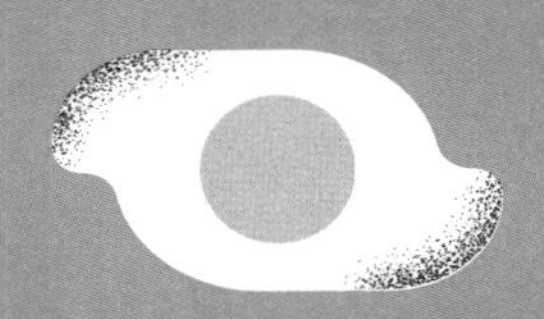

현대병은 모두 설탕에서 비롯됐다

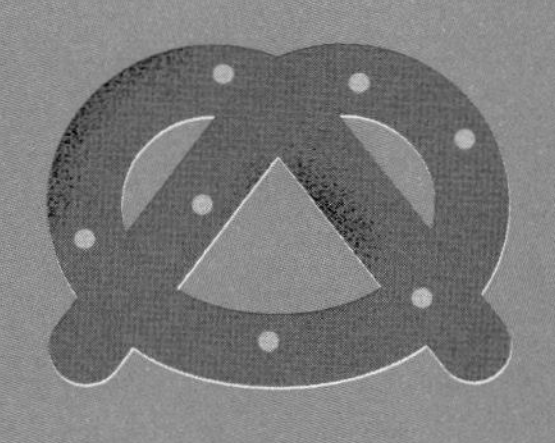

포텐거의 고양이

우리는 평소 아무런 생각 없이 음식을 먹는다. 그러나 습관적으로 하는 하루 세끼 식사 속에는 자연의 섭리가 들어있다. 지구의 유구한 역사 속에서 생물체가 생겨나고 번식하며, 생존을 이어가는 이법(理法)이다. 여기서 인간에게 가장 큰 관심사는 '건강'이다. 그 건강을 오늘날 우리가 먹고 있는 '음식'과 관련지어 생각해보자는 것이 이 책의 핵심 취지다.

한 의학자의 흥미로운 실험 하나가 있다. 지금부터 약 80년 전, 미국 캘리포니아의 한 요양병원. 내과 의사인 프랜시스 포텐거(Francis Pottenger) 박사는 고양이를 2개조로 나누어 실험을 했다. 한쪽 고양이에게는 정상적인 사료를 투여했고, 다른 쪽 고양이에게는 영양적으로 다소 결함이 있는 사료를 투여하며 사육했다.

정상적인 사료를 먹고 자란 고양이들은 2대, 3대는 물론 그 이후까지 건강한 고양이로 커갔다. 그러나 결함이 있는 사료를 먹고 자란 고양이들은 2대에서 벌써 건강 이상 징후가 나타났다. 발육이 뒤떨어지고 질병이 잦아지기 시작한 것이다.

3대에 이르자 건강 문제는 더욱 노골화됐다. 몸을 잘 가누지 못하거나 높은 곳에서 떨어지는 등의 신체적 장애와, 다른 고양이에게 적대감을 갖거나 주인조차 공격하는 등의 정신적 장애가 함께 나타났다. 더욱 심각한 문제는 4대째에 나타났다. 영양 문제가 건강은 물론 생식에까지 지장을 초래하고 있었다. 이 세대에서는 태어난 새끼 고양이 수가 부족해 아예 실험을 계속할 수 없는 지경이 되어버렸다.*1

이 실험은 음식물이 건강에 얼마나 큰 영향을 미치는지를 잘 설명하고 있다. 건강 전문가들은 인간의 경우도 이 실험결과와 크게 다르지 않다고 주장한다. 오늘날 어린아이를 둔 부모세대가 포텐거 실험의 2대째 고양이에 해당한다고 보면, 현대인의 체질이 과거에 비해 허약한 점이나 부모보다 먼저 세상을 떠나는 비극의 원인을 설명할 수 있다는 것이다. 또한 아이들의 정서불안이나 이상행동도 그릇된 식생활에서 찾을 수 있으며, 훗날 자손들을 정상적으로 볼 수 있을지에 대한 의구심도 떨칠 수 없다고 말한다.*2

그로부터 30여 년이 경과한 1977년, 미국 상원 영양문제특별위원회는 충격적인 보고서 하나를 발표한다. 미국을 비롯한 선진국의 '식생활 변천과 질병의 관계'를 추적 · 조사한 자료다. 조지 맥거번(George McGovern) 위원장이 직접 발표한 이 자료는 총 5,000페이지에 달하는 방대한 보고서로서, 내용을 보면 간단히 두 가지로 요약된다. 암과 심혈관질환 등의 6대 생활습관병은 그릇된 식생활로부터 기인한다는 내용이 그 하나요, 현대 의학은 영양과 식생활의 중요성을 도외

시하는 실수를 저질렀다는 내용이 다른 하나다.[*3]

왜 현대인들이 '포텐거의 고양이'에 비유되어야 할까? 또 미국 의회가 국민 식생활 조사에 나선 이유는 무엇일까? 여기서 잠시 영양문제특별위원회(이하 '영양특위'로 약칭)의 실무 리더인 찰스 퍼시(Charles Percy) 의원의 증언을 들어보자. 그는 세계 3대 장수촌의 하나인 훈자(Hunza) 지방을 여러 차례 방문한 바 있다. 의사록에는 그의 발언이 이렇게 기록돼 있다.

> 훈자 지역에는 암이나 심장병이 없다. 그러나 선진국들은 하나같이 이들 질병으로 골머리를 앓고 있다. 그 질병들은 20세기가 깊어감에 따라 더욱 맹위를 떨치고 있다. 이와 같은 생활습관병은 20세기 초까지만 해도 그리 흔치 않았다. 하지만 오늘날 미국의 현실을 보면, 이들 질환으로 인해 탕진하는 비용이 국가 재정을 크게 위협하는 상황이다. 우리 문명사회에 뭔가 큰 변고가 있음에 틀림없다.[*4]

이 발언에서 20세기 초까지는 암과 심장병이 그다지 흔치 않았다는 대목을 주시할 필요가 있다. 영양특위의 보고서를 준비하던 1970년대 당시, 미국인의 경우 질병에 의한 사인 중 가장 높은 비율을 차지하는 것이 심장병으로 거의 40퍼센트에 달해 있었지만, 20세기 초반에는 고작 8퍼센트에 지나지 않았던 희소병이었다. 심장병뿐만이 아니고 암, 뇌졸중, 당뇨병 등의 질환도 마찬가지다. 이들 고질적인 생활습관병은 한결같이 20세기 중반 이후 폭발적으로 증가해왔다.

문제는 이와 같은 생활습관병의 증가만이 아니었다. 이 시기와 때를 맞추어 미국에서는 학생들의 폭력, 등교거부 등의 소란사태가 눈에 띄게 늘고 있었다. 또 교육시스템은 좋아졌지만 학습 부진아들이 증가하면서 대학생 가운데도 글자를 읽지 못하는 고학력 문맹자들이 속출하기 시작했다.[*5] 이 일련의 현상을 어떻게 설명할 것인가? 그 문제 역시 퍼시 의원이 의아하게 생각하는 점이었다.

20세기에 접어들어 과학이 발달하고 사회 모든 분야에 문명화가 진행됨에 따라 식품산업에도 새로운 기술이 속속 도입된다. 이러한 환경 변화에 편승하여 수많은 가공식품 회사들이 우후죽순처럼 생겨났고, 이들은 새로운 경제 세력을 이루기 시작했다. 영세성과 비효율을 탈피하지 못했던 전근대적 산업 환경 속에서, 새로운 식품기업의 출현은 시대 발전에 따른 자연스러운 조류였다. 이때 태어난 회사들은 편의성과 미각, 시각의 만족을 추구하는 소비자 욕구를 저렴한 비용으로 충족시켜 주었으며, 양산 시스템을 갖추어 재빠르게 성장해갔다.

그러나 이러한 효율성 위주의 사고와 경제 우선 논리 뒤에는 치명적인 결함이 숨어있었다. 얼마 지나지 않아 일부 학자들 사이에서 문제가 제기되기 시작하더니, 파문이 서서히 증폭돼갔다. 비록 법률 제정에는 실패했지만, 식생활의 중요성을 공식적으로 제기했던 미국 상원 영양특위의 보고서도 그 시대 조류의 하나였다.

20세기에 접어들어 서방 선진사회의 식품산업에는 어떤 변화가 있었던 것일까? 그 변화 속에 가려져 있는 문제의 실체는 무엇인가? 무슨 일에든 자정(自淨) 기능이 있기에 유구한 역사가 면면히 이어지는 법. 이 분야에도 척박한 환경을 무릅쓰고 진리 탐구에 혼신을 다한 선각자들이 있었다. 대표적인 과학자 몇 사람을 소개하며 이야기를 이어나가려 한다.

혈당의 신비

지금으로부터 약 한 세기쯤 전, 제1차 세계대전의 상처가 서서히 아물어갈 즈음, 캐나다 토론토 대학의 한 작은 생리학 연구실. 밤을 새운 젊은 의학자 두 사람은 환호성과 함께 하이파이브를 한다. 과거 10년간 거듭되어온 많은 과학자들의 실패에 종지부가 찍히는 역사적인 순간이었다.

두 사람은 외과 의사인 프레드릭 밴팅(Frederick Banting)과 의대 조교인 찰스 베스트(Charles Best)였다. 밴팅 박사는 곧 노벨상 수상자로 결정된다. 하지만 그는 자신의 연구를 도와준 베스트도 공동 수상자가 돼야 한다는 의견을 적극 개진했고, 이 쾌거는 결국 두 사람의 공로로 역사에 남게 된다.*[1] 인체의 에너지 대사에서 막중한 역할을 하는, '인슐린'이라는 호르몬을 발견할 당시의 이야기다.

이들이 분리에 성공한 인슐린은 당뇨병으로 죽어가는 14세의 소년에게 최초로 주사된다. 인류에게 당뇨병 치료의 길이 열리는 감격적인 순간이었다. 당시까지만 해도 당뇨병은 걸리면 곧 죽음을 의미하는 무서운 질병이었다. 인슐린 주사를 맞은 소년의 혈당치는 감소되기 시작했고, 소변에서도 더 이상 당(糖)이 검출되지 않았다. 언론은 당시 이 치료법을 보도하며 기적이라고 평했다.

인슐린이 만들어낸 이 기적은 당뇨병 환자들에게 큰 축복이었다. 그러나 시대 변화에 따른 필연이었을까, 아니면 기적의 반작용이었을까? 그 후 당뇨병 환자가 폭발적으로 늘어난다. 혈당의 족쇄를 벗어버린 인류가 무분별한 섭생을 시작한 탓이었다. 이에 따라 인슐린을 양산하는 신종 비즈니스는 의료산업의 굳건한 재원으로 자리매김한다.

인슐린 발견에 의해 인체 내의 당(糖) 대사 연구는 급물살을 탄다. 이 호르몬을 성공적으로 분리시킴으로써 의학계 유명인사가 된 밴팅 박사에게 어느 날 미국인 의사 한 사람이 찾아온다. 그는 미국 버밍검에서 클리닉을 직접 운영하고 있는 내과 의사로서 혈당 연구를 더 체계적으로 하고 싶어 캐나다에 왔다고 했다. 그 의사의 이름은 실레 해리스(Seale Harris).

해리스 박사는 인슐린 분비장애가 당뇨병으로 나타난다는 사실의 역발상을 시도한다. 당뇨병 환자도 아니고 인슐린 치료를 받지도 않은 사람이 인슐린 쇼크를 겪는 현상을 발견했기 때문이다. 인슐린 쇼크란 인슐린이 너무 많이 분비될 때 생기는 생리적 장애를 일컫는다. 이 역발상으로 해리스 박사는 '인슐린 과다분비 가설'을 세웠다.

일반적으로 인슐린 문제는 당뇨병 환자에게만 해당되는 것으로 알려져 있었다. 그러나 해리스 박사의 가설은 당뇨 증상이 없는 사람과 인슐린의 관계를 상정하고 있었다. 이는 다시 말해 정상인의 경우에도 인슐린 문제가 생길 수 있다는 뜻이다.

해리스 박사는 체내에서 인슐린이 과다 분비될 경우 혈당치가 비정상적으로 낮아지는 현상을 발견했다. 이때도 치명적인 생리적 장애가 발생한다는 점을 놓치지 않았다. 그 문제는 인슐린이 부족할 때 생기는 당뇨병과는 다른 증상이었다. 앞에서 잠시 언급한 저혈당증(hypoglycemia)이 그것이다. 이 발견 역시 역사에 남을 일로서 해리스 박사는 최초로 저혈당증의 개념을 정립한 사람으로 기록된다.

해리스 박사는 자신의 연구결과를 1924년 「미국의학협회 저널(JAMA)」에 발표한다. 훗날 전문가들은 이 업적을 두고 노벨상감이라고 높이 평가했지만, 유감스럽게도 당시 의학계로부터는 평가절하당하는 수모를 겪는다. 미국 건강부문의 베스트셀러 『슈거 블루스(Sugar Blues)』를 쓴 윌리엄 더프티(William Dufty)는 당시의 상황을 이렇게 묘사하고 있다.

> 해리스가 노벨상을 수상하지 못한 이유는 그의 연구가 질병을 통해 잇속을 챙기려는 세력에게 축복이 아닌 당혹감을 선사했기 때문이다. 그가 제시한 저혈당증 치료법은 용기에 넣거나 패키지로 포장하여 약국에서 팔 수 있는, 그래서 의료업계에 수억 달러의 돈을 벌게 해줄 매력적인 신약(新藥)이 아니었다.
>
> 해리스가 제안한 이 새로운 질병의 치료법은 너무나 간단하여 어느 의료인도 이 방법으로 돈을 벌 수가 없었다. 의사들은 그의 발표를 무시했음은 물론, 다수의 힘을 이용하여 비난 공세를 퍼부었다. 그의 연구결과가 혹시라도 주위에 알려지면 외과의나 정신분석의, 기타 전문의들이 겪어야 할 경제적인 곤란이 불을 보듯 뻔했기 때문이다. 더 큰 문제는 아직도 이 저혈당증이 의료업계의 '의붓자식' 취급을 면치 못하고 있다는 사실이다.*2

해리스 박사의 이 연구는 한때의 해프닝으로 그냥 묻혀버리는 듯 보였다. 그러나 진주는 언제 어디서든 스스로 빛을 발하는 법. 그의 업적은 우연한 기회에 한 내과 의사를 통해 전격적으로 조명된다.

미국 플로리다 주에서 진료활동을 하던 스테펜 가이랜드(Stephen Gyland) 박사는 알지 못할 고통을 겪고 있었다. 기억력과 집중력이 감퇴하고, 기운이 없는 데다 현기증이 나며, 이유 없는 불안과 떨림 증상에 시달렸다. 그는 의사였지만 자신의 증상을 도무지 진단할 수가 없었다. 결국 다른 전문의를 찾아 나서게 된다.

전문의 열네 명과 유명 의료기관 세 군데. 가이랜드는 열심히 의사를 만나고 병원을 방문했다. 그러나 그를 납득시킬 수 있는 답변을 해주는 곳은 없었고, 오히려 혼란만 가중시킬 뿐이었다. 그동안 그가 들었던 진단은 신경증, 뇌종양, 당뇨병, 동맥경화 등등. 물론 수긍할 수 있는 진단들이 아니었다. 그의 증상은 치료가 요원해보였다.[*3]

가이랜드 박사는 거의 포기하려는 단계에서 한 편의 논문을 접하게 된다. 해리스 박사의 저혈당증에 대한 논문이었다. 그는 논문에 나와있는 설명이 자신이 겪고 있는 증상과 매우 흡사하다는 사실을 깨닫고, 그 논문이 제시하는 처방대로 식생활을 바꿔보았다. 그러자 놀라운 일이 발생했다. 그동안 겪고 있던 증상들이 서서히 없어지는 게 아닌가![*4]

사실 그가 만난 의사 가운데 저혈당증이라고 진단한 의사가 한 사람 있긴 했다. 하지만 그 의사는 처방을 잘못 내렸다는 사실을 알 수 있었다. '캔디바'를 먹고 혈당을 올리라고 지시했던 것이다. 이 처방은 잠시 혈당치를 올려주기는 했으나 임시방편에 불과했다. 오히려 가이랜드의 증상을 더욱 악화시켰을 뿐이다.

만일 그 의사가 저혈당증을 정확히 알고 내린 처방이었다면 의사로서의 양심이 의심되는 일이었고, 혹시 모르고 내린 처방이었다면 직무유기에 해당될 법한 일이었다. 가이랜드는 1953년 7월 18일자 「미국의학협회 저널」에 서신을 보내, 해리스 박사의 연구를 덮으려 한 동료 의사들을 비장한 어조로 비난했다.[*5]

가이랜드 박사는 자신이 자부심을 가지고 일하고 있는 분야, 인간의 생명을 다루는 신성한 의료분야에 이러한 황당한 사각지대가 있음을 개탄하고, 본인이 직접 저혈당증의 연구에 투신하게 된다. 그는 자신의 경험과 연구를 바탕으로, 그

후 600명이 넘는 저혈당 환자들을 치료하며, 그들이 호소하는 증상들을 다음과 같이 정리했다. 이것이 바로 유명한 '가이랜드의 저혈당 리스트'다.

빛을 보지 못하고 묻혀버리는가 싶었던 해리스 박사의 위대한 연구는 발표되고 나서 수십 년이 지난 뒤, 비로소 의학계의 인정을 받게 된다. 그는 아쉬우나마 미국의학협회상을 받는다.

저혈당 환자에게 나타나는 증상과 비율[*6]

- 신경과민 (94%)
- 극도의 피로 (87%)
- 우울증 (86%)
- 졸음 (73%)
- 소화불량 (71%)
- 불면증 (67%)
- 정신적 혼란 (57%)
- 가슴 두근거림 (54%)
- 감각 마비 (51%)
- 비사교적, 반사회적 태도 (47%)
- 성기능 감퇴(여성) (44%)
- 협조운동 불능 (43%)
- 집중력 결여 (42%)
- 근육 경련, 불수의 동작 (40%)
- 호흡이 가빠짐 (37%)
- 허든거림, 비슬거림 (34%)
- 임포텐츠(남성) (29%)
- 악몽, 야경(夜驚) (27%)
- 공포증 (23%)
- 자살 충동 (20%)
- 경련 (2%)
- 초조 (89%)
- 가벼운 발작, 진전, 오한 (86%)
- 현기증 (77%)
- 두통 (72%)
- 건망증 (69%)
- 지속적인 불안 (62%)
- 심리적 동요 (57%)
- 근육통 (53%)
- 결단력 부족 (50%)
- 고성방가 (46%)
- 알레르기 (43%)
- 다리 경련 (43%)
- 시력 침침 (40%)
- 피부 가려움증 (39%)
- 발작성 숨 막힘 (34%)
- 한숨, 하품 (30%)
- 의식 불명 (27%)
- 류머티스성 관절염 (24%)
- 신경성 피부염 (21%)
- 신경 쇠약 (17%)

저혈당증

저혈당 이야기를 할 때 빼놓을 수 없는 용어가 '인슐린'이다. 인슐린이란 무엇일까? 물론 인슐린을 모르는 사람은 없을 것이다. 당뇨병 치료제로 너무나 잘 알려져 있기 때문이다.

그러나 엄밀히 말해서 인슐린은 치료제가 아니다. 당뇨 증세를 완화시킬 뿐이지, 병 자체를 치료해주지는 못한다. 당뇨 환자가 평생 인슐린 투여를 받아야 하는 것이 그래서다. 인슐린은 오늘날 의약품으로 대량 생산되고 있지만, 사실은 인체 내에서 자연스럽게 분비되는 호르몬의 하나다. 흔히 이자라고도 불리는 췌장에서 분비된다.

인슐린은 우리 몸 안에서 대단히 중요한 역할을 한다. 에너지를 만드는 당(糖) 대사에 직접 관여하기 때문이다. 구체적으로 말해, 음식물과 함께 소화 · 흡수되어 혈액으로 흘러들어온 당 성분, 즉 혈당(血糖)을 몸의 세포들이 이용할 수 있도록 안내한다. 따라서 인슐린이 정상적으로 기능하지 못하면 곧바로 혈당 문제가 발생한다.

당(糖)에 대한 상식도 중요하다. 당에는 가장 간단한 형태인 포도당 · 과당 등이 있고, 이들이 서로 결합하여 크기가 커진 것으로 설탕 · 올리고당 등이 있다. 이들 당류보다 더 커지면 덱스트린, 나아가 전분과 같은 물질이 된다. 우리는 이것들을 모두 합쳐 탄수화물이라고 부른다.

일반적으로 간단한 형태의 당일수록 단맛이 강하다. 보통 올리고당까지 쉽게 단맛을 느낄 수 있다. 그래서 당이라고 하면 대개 올리고당까지를 일컫는 경우가 많다. 포도당과 같은 간단한 당일수록 체내에서의 흡수속도가 빠르다. 세포에서 에너지원으로 이용되는 당의 형태는 포도당이라는 점도 중요한 상식이다.

인체 내에서 이들 당은 어떤 과정을 거쳐 대사되는 것일까? 음식물 속의 당 성분은 섭취되면 체내에서 포도당과 같은 가장 간단한 당으로 분해된다. 이렇게 만들어진 포도당은 곧바로 흡수되어 혈액 속으로 흘러 들어간다. 이것이 바로 혈당이다. 당의 흡수에 의해 혈당의 양이 늘어나면 혈당치가 올라가게 되고, 뇌의 시상하부는 즉각 췌장으로 지령을 보내 인슐린을 분비하게 한다.

췌장에서 분비된 인슐린은 혈액 속으로 흘러 들어와서 혈당을 신체의 각 세포로 운반한다. 세포로 운반된 당은 신체활동에 필요한 에너지원으로 사용되고, 남은 당은 추후에 사용될 수 있도록 저장된다. 인슐린이 주도하는 이 기작에 의해 올라갔던 혈당치는 원래 상태로 다시 회복된다.

저혈당증이란 무엇일까? 말 그대로, 혈액 중의 포도당, 즉 혈당이 비정상적으로 낮은 증상이 빈번한 질병을 말한다. 혈당은 뇌를 포함한 신체 각 세포의 에너지원인 만큼, 저혈당증은 비상사태다.

혈당이 너무 많아 당 성분이 소변으로 배출되는 당뇨병과는 반대의 개념이지만, 사실 이 두 질병은 한집안 식구다. 저혈당증은 당뇨병의 병마가 반드시 거쳐 가는 중간 기착지에 해당하기 때문이다. 결국 저혈당 증상을 보일 때, 어떤 조치를 취하지 않으면 당뇨병으로 발전할 수 있다는 이야기다.[*1]

식후 저혈당 환자의 혈당치 변화*2

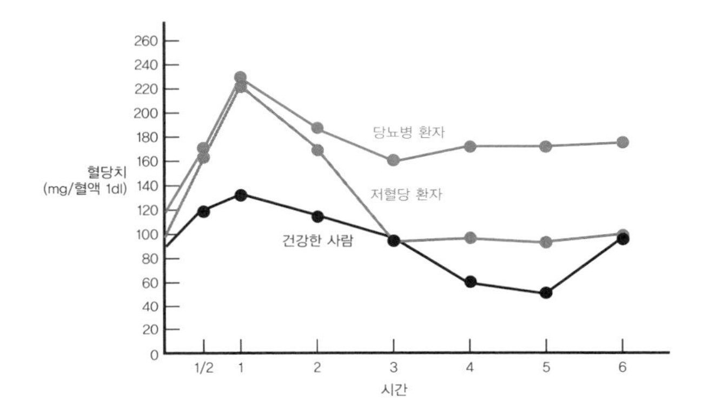

식품 · 건강 분야에서 많은 저서를 남긴 미국의 파보 에이롤라(Paavo Airola) 박사는 위 그래프로 식사 후 6시간까지의 혈당치 변화를 제시했다. 저혈당 환자, 건강한 사람, 당뇨병 환자의 혈당치 변화를 비교하여 그린 그림이다. 사람에 따라 그래프와 다른 패턴을 보이기도 하지만, 일반적으로 이와 비슷한 양상을 나타낸다.

그림에서 보면 알 수 있듯, 건강한 사람도 식사를 하면 혈당치가 어느 정도는 상승한다. 음식물이 소화되어 만들어진 당분이 혈액으로 흘러들어가기 때문이다. 이때 건강한 사람의 경우는 정상적인 범위 이상을 넘지 않는다.

이에 반해 저혈당 환자나 당뇨 환자의 혈당치는 식사 후 급격히 상승한다. 약 한 시간가량 경과한 시점에서 최고 수치를 보인 혈당치는 이후 감소하지만, 당뇨 환자는 정상 수치보다 훨씬 높은 수준에서 유지된다. 저혈당 환자는 계속 떨어져서 식후 세 시간이 지난 시점부터는 비정상적으로 낮게 형성된다.

저혈당증은 바로 이 단계에서 나타난다. 혈당의 양이 정상치보다 낮으면 인체

각 세포가 필요로 하는 에너지원이 제대로 공급되지 않는 현상이 발생한다. 이 문제는 비단 몸의 세포들만이 아니고 뇌세포에도 직접 영향을 미쳐, 앞에서 가이랜드 박사가 정리한 심신상의 여러 장애를 일으킨다.

핵심은 결국 저혈당이다. 이 현상은 왜 생기는 것일까? 여러 가지가 있지만 가장 큰 원인은 '당 식품', 특히 정제당 식품의 무분별한 섭취에 있다. 정제당을 대표하는 설탕의 경우를 보자. 설탕이 함유된 식품을 먹게 되면 체내에서 당 성분이 빠른 속도로 흡수되어 혈액의 포도당 함량, 즉 혈당치를 급격히 끌어올린다. 설탕은 간단한 형태의 당으로, 체내에서 빠르게 포도당으로 변하기 때문이다.

이렇게 혈당치가 높아지면 췌장이 인슐린을 분비하여 정상수준으로 낮춘다. 이 대사과정은 인체 내에서 이루어지는 지극히 자연스러운 생화학 현상으로, 정상적인 경우에는 전혀 문제되지 않는다.

그러나 설탕은 단순당인 만큼 빠른 속도로 소화 · 흡수된다. 이는 급격한 혈당치 상승을 불러오고, 당황한 인슐린은 급히 혈당치를 회복시키려는 노력을 하게 된다. 이때 너무 호들갑스럽게 혈당치를 낮추려다 보니, 대부분의 경우 정상치보다 낮은 수준까지 떨어뜨리는 결과가 나타난다.

혈당치가 정상 수준보다 낮아지면 당분을 빨리 보충해야 한다. 설탕식품을 또 먹고 싶은 충동이 생긴다. 청량음료를 한번 마시면 계속해서 또 마시고 싶은 생각이 드는 것이 그런 까닭이다. 이러한 상황이 자주 발생하는 경우를 생각해보자. 리차드 헬러(Richard F. Heller) 박사는 이 현상을 '당탐닉증(sugar addiction)'이라고 정의하고, 저혈당증의 초기단계로 규정한다.[*3]

당탐닉증에 빠지면 사태는 급속히 악화된다. 당과 인슐린의 악순환이 시작되는 것이다. 점점 더 설탕식품을 탐닉하게 되고, 이로 인해 혈당치가 올라가면 인슐린이 과잉 분비되어 혈당치가 다시 급격히 떨어진다. 이 결과는 또 다른 설탕식품을 탐닉하는 현상으로 이어진다.

이러한 대사상의 소동이 계속되면 결국 정교하게 제어되는 인체의 '혈당관리시스템'에 혼선이 빚어진다. 췌장에서는 인슐린이 제때에 분비되지 못하는 일이 생기고, 인슐린 분비량도 불균일해지는 문제가 나타난다. 이 결과는 혈당치가 큰 폭으로 올라갔다가 다시 큰 폭으로 떨어지는 기현상을 연출하는데, 이때부터 본격적인 저혈당 증상이 나타난다.

더 심각한 것은 지금부터다. 인슐린이 운반해온 포도당을 이제까지 잘 처리해왔던 세포 쪽에 드디어 빨간불이 들어온다. 연속되는 혹사에 신체 세포도 그만 지쳐버린 것이다. 세포 표면에는 당을 받아들일 수 있는 인슐린 수용체가 있는데, 이곳의 출입문이 닫혀버린다. 세포가 혈당을 받아들이지 못한다. 혈당이 오도 가도 못하는 신세가 돼버린다. 이것이 바로 유명한 '인슐린저항(insulin resistance)'이다.

인슐린저항이 되면 세포의 에너지원인 혈당이 연료로 제대로 사용될 수 없다. 갈 곳을 잃은 당이 엉뚱한 곳으로 운반되어 쌓이게 된다. 바로 지방세포다. 이 결과는 체외로는 비만으로 나타나지만, 체내에서는 위기 상황이다. 근육이나 신경조직, 장기 등 신체 각 기관들의 활동에 필요한 에너지원이 고갈된다는 뜻이기 때문이다. 설탕식품 탐닉이 저혈당을 부르고, 인슐린저항을 일으키는 가장 일반적인 메커니즘이다. 이 사태의 종착역이 대사증후군으로 시작되는 생활습관병이다.

칼로리 덩어리

설탕을 식품위생법에서는 식품첨가물이 아닌, 일반 '식품'으로 분류한다. 사용량 제한이 없는 안전한 식품으로 분류되고 있는 것이다. 하지만 알고 보면 설탕은 인체의 혈당관리시스템을 교란시키는 위험한 물질이다. 우리가 오랜 기간 먹어왔고, 사탕수수나 사탕무 같은 자연소재에서 분리한 천연당류에 왜 이런 치명적인 결함이 있는 것일까?

설탕은 자연소재 당류임에는 틀림없지만 사실은 자연의 섭리를 거역한 식품이다. 많은 건강 전문가들이 지적하기를, 오늘날의 가공식품이 안고 있는 공통적인 문제가 바로 과학을 맹목적으로 우상화한 점이라고 했다. 설탕이야말로 그 대표적인 문제의 식품이다. 아무리 천연당류라 하지만 설탕을 만드는 현장에서는 약 90퍼센트에 해당하는 자연소재를 버린다. 섣불리 발달한 과학은 10퍼센트 안팎의 '자당(蔗糖)' 성분만 기막히게 빼낸다.

설탕의 성분명인 자당은 예전엔 최상의 에너지원이었다. 그러나 오늘날엔 이 자당이 인체에 쓸모없는 성분이 되어버렸다. 천덕꾸러기인 '칼로리 덩어리' 이상도 이하도 아니기 때문이다. 이것을 만드는 제당공장은, 예컨대 알곡은 버리고 쭉정이만을 취하는 어리석은 정미소 같은 곳이다. 이 내용은 다음 두 가지로 요약된다.

1. 설탕에는 섬유질이 없다

설탕의 원료 작물인 사탕수수나 사탕무를 그대로 먹으면 아무런 문제가 없다. 자연의 식물체 속에는 항상 필요한 양의 섬유질이 함유되어 있기 때문이다. 그러나 선부른 기술을 동원한 제당업자들은 이 섬유질을 모두 빼버렸다. 즉, 설탕 속에는 귀중한 섬유질이 전혀 들어있지 않다.

섬유질이 없는 당류엔 어떤 문제가 있을까? 설탕은 우리 몸에서 혈당치를 급작스럽게 올린다고 했다. 그래서 혈당관리시스템을 혼선에 빠뜨린다고 했다. 중요한 것은 혈당치가 갑자기 올라가는 이유다. 그 열쇠를 쥐고 있는 것이 바로 섬유질이다. 만일 설탕에 섬유질이 자연 상태와 같이 존재한다면 혈당치의 급격한 상승은 없을 것이다. 이 사실이 설탕의 문제점을 이해하는 데에 대단히 중요한 포인트다.

섬유질과 혈당치의 관계를 간명하게 보여주는 실험이 있다. 영국 당뇨병학회를 이끌고 있는 데이비드 젠킨스(David Jenkins) 박사는 사과를 먹는 방법에 따라 혈당치가 어떤 차이를 보이는지 조사했다. '사과를 그대로 씹어먹는 경우', '강판에 갈아서 먹는 경우', '주스의 형태로 즙을 내서 먹는 경우' 등 세 가지 방법으로 사과를 먹은 뒤 동일한 조건에서 혈당치 변화를 측정했다.

결과를 보니 즙을 내서 먹었을 때 혈당치가 가장 빠르게 상승한 뒤 하락했다. 그대로 씹어먹었을 때는 완만하게 상승한 뒤 서서히 하락하여 안정적으로 유지되는 것으로 나타났다. 강판에 갈아서 먹었을 때는 두 방법의 중간 수준에서 변화했다.[*1]

사과를 씹어 먹는 경우는 자연스럽게 섬유질까지 섭취한다. 그러나 즙을 낸 주스는 섬유질이 거의 걸러져 있다. 그는 이 결과를 섬유질의 존재 여부에 의한 차이로 결론짓고, 미국 상원 영양특위에서 이렇게 보고했다. "섬유질이 들어있는 식품을 섭취한 경우, 당 성분 흡수 속도는 췌장으로부터의 인슐린 분비 속도와 잘 조화되어 이상적인 혈당치 변화를 보여준다."[*2]

이 실험은 우리가 몸에 좋다고 알고 있는 과일주스가 과일을 그대로 씹어 먹는 것보다는 혈당관리 측면에서 불리하다는 사실을 분명하게 일깨운다. 훗날 학자들은 당 식품의 흡수속도 차이를 수치로까지 나타냈다. 그것이 바로 앞에서 언급했던 '당지수(GI)'다. 사과의 당지수는 53인데 비해 사과주스는 59다.[*3]

저혈당 연구의 권위자인 미국의 리차드 헬러(Richard F. Heller) 박사도 같은 맥락에서 섬유질의 중요성을 강조하고 있다. 그는 "천연식품 가운데에도 설탕 같은 단순당들이 들어있는 경우가 많다. 그러나 이들 단순당은 자연계에서는 결코 단독으로 존재하지 않는다. 항상 섬유질과 함께 존재한다. 덕분에 단순당들의 소화 · 흡수 기작이 자연스럽게 통제된다"고 말한다.

헬러 박사는 "인체는 섬유질이 제거된 과일주스나 단순당으로 만든 청량음료, 캔디 등을 소화하기에 적합하지 않다"고 말한다. 하지만 오늘날의 식품 소비자들은 이러한 부적절한 식품들에 무방비한 상태로 노출돼 있으며 당연히 혈당관리 문제, 인슐린 기능 장애가 발생할 수밖에 없다고 지적한다.[*4]

2. 설탕에는 미량 영양분이 없다

설탕을 만드는 방법은 보통 세 단계 공정을 거친다. 사탕수수 또는 사탕무에서 즙액을 짜내어 걸쭉한 형태의 원당(原糖)을 만드는 1단계 공정과, 이 원당을 정제하여 불순물을 제거하는 2단계 공정, 정제 원당에서 설탕을 분리하는 3단계 공정이다.

1단계 공정에서는 석회를 가하여 중화한 뒤 가열 · 농축하는 작업이 이루어진다. 2단계 공정에서는 각종 흡착제와 이온교환수지 등을 이용하여 불순물을 제거하는 작업이 이루어진다. 3단계 공정에서는 '재결정'이라는 분리기술을 사용하여 설탕만을 빼내는 작업이 이루어진다. 마지막 공정의 재결정 기술에는 가열 · 농축 작업이 또 필요하다.

여기서 우리가 주목해야 할 대목이, 가열 · 농축 작업이 두 번 있고 매 공정마다 이물질을 제거하는 정제작업이 있다는 점이다. 석회를 가하여 중화시키는 작업에 사실은 정제 효과가 있고, 최종 작업인 재결정은 고순도 물질을 얻기 위한 가장 효율적인 물리적 정제기술이다.

이런 고강도 정제과정을 거쳐 얻은 설탕은 순수함 그 자체다. 설탕 성분 외에 다른 물질이 거의 없다. 식품위생법에서 정하는 설탕의 규격기준을 보면 수크로스(sucrose)라고 하는 자당 성분이 99.7퍼센트 이상이다. 나머지 0.3퍼센트도 안 되는 부분은 미량의 수분, 다른 형태의 당류, 무기물 등이 차지한다. 이 규격을 충족하지 못하면 설탕이라고 부를 수가 없고 판매도 할 수 없다.[*5] 설탕을 비롯한 단순당들을 흔히 정제당이라고 부르는 이유다.

설탕이 순수하다는 것은 무슨 뜻일까? 매우 위생적이라는, 좋은 의미로 해석할 수 있는 것일까? 일본의 저명한 약리학자인 니혼대학 다무라 도요유키 박사는 일찍이 설탕 대사 과정에서 치명적인 문제점을 확인한다. 체내에서 비타민과 미네랄을 소모한다는 사실이다. 이들 두 성분은 현대인에게 가장 결핍되기 쉬운 소중한 영양소라는 점에서 이 사실은 매우 중요하다.

중 · 고등학교 시절, 생물시간에 공부했던 '해당(解糖)작용'을 돌이켜보자. 당 분자는 체내 각 세포에서 피루브산(pyruvic acid)이라는 중간물질을 거쳐 에너지가 된다. 다무라 박사는, 이 생화학반응에는 반드시 비타민B가 수반돼야 한다고 말한다. 그 점이 당 대사에서 비타민이 필요한 이유다.

당 대사가 진행되나 비타민B가 충분하지 못할 때는 젖산이 만들어진다. 설탕을 구성하는 포도당과 과당이 산성인 데다가 대사과정에서 또 젖산과 같은 산성 물질이 만들어지면 무슨 일이 일어날까? 우리 몸의 산성화를 더욱 촉진할 터다. 중성으로 유지되도록 설계되어있는 우리 몸에서는 산성을 중화하고자 하는 강력한 반작용이 나타난다. 이때 필요한 성분이 중화제다. 산성에 대한 중화제는 당연히 알칼리성 물질이어야 하고, 그것이 바로 미네랄이다.

인체 내에 미네랄은 수많은 종류가 있지만, 그중 중화제로 가장 각광받는 성분이 칼슘이다. 칼슘은 혈액에도 녹아있고, 뼈를 비롯한 몸 전체의 조직에 두루 분포되어 있다. 처음에는 체내에 유리되어 있는 칼슘이 사용되지만 차츰 신체 조직의 성분까지 녹아나오는 상황이 발생한다. 이 결과는 당연히 칼슘 결핍 현상으로 이어지며, 나아가 골세포나 혈관세포 등의 부실을 부르는 원인이 된다.[*6]

건강 전문가들이 흔히 설탕을 백해무익한 식품이라고 단언하는 이유가 여기에 있다. 필수 영양소 없이 오직 칼로리로만 이루어진 백색 알갱이, 그래서 오히려 힘들게 저축해 놓은 비타민과 미네랄이나 축내는 천덕꾸러기, 그게 바로 설탕인 것이다. 칼로리는 현대인에게 너무 넘쳐서 탈이 아닌가?

이 문제는 백미와 백밀가루를 주식으로 하는 문명국 주민에게 더욱 치명적이다. 백미와 백밀가루 역시 도정에 의해 섬유질과 영양성분이 제거됐다는 점에서 정제당과 같은 개념의 '정제곡물'이기 때문이다. 정제당과 정제곡물을 같이 먹었을 때 영양소 유실로 인한 위험성은 더더욱 상승한다.

달콤한 복마전

너무 깨끗이 씻어 '자당 결정'만 덩그러니 남아있는 칼로리 덩어리. 그것이 정제당을 대표하는 설탕이다. 이 말은 정제당에는 설탕만 있는 것이 아니라는 뜻이다. 그렇다. 정제당의 이름표를 달고 있는 당류는 꽤 많다.

설탕에 버금가는 위상을 자랑하는 정제당이 과당과 포도당이다. 특히 과당은 최근 들어 사용량이 비약적으로 늘어나고 있다. 또 자연 냄새가 물씬 풍기는 갈색설탕(황설탕)이나 흑설탕(삼온당)도 외관만 다를 뿐 정제당이라고 봐야 한다. 시중의 일반 흑설탕엔 해로운 색소가 사용된다는 점을 주목하자.

시럽당, 즉 액당(液糖)은 어떤가? 오래전부터 시럽당을 대표해온 액당이 물엿이다. 요즘엔 시럽상의 과당인 액상과당이 사용량으로 볼 때 물엿을 압도한다. 이 액상과당은 최근 '기타과당'으로 이름이 바뀌었다. 또 빼놓을 수 없는 시럽당이 올리고당이다. 올리고당은 다른 시럽당과 달리 기능적 특성이 있어 '귀공자 당류'라는 인식이 있다. 이 시럽당들의 특징은 하나같이 무색투명하다는 점이다. 결국 이들 시럽당도 정제당이라는 뜻이다.

무색투명하지는 않지만 슈거시럽, 카페시럽, 요리당, 카라멜시럽 따위의 시럽당도 있다. 역시 정제당에 속하는 액당들이다. 제품에 따라 다른 감미 소재나 첨가물을 섞곤 한다. 색깔이 있는 것은 추가로 가열하여 갈변시켰든가 색소를 썼기 때문이다.

약 1억 3,000만 톤. 전 세계의 연간 설탕 생산량이다. 서울 삼성동 아쿠아리움을 6만 5,000번이나 채울 수 있는 물량이다. 설탕만 그러하니 정제당 전체로 치면 어마어마할 터다. 상상을 초월하는 양의 '백색 칼로리 덩어리'가 세계 도처에 깔려있는 제당공장에서 매년 쏟아져 나온다.

이들 공장에서 처리하는 원료 작물을 생각해보자. 설탕의 수율을 고려할 때, 그 양의 열 배에 해당하는 사탕수수나 사탕무가 필요하다는 이야기가 된다. 지구촌 제당산업의 규모를 족히 짐작하고도 남을 숫자다. 그 많은 정제당이 매년 사람의 입을 통해 사라진다. 오죽하면 설탕을 '가공식품 산업의 쌀'이라고 할까?

그토록 중요한 설탕, 아울러 같은 집안 식구들인 각종 정제당들. 이 물질들에 대한 올바른 이해 없이는 식품과 건강의 연결고리를 이야기할 수 없다. 여기서 잠시 동서고금의 몇몇 유명 인사들의 '설탕관'을 간단히 짚고 넘어가자.

"설탕은 독약이에요. 그걸 먹는 건 자살행위나 마찬가지죠."

20세기 미국 영화계를 풍미했던 여배우 글로리아 스완슨(Gloria Swanson). 일흔이 넘어서도 젊은 시절의 매력적인 외모를 간직할 수 있었던 그녀는 설탕을 '독약'이라고 정의했다.*1 그녀가 노화를 거부하고 만년까지 건강미를 자랑할 수 있었던 비결은 바로 설탕을 멀리하는 독특한 건강식에 있었다.

'설탕은 독약'이라는 촌철살인(寸鐵殺人)의 한마디는 스완슨이 「뉴욕포스트」 수석기자인 윌리엄 더프티(William Dufty)에게 사석에서 던진 충고다. 그녀에게 감화된 더프티는 설탕의 해악을 고발하는 세기의 명저 『슈거블루스(Sugar Blues)』를 쓴다. 훗날 그는 20살이나 연상인 그녀와 결혼한다.

"설탕은 근대문명이 극동과 아프리카에 제공한 최대의 악(惡)이다."

일본인 민간치료사 사쿠라자와 료이치는 장수건강법으로 익히 알려져 있는 '매크로바이오틱스(macrobiotics)'의 창안자다. 오랜 동안 미국에서 활동해온 그는 세계 최초로 설탕의 위험성을 경고한 사람으로 유명하다. 그는 저서『당신들은 모두 '삼백(三白)'이다』에서 설탕을 근대문명이 낳은 최대의 악으로 규정했다.[*2]

"설탕은 독극물로 분류해야 한다."

서양에서 설탕 연구의 선구자로 알려져 있는 윌리엄 코다 마틴(William Coda Martin) 박사는 설탕을 가리켜, 인체 내에서 촉매의 활성도를 낮추고 질병을 일으키는 물질이라고 말했다. 그런 이유에서 박사는, 설탕은 의학적 · 이학적 정의상 독극물에 해당한다고 주장했다.[*3]

"설탕의 과잉섭취는 범죄 심리와 밀접한 관계를 갖는다."

미국의 실험심리학자이며 정신건강치료사인 알렉산더 샤우스(Alexander Schauss) 박사는 저서『식사와 범죄 그리고 비행』에서 설탕의 과잉섭취가 정신질환을 유발한다고 적고 있다. 또한 그는 설탕이 각종 범죄 심리를 조장할 수도 있다고 경고한다.[*4]

"설탕은 마약이다."

일본의 식이요법 연구가인 오이타 대학 이노 세츠오 교수는 어린 시절, 설탕투성이인 팥소를 먹고 환각상태에 빠졌던 경험이 있다. 그는 설탕이 체내에서 마약과 같은 작용을 한다고 말했다.[*5]

"설탕은 식품으로 적합하지 않다."

분자교정(分子矯正)의학의 선구자인 캐나다의 아브람 호퍼(Abram Hoffer) 박사는, 설탕은 알코올로 만들어 자동차 연료로 쓰기에나 적합한 물질이라고 폄하했다. 박사는 「정신분열증 환자에 대한 메가비타민 B3 요법」이라는 논문에서도 설탕의 유해성을 지적하며, 특히 환자에게는 설탕이 들어있는 식이 프로그램을 제공하면 안 된다고 밝히고 있다.[*6]

왜 여기 등장하는 명사(名士)들은 우리가 늘 먹고 있는 설탕에 대해 이와 같이 끔찍한 독설을 퍼붓고 있는 것일까? 그들의 발언은 어느 정도 근거를 가지고 있는 것일까? 여기서 한 가지 주시해야 할 점은 이들이 모두 식품 · 건강에 관한 한 전문가라는 사실이다.

외로운 뇌세포

단것이 몸에 좋지 않다는 건 상식이다. 누구든 비만과 충치를 연상하고 당뇨병을 생각하기 때문이다. 물론 이 문제들은 신체건강상의 개념이다. 이런 인식을 가지고 있는 우리는 설탕의 폐해를 신체건강의 테두리 안에서만 생각하기 쉽다. 일반 소비자는 물론이고 식품이나 영양학을 전공한 사람, 의료업계에 종사하는 사람까지도 그런 경향이 있다.

그러나 앞에서 제시한 가이랜드의 저혈당 리스트를 보자. 이채롭게도 정신건강 문제가 더 많이 거론되어 있다. 실제로 관련 연구들을 들여다보면 정제당 문제에 정신건강 쪽의 내용이 더 많음을 알 수 있다. 우리가 알고 있는 설탕의 유해성에 대한 상식은 반쪽에 불과하다는 뜻이다.

유감스럽게도 우리나라에는 아직 이 저혈당증에 대한 자료가 없다. 인식도 거의 없다. 조사해보면 평범해 보이는 수많은 사람들이 저혈당증으로 고통 받고 있을 가능성이 클 텐데 말이다. 식생활을 개선하면 간단히 치료할 수 있는, 정신병원의 많은 환자들이 엉뚱한 치료법으로 고생하며 오히려 증상을 악화시키고 있을지도 모른다.

이 점에 대해서는 심리영양학이 앞서 있는 일본도 크게 다르지 않다. 건강 저널리스트인 이마무라 고이치는 "일본 의사들 가운데엔 아직도 저혈당증에 대해 모르는 경우가 많다"고 토로한다.[*1]

저혈당과 정신건강의 연결 끈을 풀기 위해서는 뇌의 에너지 대사를 알아둘 필요가 있다. 정제당이 저혈당을 유발하는 과정은 앞에서 알아본대로다. 저혈당 상태가 되면 신체 세포는 물론이고, 뇌세포도 포도당을 제대로 공급받지 못하게 된다. 일종의 '에너지 쇼크' 상태가 되는데, 이 피해는 뇌에 더 크게 나타난다. 신체 세포들은 포도당 외에 지방(脂肪)도 에너지원으로 이용할 수 있는 반면에 뇌세포는 오직 포도당만을 에너지원으로 쓰기 때문이다.[*2] 이 사실이 왜 중요할까?

저혈당 환자는 대부분 '고인슐린혈증'인 경우가 많다. 혈액 내 인슐린 함량이 높은 현상이 고인슐린혈증이다. 고농도의 인슐린은 포도당을 신체 세포로 왕성하게 보내준다. 그러나 뇌세포 쪽으로는 여간해서 보내주지 않는다. 인슐린은 뇌의 포도당 대사와 무관하기 때문이다.

거듭된 정제당 탐닉으로 저혈당 증상이 있는 사람을 생각해보자. 이 사람이 또 정제당을 먹으면 어떤 일이 생길까? 혈당치가 급격히 올라갈 터고 이에 따라 과량의 인슐린이 왈칵 분비될 터다. 갑자기 늘어난 인슐린은 에너지원인 포도당을 뇌로 보내기보다는 근육 · 심장 · 폐 · 간장 · 지방세포 등으로 보낸다. 가장 중요한 기관인 뇌가 시쳇말로 '왕따' 당하는 꼴이다. 당 대사를 연구하는 학자들은 이 현상을 '뇌와 신체 세포 사이의 에너지 경합'이라는 표현으로 설명한다.[*3]

이 사람의 당 탐닉 현상은 여기서 끝나지 않는다. 순식간에 혈당치를 낮춰버린 인슐린은 시상하부에게 또 다른 정제당을 갈구하게 만든다. 그 사람은 다시 정제당 식품을 먹는다. 종전과 똑같은 대사 경로를 밟으며 당 탐닉 현상이 되풀이된다. 이것이 바로 정크푸드가 정크푸드를 부르는, 리차드 헬러 박사의 '당 중독' 이론이다.[*4]

요컨대 저혈당 증상이 있는 사람이 정제당을 지속적으로 섭취하면 뇌는 필연적으로 기근에 시달릴 수밖에 없다. 에너지원이 고갈된 뇌는 정상적인 기능을 수행하지 못한다. 이것이 바로 정제당이 정신건강을 해치는 원리다.

정제당의 숙명

정제당은 자연의 섭리를 거역한 식품이다. 자연 속에 존재하는 영양분을 강제로 빼냈기 때문이다. 이런 정제당은 우리 몸의 혈당관리시스템을 교란하고 저혈당증을 유발한다. 저혈당증은 뇌 기능에 치명적인 문제를 일으킨다.

뇌 기능뿐만이 아니다. 정제당은 현대병인 생활습관병의 직접적인 원인이다. 각종 난치병 및 퇴행성질환과도 연결되어 있다. 이것이 이제까지 우리가 추적해온 정제당의 정체다. 이를 주요 내용 중심으로 정리해보면 이렇다.

1. 저혈당증을 당뇨병으로 발전시킨다

당뇨병에는 두 가지가 있다. '제1형 당뇨병'과 '제2형 당뇨병'이다. 인슐린 의존성인 제1형 당뇨병은 선천적으로 인슐린 분비가 정상적으로 이루어지지 않음으로써 발병한다. 이를테면 '소아당뇨병'이 여기에 해당된다.

인슐린 비의존성인 제2형 당뇨병은 주로 후천적인 요인에 의해 발병한다. 잘못된 식생활과 관련된 당뇨병이 바로 이 형태다. 그래서 이 당뇨병은 생활습관병으로 불린다. 오늘날 당뇨 환자의 대부분이 이 제2형 당뇨병이다. '21세기의 에이즈'로 불릴 정도로 최근 들어 기하급수적으로 늘어나고 있다.

앞에서 우리는 정제당 탐닉이 저혈당증을 부르는 과정을 추적한 바 있다. 저혈당증은 인슐린저항을 일으킨다고 했다. 인슐린저항 상태가 되면 세포에서는 에너지 쇼크가 발생할 수 있다고 했다.

문제는 여기서 끝나지 않는다. 인슐린저항에 돌입한 현재의 혈당치는 어떤가? 신체의 세포들이 혈중 포도당을 소비하지 못함에 따라 혈당치는 높은 상태로 유지되고 있다. 이를 감지한 뇌의 시상하부는 췌장으로 하여금 더 왕성하게 인슐린을 분비하도록 지령을 보낸다. 혈액 내 인슐린 농도가 더욱 늘어나고 비정상적으로 항진한다. 이것이 앞에서 잠깐 언급한 '고인슐린' 현상이다.

고인슐린 현상은 췌장이 과로했음을 의미한다. 인슐린을 만드느라 격무에 시달렸기 때문이다. 이런 상황이 자주 발생하면 췌장은 기진맥진한다. 종국에는 기능이 마비된다. 인슐린 분비기능이 마비되면 모든 게 끝장이다. 당 대사의 악순환이 최악의 상태에서 막을 내리는 것이다. 이때 우리는 '당뇨병에 걸렸다'고 한다. 설탕식품 탐닉에서부터 시작되는 제2형 당뇨병 발병의 메커니즘이다.

이 이론을 뒷받침하는 전문가들의 연구는 무수히 많다. 인슐린을 발견한 공로로 노벨상을 받은 밴팅 박사도 당뇨병의 주범으로 설탕을 든다. 박사는 "미국의 당뇨병 발병률을 보면 설탕 소비량에 비례하여 증가한다"고 말하며, 설탕 소비 자제를 촉구하고 있다. 그는 설탕의 이런 위험성은 순전히 자연의 당을 정제하기 때문에 생긴다고 지적했다.[*1]

또 당 대사 연구 전문가인 헬러 박사는 "아무리 당뇨 병력이 있는 사람이라도 제1형 당뇨병(아예 인슐린 생산량이 고갈된 경우)이 아닌 바에는 균형된 식생활을 실천함으로써 당뇨병의 발병을 막을 수 있다"고 주장한다. 박사가 말하는 '균형된 식생활'이란 인슐린 분비를 급격히 변화시키지 않는 자연식 섭생을 일컫는다.[*2]

일단 당뇨병에 걸리면 인슐린을 평생 외부에서 조달해야 한다. 오늘날 황금알을 낳고 있는 인슐린 산업의 든든한 후원자가 또 한 명 늘어나는 것이다. 현재 전 세계적으로 약 2억 명. 그 대열에 기꺼이 동참하는 사람들의 숫자이다. 현대 의학은 아직 당뇨병의 완치법을 찾아내지 못하고 있다.

2. 암의 원인이 된다

"인슐린은 종양세포의 비료다." 많은 의학자들 사이에서 폭넓게 지지받고 있는 정설이다. 이 사실을 가장 잘 뒷받침하는 연구가 국제암연구회장인 이탈리아의 의학자 실비아 프란체스키(Silvia Franceschi) 박사팀의 논문이다. 박사팀은 각계의 여성 2,500명을 표본으로 한 연구에서 유방암의 결정적인 원인이 고농도의 당 함유 식품이라고 결론을 내린다.[*3] 당 식품이 고인슐린 현상을 유발한 탓이다.

인슐린과 암세포의 연결 고리에 대한 가설은 이미 이전에 증명되었다. 텍사스 대학 암센터의 스테펜 허스팅(Stephen D. Hursting) 박사팀은 동물실험에서 인슐린 주사가 유방암 세포의 생장을 촉진한다고 발표한 바 있다.[*4]

이 분야의 연구는 주로 미국인 과학자들을 중심으로 활발히 이루어졌다. 해당 분야 연구 전문가인 헬러 박사 역시 과량의 당분 섭취가 고인슐린 현상을 불러오고, 이 고인슐린혈증이 암세포 생장을 돕는 수순으로 이어진다고 설명한다. 박사는 종양세포의 활성화를 막기 위해서는 체내 인슐린 농도의 상승을 막는 균형식의 실천이 중요하다고 주장한다.

최근 연구로는 하버드 대학 보건대학의 테러사 풍(Teresa Fung) 박사의 보고가 있다. 박사는 여성 간호사 7만여 명을 대상으로 12년에 걸쳐 이루어진 조사에서 인슐린 분비를 증가시키는 식품이 결장암 발병률을 높인다고 결론지었다.[*5] 이 결과는 남성들에게도 그대로 적용된다.

3. 심혈관질환을 부른다

모든 만물에는 명암이 있게 마련인가? 우리 몸의 에너지 대사에 없어서는 안 될 소중한 호르몬인 인슐린에도 어두운 일면이 있다. 엉뚱하게 암세포의 생장을 촉진하는 점이 그것이다. 문제는 이 호르몬에 어두운 일면이 또 있다는 사실. '인슐린과 지방(脂肪)의 숙명적인 관계'를 빼놓을 수 없다. 혈당을 낮추는 인슐린의 기능에는 유감스럽게도 지방을 만드는 기능이 숨어있다.

만성적 당 탐닉자의 몸 안에는 일반적으로 지방성분이 넘친다. 에너지로 소모되지 않고 남은 과잉의 혈중 포도당이 융통성 없는 인슐린에 의해 모조리 지방으로 바뀌기 때문이다. 이른바 고지혈증이다. 이렇게 되면 혈액에는 물론이고 세포에도 지방으로 문전성시를 이룬다. 리차드 헬러 박사는 아예 고지혈증의 원인을 지방 식품보다는 정제당 식품이라고 단언할 정도다.[*6]

정제당이 심혈관질환을 부른다는 이론은 일반인에게 다소 생소할 듯 보이나 알고 보면 당연한 이야기다. 고지혈증이 문제의 출발점이기 때문이다. 이에 대해서는 미국 공익과학센터(CSPI)의 마이클 제이콥슨(Michael F. Jacobson) 박사가 일목요연하게 설명한다. 설탕의 과잉섭취가 인슐린저항을 낳고, 인슐린저항은 고지혈증을 부르며, 고지혈증은 고혈압과 동맥경화를 일으키는데, 그것이 결국 심장병의 원인이 된다는 것이다.[*7]

이 내용은 또한 미국의 건강 저널리스트 윌리엄슨의 저서『혈당블루스』에서도 심도 깊게 다루어지고 있다. 저자는 인슐린과 고혈압의 관계를 집중 조명한다. 그는 비만하지 않은 사람이 고혈압 증상이 있는 경우, 상당수가 인슐린저항을 보인다는 사실을 지적하며, 혈액 내 인슐린 농도를 낮춤으로써 고혈압을 줄일 수 있다고 설명한다.[*8]

인슐린과 고혈압의 관계에 대한 이론은 미국 노스웨스턴 대학 루이스 랜즈버그(Lewis Landsberg) 박사의 연구에서도 검증되고 있다. 박사는 혈압의 민감도분석 연구에서 원인이 불명확한 고혈압 환자의 경우 대부분 고인슐린증이 그 원인인 경우가 많다고 보고했다.[*9]

요컨대 정제당의 무분별한 섭취는 인슐린 과잉을 낳고, 이로 인한 고인슐린 현상은 고지혈증을 부르는가 하면, 혈관을 부실화하여 혈류를 방해하기도 한다.

이 결과는 고혈압이나 동맥경화의 원인이 되고, 결국 치명적인 심장병이나 뇌졸중 등의 혈관질환으로 이어진다.

4. 치매의 원인이다

노년기 안녕을 위협하는 질병 가운데 하나가 치매다. 치매 하면 보통 노인성 치매를 일컫는데, 가장 흔한 형태가 이른바 알츠하이머병이다. 최근 들어 이 치매의 원인으로 정제당을 지목하는 과학자들이 부쩍 늘고 있다. 그 연결 고리를 파헤쳐보면 '크롬'이라는 물질이 등장한다.

크롬은 인체 내에서 매우 중요한 역할을 하는 미네랄이다. 대표적인 역할의 하나가 인슐린 기능을 활성화시켜 당 대사를 돕는 일이다. 미국 농무부 영양연구센터의 리처드 앤더슨(Richard A. Anderson) 박사는 "크롬이 결핍되면 혈당치의 항상성(恒常性) 유지가 불가능하다"고 말한다. 여기서 또 악역을 수행하는 것이 바로 정제당이다. 귀중한 크롬을 무의미하게 소모시켜 버리기 때문이다.*10 인슐린으로서는 믿음직한 조력자 하나를 잃는 셈이다.

일본의 심리영양학자 오사와 히로시 교수도 이 이론에 힘을 싣는다. 교수는 치매환자의 머리카락을 분석하던 중, 유독 크롬이 정상인에 비해 뚜렷하게 낮은 사실을 발견한다. 그는 이 결과를 보고 치매 노인들은 평소 단것을 즐겨먹을 가능성이 많으며, 그로 인한 저혈당 현상이 치매의 한 원인이 될지 모른다는 가설을 세운다.

그러나 이 가설의 검증이 쉽지 않았다. 치매군과 비치매군의 혈당곡선을 그리는 것이 현실적으로 불가능했기 때문이다. 좀 더 간편한 검증 계획을 검토하던 그는, 다음 두 가지의 유력한 자료를 얻게 된다.

하나는 도쿄 요쿠후카이 병원 부원장인 시노하라 츠네키 박사의 조사 보고서였다. 이 보고서는 병원에 입원하고 있는 치매 노인 49명을 심층 조사한 결과, 이들 중에는 어렸을 때부터 단것을 좋아한 사람들이 치매에 걸리지 않은 노인에 비해 현저히 많았다고 밝히고 있었다. 이들은 특히 과자류를 많이 먹은 것으로 조사되었는데, 그 비율이 비치매군에서는 36퍼센트에 불과했지만, 치매군에서는 83.7퍼센트나 되었다는 것이다.[*11]

또 하나는 스웨덴 우메아(Umeâ) 대학의 게스타 부히트(Gosta Bucht) 박사팀이 연구한 '혈당과 노인성 치매의 관계'에 대한 논문이었다. 이 논문은 알츠하이머형 치매환자 중에는 고혈당 증상을 보인 사람은 한 명도 없었고, 대체로 인슐린 분비가 너무 많아 혈당치가 낮은 경향을 보였다고 밝히고 있었다.[*12] 두 자료는 치매의 원인을 저혈당과 연관지으려는 오사와 교수의 가설을 자연스럽게 검증해준 셈이었다.

그 결과는 미네랄이 인간 심리에 미치는 영향을 연구해온 미국의 래리 크리스텐슨(Larry Christensen) 박사의 연구와도 일맥상통했다. 박사는 크롬이 혈당치를 이상적으로 조절해서 뇌 기능의 손상을 막아준다고 발표한 바 있다. 박사는 크롬이 결핍된 우울증 환자들이 기분전환을 위해 당분을 섭취하는 사례를 자주 본다며, 이는 매우 위험한 일이라고 지적한다. 이렇게 섭취한 당분은 오히려 크롬 부족 문제를 부채질하고, 뇌 건강을 더 악화시킨다는 것이다.[*13]

5. 근시(近視)의 주범이다

요즘 초등학생은 거의 절반가량이 시력에 이상이 있는 것으로 보고되고 있다. 유치원생은 3명 가운데 1명꼴로 안과적 이상 증상을 가지고 있다고 한다. 물론 대부분의 경우 근시가 문제다. 이 근시의 원인으로 잘못된 식생활을 들며, 특히 과도한 정제당 섭취가 그 주범이라는 연구들이 발표되고 있어 흥미를 끈다.

식생활과 시력의 관계에 대한 연구는 일본에서 비교적 활발한 편이다. 일본의 학회 회장 누마타 이사무 박사는 저서에서 "유치원 세 곳에서 원아들의 시력을 측정한 결과 0.9 이하인 아동이 약 절반이나 되어 충격이었다"고 술회한다. 박사는 이와 같은 조기 시력장애의 원인으로 설탕의 과잉섭취를 지목한다. 통계자료를 보더라도 아동 근시 발생률은 충치와 마찬가지로 설탕의 1인당 소비량 변화에 따라 움직인다는 것이다.*14

왜 이런 일이 생기는 것일까? 안과의사인 야나기사와 도미오 박사의 '혈액 산독증(酸毒症) 이론'을 보자. 이 이론은 산성식품인 정제당을 과잉 섭취할 경우 체내 '산-염기 평형'이 깨지는 상황을 상정한다. 이때 망막의 시세포(視細胞)에도 산성물질의 유입이 늘어나는데, 그로 인해 안막(眼膜)이 얇아지고 약해진다는 것이 요지다. 박사는 안막에 이런 변화가 생기면 안구 앞뒤의 길이가 길어져 결국 근시를 촉진한다고 주장한다.*15

한편, 일본 근시예방대책연구소에서는 정제당과 근시의 관계를 약간 다른 각도에서 설명하고 있다. 그들의 이론은 정제당에 의한 영양분 유실 문제를 지적한다. 정제당의 과잉섭취가 체내 칼슘 결핍을 유발하는데, 그로 인해 안구(眼球) 뒷부분의 섬유막인 공막(鞏膜)이 쇠약해져 안구의 길이가 늘어난다는 것이다.

이 점에 대해서는 도쿄시력회복센터의 나카가미 노리마사 이사장도 같은 이론을 펴고 있다. 그는 아동의 시력도 체력과 마찬가지로 식생활에 의해 좌우된다고 말한다. 정제당 섭취로 칼슘 부족 문제가 생기면 공막의 탄성이 떨어지는데, 이 결과는 안구를 늘어나게 하고 결국 근시를 만든다는 것이다.*16

정제식품이 안구 발달에 악영향을 미친다는 이론은 미국인 학자에 의해서도 이미 제기된 바 있다. 콜로라도 대학의 로렌 코데인 박사팀은 "설탕과 같이 인슐린 수치를 올리는 식품은 안구 발달을 저해하고 근시나 원시의 원인이 된다"는 논문을 발표했다. 이 연구팀은 잘못된 식생활이 지속되면 한 세대 안에서도 근시가 빠르게 진행될 수 있다고 경고했다.[*17]

6. 범죄와 청소년 비행의 원인이다

'교내 폭력', '엽기 행각', '자살 바이러스'와 같은 해괴한 단어들이 청소년 문제를 보도하는 언론에 자주 등장한 지 오래다. 우리 사회의 정체성을 뒤흔들 법한 이 문제들 뒤에도 잘못된 식생활이 개입돼있다는 사실을 생각해본 사람이 있는가? 선진국의 과학자들은 이미 이 분야의 연구를 완료해놓은 상태다. 역시 정제당이 그 중심에 있다.

이 분야 연구의 선구자적 인물은 바로 미국의 실험심리학자이자 정신건강치료사인 알렉산더 샤우스(Alexander Schauss) 박사다. 그는 저서 『식사와 범죄 그리고 비행』을 통해 일찍이 저혈당으로 인한 정신불안이 청소년 비행과 범죄의 중요한 원인이라고 갈파했다.

샤우스 박사는 저서에서 교도소나 소년원 재소자들의 과거 식생활을 면밀히 조사함으로써 그들이 유달리 단것을 좋아했던 사실, 현재는 그들 대부분이 저혈당 증상을 안고 있는 사실, 과감한 식생활 개선을 통해 저혈당증을 치료하자 정서 안정을 되찾아간 사실 등을 하나하나 소개하고 있다. 박사는 교도소나 소년원에서 가장 시급히 추진해야 할 일이 식단 개선이며, 청량음료나 각종 정크푸드 판매시설도 하루빨리 추방해야 한다고 지적하고 있다.[*18]

정제당과 범죄 심리의 연관성을 추적하다 보면 정점에서 만나는 학자가 있다. 미국의 자폐증 연구가인 버나드 림랜드(Bernard Rimland) 박사다. 그는 논문에서 영양분 결핍 현상에 대해 접근한다. 설탕 등 유해 물질들이 남용된 정크푸드를 자주 먹으면 체내에서 비타민과 미네랄이 부족해지는데, 이 결과가 뇌 기능에 이상을 주고 정서불안을 일으킴으로써 범죄 심리를 낳는다는 것이다.[*19]

분자교정의학의 거장 아브람 호퍼 박사의 연구도 흥미를 끈다. 이른바 '아드레노크롬(adrenochrome)설'이 그 요지다. 정제당을 탐닉하여 저혈당이 되면 인체는 에너지 쇼크를 막기 위해 아드레날린을 분비한다. 아드레날린은 체내에서 아드레노크롬이라는 물질로 변한다. 이 아드레노크롬이 문제다. 정신분열증의 원인이자 마약 성분인 메스칼린(mescaline)의 유효성분과 동일하기 때문이다.[*20] 아드레날린을 공격호르몬으로 부르는 이유다.

이 분야의 연구를 추적해보면 정제당을 마약과 결부시키는 이론이 점차 새로운 학설로 자리 잡고 있는 느낌이다. 앞에서 일본 오이타 대학의 이노 세츠오 교수도 '설탕은 마약'이라고 정의하지 않았던가?

정제당의 유해성은 마치 양파 껍질 같다. 과학자들은 계속 새로운 연구를 발표하고 있다. 골다공증 · 담석증 · 류머티즘 등과의 관련성도 보고되고 있는가 하면, 팬데믹 시대를 겪으며 면역력 저하 또는 항균력 감퇴 문제도 현대인에게 큰 위협으로 다가오고 있다. 앞으로 과학자들이 들춰내는 정제당의 새로운 '흉기'는 계속 늘어날 것임에 틀림없다.

과당 대안론의 허구

"설탕 먹으면 안 되는 사람이 먹는 거 있죠?"

약국에서 당뇨병 환자들이 묻는 말이다.

"여긴 설탕이 안 들어 있네."

슈퍼에서 청량음료를 고르는 소비자가 하는 말이다.

한때 설탕을 기피하는 당뇨 환자를 중심으로 엄청난 양의 '과당'이 팔려나간 적이 있다. 가공식품에는 설탕 대신 과당을 사용한 제품들이 눈에 많이 띈다. 특히 음료의 경우 그렇다. 분명 설탕을 사용하지 않았으니 '슈거리스(sugarless)'인 셈이다. 과당은 과연 소비자들이 이렇게 안심하고 섭취해도 되는 당인가?

과당은 주로 과일에 많이 들어있는 당이다. 그래서 과당(果糖)이라고 부른다. 물론 과당이 과일만의 전유물은 아니다. 일반 식물계에도 널리 존재한다. 과당 단독으로 존재할 수도 있고, 다른 성분과 결합된 형태로도 존재할 수 있다.

가장 흥미를 끄는 사실은 과당이 설탕을 구성하는 성분으로 존재한다는 사실이다. 설탕 1분자가 과당 1분자와 포도당 1분자로 이루어진다는 점은 당류의 기본 상식이다. 이것을 알면 설탕 속에는 과당이 약 절반가량 들어있다는 사실도 저절로 이해된다.

현재 국내에서 시판되고 있는 과당은 성상(性狀)에 따라 두 종류로 나뉜다. 하나는 결정상의 과당이고, 다른 하나는 시럽상의 과당이다. 전자인 결정과당은 외관이 설탕과 비슷하여 설탕 대체품으로 소비자에게 직접 판매되고 있다. 후자인 액상과당은 음료를 다루는 가공식품 업체에 주로 공급된다. 업계에서 '고과당'이라고 부르는 것이 바로 이 액상과당이다. 요즘엔 '기타과당'으로 이름이 바뀌었다.

과당은 당류 중에서 가장 감미도가 높은 당이다. 입에서 느끼는 첫맛이 경쾌하고 뒷맛이 깔끔하다. 이런 점에서 과당은 설탕이나 포도당에 비해 더 '고급당'이라는 평을 듣는다. 칼로리는 다른 당류와 동일하되, 가격이 비교적 높이 형성되는 이유다. 중요한 것은 과당이 설탕의 대체당으로 적절한지이다. 과당은 당뇨환자 같은 설탕 기피자들도 안심하고 먹을 수 있는 당일까?

결론부터 말하면 '아니요'다. 여기서 가장 먼저 염두에 두어야 할 점이 과당 역시 정제당이란 사실이다. 정제당이기에 다른 당들이 가진 문제를 고스란히 지니고 있다. 물론 과당은 체내에서 설탕이나 포도당과는 다소 다른 대사경로를 밟는다. 혈당치를 상대적으로 덜 올리는 것이 그래서다.*1 업체들은 이 점을 크게 내세워 돈벌이 수단으로 활용하고 있다.

그러나 최근의 연구는 이처럼 대사경로가 다른 점이 오히려 더 문제라는 사실을 밝혀내고 있다. 미국의 건강 저널리스트인 그렉 크리처(Greg Critser)는 과당 문제를 심도 있게 조사한 사람이다. 그는 저서 『뚱보의 나라(Fat Land)』에서 이렇게 적고 있다.

> 70년대 중반 이후 미국의 고과당 시럽(기타과당) 사용량은 10배 이상 증가했다. 그동안 학자들은 과당의 대사 경로에 특이한 점이 있음을 알고 있었다. 설탕과 달리 체내에서 흡수되면 곧바로 간장으로 보내진다는 사실이었다. 과학자들

은 과당의 이 대사상 특성을 매우 흥미롭게 주시했다. 그러나 당시엔 그 사실이 주는 의미를 모르고 있었다.

최근 들어 세포생물학자들은 과당의 이 독특한 대사경로에서 중요한 사실을 밝혀낸다. 과당이 간장에서 지방으로 변한다는 점이었다. 이 지방의 지방산들이 혈액으로 다량 방출된다. 혈류를 타고 움직이는 지방산들은 근육세포를 무작위로 공격한다. 이 엉뚱한 기작이 의미하는 바는 무엇일까? '인슐린저항'에 이르는 또 다른 경로였다.*2

여기서 중요한 대목이 '과당이 체내에서 지방으로 변한다'는 점이다. 과당과 고지혈증은 숙명적인 관계라는 뜻이다. 이 사실은 저혈당 단계를 굳이 거치지 않고도 인슐린저항을 부를 수 있다는 이야기가 아닌가? 인슐린저항은 대사증후군의 진입로다.

그 뒤 과당에 대한 연구가 급물살을 타기 시작한다. 비만을 연구해오던 학자들은 비만 인구가 과당 사용량 추이에 따라 변해간다는 사실을 주목했다. 혹시 무분별한 과당 섭취가 비만 인구 증가와 관련성이 있는 게 아닐까? 이 가설은 과당이 인체 내에서 대사될 때 다소 복잡한 화학반응을 거친다는 사실을 이미 알고 있던 유럽의 과학자들에 의해 제기됐다.

그 가설은 효소의 기능을 연구하던 다른 과학자들에 의해 우연히 검증된다. 세포 표면에서 영양 성분의 역학 관계를 연구하던 효소 전문가들은, 효소의 기능이 저해되었을 때 세포 내에서 지방산 연소가 크게 억제되는 현상을 발견한다. 이것이 바로 '지방 축적', 즉 지방세포 발달이다. 무엇이 효소의 기능을 저해하는 것일까? 놀랍게도 과당이었다.*3

이 메커니즘은 다른 과학자들의 연구에 의해서도 정설로 확인된다. 영국 런던 대학의 수의학자인 메이즈(P. A. Mayes) 박사는 "과당을 오랜 기간 섭취하면 지방 생성이 촉진되고 당 대사 기능에 이상이 생겨 고인슐린혈증을 낳는다"고 발표했다. 그 뒤 캘리포니아 대학 연구진은 메이즈 박사의 연구를 토대로 '과당과 비만의 연결고리'를 밝혀낸다. 연구진은 당 종류별 에너지 대사 차이를 규명하는 연구에서 과당이 세포 내에서 지방 연소를 방해하고 비만을 부른다고 결론지었다.[*4] 이 불협화음의 연장선에 있는 것이 또 다른 현대병인 비알코올성지방간과 통풍이다.[*5]

우리 식생활에 깊숙이 들어와 있는 여러 형태의 정제당들은 앞에서 알아본 바와 같이 섬유질과 영양분이 제거된 '칼로리 덩어리'라는 점에서 많은 문제를 일으킨다. 그 문제들은 하나같이 자연의 섭리를 거슬렀다는 데에서 출발한다.

여기서 중요한 것은 이런 문제들이 우리의 섭생에 어떤 영향을 미치며 무슨 결과를 초래하는지에 대한 정확한 인지(認知)다. 그렇게 깨달은 상식은 '식품과 건강'이라는 큰 틀 안에서 다시 정밀하게 다듬어져야 한다. 건강과 관련된 각 변수들 간의 함수관계는 결코 가벼이 넘길 일이 아니다.

좋은 단맛, 비정제당

설탕은 인체에 해롭다. 건강을 생각한다면 설탕을 최대한 피해야 한다. 과당도 마찬가지다. 결코 설탕의 대안이 될 수 없다. 오히려 설탕보다 더 나쁘다는 것이 정설이다. 포도당도 대안이 될 수 없음은 마찬가지.

그럼 단맛은 현대인에게 '금단의 열매'인가? 앞으로 단맛과 연을 끊어야 하나. 꿩 잡는 게 매다. 확실히 해둘 것이 있다. 단맛이 나쁜 게 아니다. 나쁜 것은 정제당의 단맛이다. 정제당을 피하면 된다. 정제하지 않은 '비정제당(非精製糖)'이 정답이다. 비정제당엔 자연의 미량 영양분이 남아 있다. 해롭지 않다는 뜻이다.

비정제설탕과 정제설탕의 제조공정

비정제설탕	정제설탕
사탕수수 줄기	사탕수수 줄기
⬇	⬇
착즙	착즙
⬇	⬇
가열 · 농축 · 건조	1차 정제
⬇	⬇
포장	2차 정제
⬇	⬇
비정제설탕	재결정(분리)
	⬇
	포장
	⬇
	정제설탕

비정제당을 대표하는 것이 앞에서 잠시 언급했던 '비정제설탕'이다. 사탕수수 즙액을 그대로 가열해 졸여 만든다. 당연히 비타민, 미네랄 등 식물성 영양분이 상당량 남아있다.*1 우리 몸에서 그다지 잡음을 일으키지 않고 잘 대사되는 이유가 있다.

비정제설탕에 들어있는 미량 영양분 가운데 주목해야 할 것이 '페닐글루코사이드'라는 물질이다. 일종의 포도당 유도체로서 인체 소화기관 내에서 당분의 흡수를 효과적으로 억제한다.*2 섬유질과 역할이 비슷하다.

또 비정제설탕에는 폴리페놀 계열의 물질도 들어있어 항산화 효능을 준다.*3 이 물질들은 원래 사탕수수에 들어있는 식물성 영양분이다. 그것이 비정제설탕으로 그대로 이행되었다. 사탕수수에는 왜 이런 물질들이 들어있을까? 자연의 오묘한 배려가 엿보이는 대목이다.

이런 귀한 물질들 덕분에 비정제설탕은 우리 몸에서 여러 유익한 효능을 보인다. 비정제설탕의 효능에 대한 그동안의 주요 연구자료 46가지를 분석해보면 이렇다. 면역력 강화(26퍼센트), 항독(抗毒) 및 세포 보호(22퍼센트), 충치 예방(15퍼센트), 당뇨 및 고혈압 억제(11퍼센트) 등이다.*4 여기에 하나 더 항스트레스 효능도 있다.*5

비정제설탕은 정제설탕과 다르게 색깔이 희지 않다. 갈색 또는 흑갈색을 띤다. 이 색상에 중요한 의미가 있다. '비정제'를 상징하는 색이기 때문이다. 자연의 귀한 물질들 덩어리가 거무죽죽하다는 점이 포인트다.*6 그럼 거무죽죽한 설탕은 다 비정제인가?

비정제설탕(원당 100%, 색소 없음)

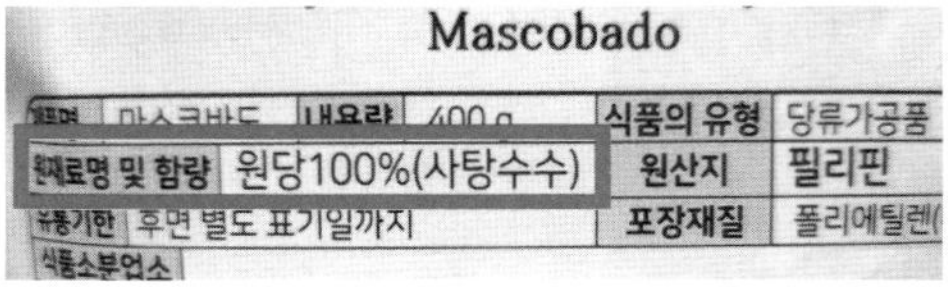

Mascobado

원재료명 및 함량	원당100%(사탕수수)	원산지	필리핀
유통기한	후면 별도 표기일까지	포장재질	폴리에틸렌(

흑설탕 표기 사례

제품명 : ○흑설탕	식품의 유형 : 기타설탕
원재료명 : 원당, 카라멜색소(또는 흑당)	

여기에 또 함정이 있다. 시중의 일반 흑갈색 설탕, 즉 흑설탕은 비정제와는 거리가 멀다. 라벨을 보면 '카라멜색소'라는 표기가 있다. 색소로 착색했다는 뜻이다. 앞에서 언급했듯 이 색소는 콜라에 사용되는 위험한 첨가물이다. 어떤 회사 제품에는 카라멜색소 대신 '흑당'이라는 표기가 있다. 그 안에 색소가 들어있다고 보면 된다. 눈 가리고 아웅 하는 격이다. '원당 100%'라는 표기가 중요하다. 비정제설탕임을 확인해주는 표시다.

이 '비정제 원칙'은 액당, 즉 시럽당에도 그대로 적용할 수 있다. 물엿이나 기타 과당 같은 액당 대신에는 정제하지 않은 비정제 액당을 쓰면 된다. 가장 적절한 대안이 전통 조청이다. 여기서 '전통'이라는 말이 중요하다. 당화시킬 때 반드시 엿기름의 천연 효소를 이용한 조청이어야 하기 때문이다. 엿기름을 사용하지 않은 '개량 조청'은 여러 면에서 대안으로 자격이 없다.

다만 한 가지, 아무리 비정제당이 좋다고 해도 어디까지나 가공된 당류다. 가공과정에서 자연의 미량 영양분이 어느 정도는 손실될 수밖에 없다. 좋은 당류라고 해도 너무 많이 먹는 것은 경계해야 한다는 뜻이다. 또 당분은 그대로 있는 만큼 칼로리 과잉 섭취의 우려도 있다. 단맛이 필요할 때 정제당 대신 비정제당을 쓰자는 취지로 이해하면 좋겠다.

일각에서는 합성감미료를 대안으로 추천하는 사례가 있다. 칼로리 문제만 생각하는 편협된 사고의 소산이다. 인체에게는 대단히 낯선 화학물질들인 만큼 제품별로 각각 유해성을 지니고 있다. 합성감미료는 정제당보다 더 나쁘다고 보는 것이 옳다.

최근 이른바 '제로콜라'가 도마 위에 올라있다. WHO 산하 국제암연구소가 콜라에 사용된 합성감미료 아스파탐을 발암 가능 물질로 분류했기 때문이다.*7 늦게나마 아스파탐의 마각이 드러난 것은 다행이나 이는 합성감미료 문제의 한 단편일 뿐이다.

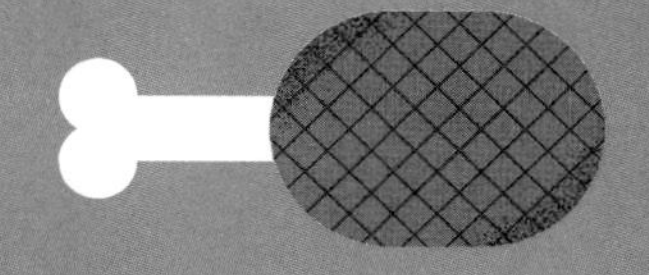

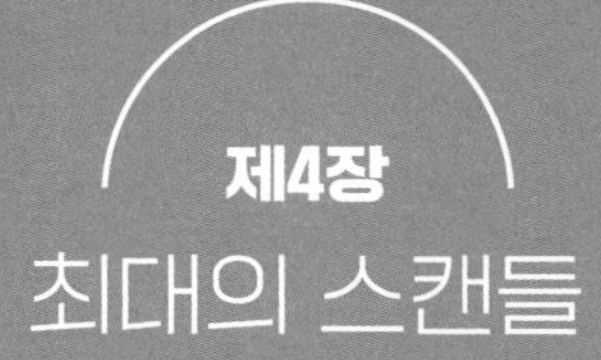

제4장 최대의 스캔들

정제가공유지의 발명은 사상 최악의 실수다

프리티킨의 실수

"제유업체는 오늘날의 식용유지에 어떤 문제가 있는지 알고 있음에 틀림없다. 하지만 그들은 여전히 문제의 제품을 생산하고 있다. 이는 식품산업 역사상 최대의 스캔들로 기록될 것이다."

사상 최대의 스캔들! 미국인 영양학자 존 피네갠(John Finnegan) 박사의 발언이다. 그는 저서 『지방의 진실(The Facts About Fats)』에서 오늘날 제유(製油)산업이 안고 있는 문제를 이렇게 비판하고 있다.[*1]

지방(脂肪)은 인체에서 탄수화물에 이어 두 번째로 중요한 에너지원이다. 그러나 지방은 에너지원이라는 점보다 영양과 생리적 측면에서 더 중요한 의미를 갖는다. 또 식품에 특유의 풍미와 식감을 부여한다는 점에서 식문화 차원에서도 그 위상이 높다. 이토록 중요한 지방, 그것을 책임지고 있는 제유업계에 스캔들이라니! 도대체 무슨 일이 있는 것일까?

사실 지방은 그동안 전문가들 사이에서 끊임없이 논란의 대상이 되어왔다. 논란의 핵심은 지방 식품이 우리 식생활에서 갖는 의미였다. 고지방 식품이 영양적으로 유익한 것인지, 유익하다면 어느 정도 먹어야 하는지 등에 대해 학자들마다 의견이 분분했다. 철저한 채식주의자들의 '저지방식 옹호론'과, 이른바 황제다이어트라는 이름으로 한때 세간의 주목을 받은 바 있던 '고지방식 옹호론'의 모순적 대립이 소비자들을 줄곧 혼란에 빠뜨려왔다.

처음에는 저지방식 주창자들의 일방적인 승리였다. 그 중심에 미국인 영양학자 네이산 프리티킨(Nathan Pritikin) 박사가 있었다. 재미있는 점은 그 자신이 심장병 환자였다는 사실이다. 이 심장병을 저지방 식이요법으로 고쳤다는 것이다. 이 사실이 미국 전역에 알려지면서 지방은 무조건 건강을 위협하는 '적'으로 인식되기 시작했다.

이때 저지방식 옹호론의 확산을 도운 사람이 또 있었다. 다이어트 전문 의사인 존 맥두걸(John McDougall) 박사다. 그는 "미국인들이 평상시 먹는 식물성 식품만으로 필요한 지방을 충분히 섭취할 수 있다"며, 가급적 고지방 식품은 멀리할 것을 충고했다. 아울러 그는 "지방은 종류를 불문하고 암세포의 생장을 돕고 심혈관질환을 일으킬 수 있다"고 주장했다. 맥두걸 박사는 총칼로리 섭취량 가운데 지방의 칼로리를 5퍼센트 이하로 유지할 것을 제안했는데, 이는 프리티킨 박사가 제시한 수준의 절반밖에 되지 않는 수치였다.

그러나 이 '저지방 건강철학'은 이어지는 해프닝으로 퇴색되기 시작한다. 심장병 치료에 성공한 프리티킨 박사가 자신이 고안한 저지방 식생활을 철저히 실천했으나, 안타깝게도 60대의 나이에 세상을 떠나고 만 것이다. 이 사건은 박사의 열정을 높이 평가하며 공동연구를 수행해오던 다른 영양학자들에게 프리티킨의 저지방 식단에 문제가 있을지 모른다는 의구심을 갖게 했다.

이 사례는 시야를 조금만 넓혀 생각할 경우 우리에게 재미있는 사실 하나를 알려준다. 그린란드 에스키모인들의 예를 보자. 그들에게는 암이나 심장병이 거의 없다. 그들은 저지방 식생활을 실천하고 있는가? 전문가들은 에스키모 인들의 1인당 지방 섭취량이 세계 최고일 것이라고 말한다. 이 사례는 무엇을 의미할까? 우리는 여기서 에스키모 인들이 섭취하는 지방과 문명국 사람들이 섭취하는 지방의 종류가 다르다는 점을 주목하게 된다.*2

프리티킨 박사나 맥두걸 박사 공히 영양요법 분야에 위대한 족적을 남긴 인물들이다. 그러나 한 가지 중요한 사실을 간파하지 못했다. 지방에 이른바 '좋은 지방'이 있고 '나쁜 지방'이 있다는 사실이다. 당시 그들은 지방의 이러한 차이점을 간과했으며, 나쁜 지방이 많으면 몸에 해롭듯 좋은 지방이 적어도 역시 해롭다는 사실을 놓치는 실수를 범했다.*3

지방에 대한 연구를 계속하던 과학자들은 인체의 뇌를 구성하는 성분의 60퍼센트가 지방이라는 점을 주목했다. 또 몸의 세포막과 신경전달물질, 각종 효소 등도 상당 부분이 지방으로 구성되어 있다는 점을 주목했다. 이처럼 신체의 주요 부위를 구성하는 지방은 특정한 형태를 지니고 있음을 알아냈고, 어떤 지방은 특정 지방의 기능을 방해한다는 사실도 알아냈다. 서서히 '필수지방산'과 '트랜스지방산'의 개념이 완성되어갔고, 제유산업의 문제점이 드러나고 있었다.

스캔들의 실체

식생활에 관심이 있는 이라면 포화지방이니 불포화지방이니 하는 용어를 들어봤을 터다. 지방산의 분자구조 차이에 의해 지방을 보통 이렇게 두 가지로 나눈다. 포화지방은 대개 동물성 식품에 많이 들어있다. 반면에 불포화지방은 대개 식물성 식품에 많이 들어있다. 전문가들은 되도록 불포화지방을 많이 먹으라고 권한다.

또 오메가-3 지방산이니 오메가-6 지방산이니 하는 용어도 들어봤을 터다. 지방산의 종류를 말하는데, 무척 중요한 지방산이다. 인체에서 만들어지지 않기 때문에 음식을 통해 반드시 먹어야 하는 지방산이다. 둘 다 불포화지방산으로 '필수지방산'이라고 한다. 전문가들이 불포화지방을 먹으라고 권하는 것은 이들 필수지방산을 잘 섭취하라는 뜻이다.

저지방 건강철학이나 황제다이어트 등에 대한 허구성이 드러난 것은 필수지방산, 즉 오메가-3와 오메가-6 지방산의 기능이 밝혀지면서다. 영양요법의 초석을 마련한 아브람 호퍼 박사는 캐나다 밴쿠버에서 개최된 국제영양요법회의에서 "머잖아 모든 질병을 영양요법으로 치료하는 시대가 올 것"이라며 필수지방산의 중요성을 이렇게 역설했다.

필수지방산은 뇌의 20퍼센트, 눈 망막의 30퍼센트를 차지하고 있는 성분입니다. 도파민이나 세로토닌과 같은 신경전달물질에 버금가는 역할을 수행하지요. 필수지방산은 특히 어린아이들에게 중요합니다. 부족하면 과잉행동증(hyperactivity)이 나타납니다. 피부가 거칠어지고 빈뇨(頻尿) 현상이 생길 수도 있습니다. 흔히 과잉행동증 환자들에게서 피부질환이나 빈뇨증이 관측되는 게 그런 까닭이지요. 이런 사람들에게 필수지방산을 섭취하게 하면 곧 증세가 개선되는 현상을 볼 수 있습니다. 하지만 일반인들이 이 중요한 필수지방산에 대해 아직 잘 모르고 있다는 게 문젭니다.*1

지방 연구의 효시를 이룬 인물이 독일의 과학자 요한나 버드윅(Johanna Budwig) 박사다. 박사는 현대식 제유방법이 도입되기 시작한 20세기 중반께 세계 최초로 지방 분자구조를 밝혀낸 천재 과학자다. 포화지방산과 불포화지방산의 이론을 정립함으로써 노벨상 후보에 일곱 차례나 지명된 바 있다. 당시 박사는 독일 정부에도 식용유지에 문제가 있는 점을 지적하고 제유방법의 재검토를 강력히 촉구했다.*2

버드윅 박사의 이 노력은 제유업계의 막후 공작과 상업우선주의 사고에 밀려 안타깝게도 묵살되고 만다. 그 뒤 수십 년이 지난 20세기 후반에 이르러 지방 연구가 완성 단계에 접어들었을 때, 전 세계 제유산업은 이미 돌이킬 수 없는 상태에 도달해있었다.

버드윅 박사 이후 지방 연구의 선봉은 하버드 대학 정신병연구소장을 역임했던 도널드 러딘(Donald Rudin) 박사다. 그는 필수지방산 중 오메가-3 지방산의 역할을 밝혀낸 사람으로 유명하다. 박사는 "오늘날의 식생활에서는 오메가-3 지방산 부족을 피할 수 없다"며, 그 결과가 현대인이 겪고 있는 각종 질병이라고 주장했다.*3

러딘 박사가 오메가-3 지방산의 수수께끼를 풀자 많은 과학자들이 지방 연구에 동참했다. 그 가운데 가장 돋보이는 인물이 아트미스 시모포로스(Artemis Simopoulos) 박사다. 박사는 그리스 출신의 의사로서 미국 국립보건원 영양조정위원회 의장을 역임하면서 미국인의 식단에 의문을 품기 시작했다.

박사는 자신의 고국인 그리스의 크레타 섬 주민들이 선진국 국민들에 비해 월등히 건강한 점을 주목했다. 식단을 분석한 결과 박사는 재미있는 사실을 한 가지 발견한다. 미국을 비롯한 선진국의 식단이 크레타 섬의 전통 식단에 비해 오메가-3 지방산 함량이 현저히 적다는 점이었다.*4 이를 계기로 지방산 연구에 투신한 시모포로스 박사는 저 유명한 '오메가 다이어트 이론'을 창안한다.

오늘날 문명국 주민들은 오메가-3 지방산 결핍에 시달리고 있다는 것이 지방 전문가들의 일치된 견해다. 지방이라면 현대인이 너무 많이 먹어서 탈이 아닌가? 하지만 다른 쪽에선 지방 결핍 문제를 꺼내놓고 떠들어댄다. 그것은 분명 아이러니다. 그 아이러니 속에 식품과 건강 사이의 난해한 도식이 들어있다. 알쏭달쏭한 '필수지방산 결핍론', 그 실체는 무엇이고 왜 생기는 것일까?

기술의 진보와 양심의 퇴보

우리 집 부엌에서 쓰고 있는 식용유는 어떻게 만들어질까? 각종 가공식품에 사용되는 유지류는 또 어떻게 만들어질까? 대부분의 소비자는 예로부터 보아온 전통 기름집을 연상할 것이다. 큰 압착기가 있고 그 밑에 작은 호스가 연결되어 있어서 압출된 기름이 졸졸 흘러나온다. 우리는 이렇게 참기름 또는 들기름을 짜는 방식을 보아왔다.

오늘날의 제유(製油) 장치도 이런 식이라고 생각하시는가? 큰 오산이다. 우리가 주로 이용하는 식용유지는 이와는 전혀 다른 방법에 의해 만들어진다. 그 새로운 제유법은 생산 수율을 획기적으로 올릴 수 있는 방법이다. 문제는 그 방식이 소비자 건강을 위협하고 있다는 사실이다. 여기에 제유업계가 밝히고 싶지 않은 유해성이 숨어있다.

가장 일반적인 형태의 현대식 제유공정을 살펴보자. 원료종자를 펄프 형태로 분쇄하여 탱크에 넣는다. 헥산(hexan)과 같은 용제를 섞어 기름 성분을 추출한다. 추출이 끝나면 용제를 분리하기 위해 여과한다. 남은 불순물 제거를 목적으로 인산염을 넣은 뒤 가성소다로 중화한다. 물을 부어 세척하고 표백제를 넣은 뒤 또 여과한다. 마지막으로 230℃ 이상의 고온에서 탈취(脫臭)한다.*1

업체에 따라 다소 차이는 있을 수 있으나 일부 특수한 기름을 빼고는 거의 대부분 이와 같은 공정을 따른다. 여기서 주목할 대목이 석유계 유독성 용제를 이용하여 추출한다는 점, 알칼리 중화가 필요하다는 점, 탈색을 하고 여과를 한다는 점, 고온에서 탈취공정을 거친다는 점이다.

우리는 이렇게 만들어진 기름을 '추출정제유' 또는 그냥 '정제유'라고 부른다. 흔히 일컫는 '정제가공유지'가 바로 이 기름이다. 어딜 봐도 참기름이나 들기름을 짜는 식의 압착 공정은 없다. 이런 추출정제유는 어떤 기름일까? 전통 착유방법에 의해 만들어진 압착유와의 차이는 무엇일까?

일단 용제 추출을 하고 알칼리 중화 공정을 거친다는 점이 눈에 거슬린다. 당연히 해로운 물질에 오염될 가능성이 높다. 실제로 추출정제유에는 석유계 유기용매인 헥산이 남아있다. 법적인 허용치가 5ppm이다. 또 탈색과 여과 공정에서는 각종 영양성분과 천연 항산화제들이 거의 대부분 제거된다.

하지만 이런 점들은 정제식품 공통의 문제로 어쩌면 사소한 흠일 수 있다. 가장 큰 문제는 마지막 단계인 고온의 탈취공정에서 생긴다. 저 악명 높은 트랜스지방산이 만들어질 수 있어서다.

트랜스지방산은 특수한 경우 외에는 자연계에 존재하지 않는다. 화학반응을 통해 만들어지는 인공물질이다. 생리학자들은 인체 구조가 이런 인공물질을 대사시키기에 적합하지 않다고 말한다. 트랜스지방의 구조상 우리 몸의 효소가 작용하지 못하기 때문이다.[*2]

트랜스지방산은 차라리 이용되지 않고 모두 배설되면 그나마 낫다. 문제는 이 지방산이 인체 내에서 대사되지 않고 갖가지 고약한 짓을 저지른다는 점이다. 트랜스지방산은 필수지방산에 비해 체내 잔류 기간이 세 배 가까이나 된다.[*3]

사실 유지에 트랜스지방산이 만들어지는 것 자체가 문제다. 트랜스지방산은 불포화지방산이 변형되어 만들어진다.[*4] 유지에 트랜스지방산이 만들어졌다는 것은 그만큼 우리 몸에 유익한 지방산이 줄어들었다는 뜻이다. 트랜스지방산이 많은 유지일수록 필수지방산이 적을 수밖에 없다. 정제가공유지를 주로 쓰는 가공식품에 오메가-3 지방산이 거의 남아있지 않은 것이 그런 까닭이다.

기발한 착상의 허구

오늘날 제유업계가 비난받는 데에는 물론 업체들의 책임이 크다. 피네갠 박사의 지적대로라면 업체들의 '도덕적 해이'를 지탄해야 마땅하다. 그들은 소비자에게 정확한 정보를 알리는 것을 꺼린다. 소비자 건강보다는 판매목표가 더 시급한 현안이기 때문이다. 그렇다고 학계가 이런 문제 해결에 앞장서고 있는 것도 아니다.

식용유지에 대한 문제는 추출정제유의 유해성만으로 끝나지 않는다. 유지는 원래 안정(安定)성이 약한 소재다. 안정성이 약하다는 말은 변질이 쉽다는 뜻이다. 유지의 안정성은 지방산의 구조와 밀접한 관계를 갖는다.

일반적으로 포화지방산을 많이 함유한 유지는 안정성이 높다. 반면에 불포화지방산이 많을수록 유지의 안정성은 낮아진다. 포화지방산이 많은 유지는 상온에서 고체의 형태를 띠고, 불포화지방산이 많은 유지는 액체의 형태를 띤다는 데에 힌트가 있다.[*1]

자연계의 유지류에는 일반적으로 불포화지방산이 많다. 우리가 먹고 있는 식용유는 물론, 가공식품에 주로 쓰는 유지는 대단히 불안정한 기름이라는 뜻이다. 원천적으로 변질이 쉽게 일어날 수밖에 없다.

이 문제는 제유사업을 통해 돈을 벌려고 하는 사람들에겐 큰 골칫거리가 아닐 수 없었다. 대규모 사업의 경쟁력은 대량생산에서 나오는데, 이 대량생산의 생명이 바로 보관성이기 때문이다. 이때 기술자들은 기상천외한 생각을 하게 된다. 불포화지방산 때문에 안정성이 떨어진다면 이를 포화지방산으로 바꿔주면 될 것 아닌가?

과연 훌륭한 아이디어였다. 과학에는 이처럼 불가능한 일을 가능하게 만들어 주는 묘미가 있어 만인이 열광한다. 요즘 가공식품 회사의 원료창고에서 결코 없어서는 안 될 '쇼트닝', 또 각 가정의 냉장고에 들어있을 '마가린'의 제조 이론이 태동하고 있었다.

쇼트닝과 마가린의 개발은 당시 유지업계에 큰 혁명처럼 보였다. 고형유지, 즉 굳기름인 쇼트닝은 쉽게 변질되지 않을 뿐 아니라, 무엇보다 다루기가 편리했다. 또 마가린은 정말로 안정성이 좋았다. 아무리 오랜 기간 창고에 쌓아두어도 변질은커녕 곰팡이 하나 피지 않았다. 파리나 개미조차도 접근하지 않는다.*2 이렇게 획기적인 마가린은, 한편 빵에 바르기가 얼마나 편리한가? 게다가 비싼 버터를 대체 사용할 수 있으니, 이 또한 얼마나 경제적인가?

그러나 이 기발한 발상은 자연 현상을 도외시한 그릇된 판단이었던 것으로 훗날 밝혀진다. 영락없이 그것은 어설픈 과학에 심취한 풋내기 기술자들의 중대한 실책이었다. 이 결과는 그 뒤 지방 전문가들로부터 호된 질책을 받는다.

문제는 때가 이미 늦었다는 것. 과자를 비롯한 수많은 가공식품 공장들은 쇼트닝이 공급되지 않으면 당장 문을 닫을 상황이 되어있었고, 향료로 교묘하게 치장한 마가린은 이미 소비자의 입맛을 완전히 점령한 상태였다. 유지화학 분야의 권위자로 북미지역에서 높은 명성을 자랑하는 원로 과학자 허버트 더튼(Herbert Dutton)은 이를 두고 다음과 같이 심경을 피력하고 있다.

액체 유지를 경화시키는 기술이 만일 최근에 개발되었다면, 확신컨대 제유업계에서는 이 기술을 사용하지 않았을 겁니다. 당시에는 유지를 경화시킬 때 생기는 지방산 이성체에 대해 관심이 없었지요. 그 물질들이 인체 내에서 어떤 생리적 반응을 일으키며, 어떻게 대사되는지 전혀 정보가 없었습니다. 지금은 모든 것이 밝혀져 있지요.[*3]

한심한 이야기가 아닐 수 없다. 식생활 안전관리의 난맥상을 그대로 보여준다. '당시에는 유해식품을 모르고 만들어 팔았다. 지금은 그 식품의 유해성을 알게 되었다. 그렇다고 그 문제 식품의 판매를 중단할 수는 없다. 가공식품 생산 체제가 이미 그 문제의 제품을 사용해야 하는 쪽으로 굳어져있기 때문이다.' 결국 이런 이야기가 아닌가?

플라스틱 식품

1992년 10월 7일자 「뉴욕타임즈」 1면에 다소 충격적인 기사가 하나 올라와있었다. 미국 농무성의 조사 내용에 대한 보도였다. 기사 내용은 마가린이 심장병의 원인이 될 수 있다는 점, 쇼트닝 등의 굳기름도 마찬가지라는 점, 각종 식물성 정제유도 정도의 차이만 있을 뿐 크게 다르지 않다는 점 등을 골자로 하고 있었다. 기사에는 이 내용과 관련한 몇몇 심장병 전문의의 의견과 연구자료도 덧붙여져 있었다.[*1]

돌이켜보면 경화유에 대한 문제 제기는 그때가 처음이 아니었다. 이전에 이미

네덜란드의 연구진이 경화유와 심장병의 관련성을 제기한 바 있었다. 연구진은 마가린 등의 경화유가 인체 내에서 심장병을 억제하는 기능을 약화시키는 반면, 심장병을 촉진하는 기능을 강화시킨다고 발표했다.

그뿐만이 아니었다. 그 연구보다 훨씬 이전에도 일부 학자들이 경화유 문제를 제기한 적이 있었다. 미국임상영양학회지(1967년, 제20권)를 보면 경화유가 심장병 발병에 관여한다고 보고되어 있다.[*2]

그럼에도 당시 「뉴욕타임즈」의 보도는 유력 언론이 공식적으로 경화유의 위험성을 폭로했다는 점에서 상징성이 매우 컸다. 쇼트닝과 마가린 등 경화유는 우리가 평소 아무 생각 없이 먹고 가공식품에 사용하는 굳기름이다. 이들 유지에 과연 어떤 문제가 숨어있는 것일까? 왜 심장병까지 들먹이며 경화유를 공격하는 것일까?

불포화지방산이 많은 식물성 유지는 대부분 상온에서 액상이라고 했다. 이런 액상유를 고체의 형태로 바꾼 것이 경화유, 즉 굳기름이다. 좀 난해한 듯 보이지만 이 작업은 이론적으로는 아주 간단하다. 앞에서 유지는 포화지방산의 함량이 많을수록 고체의 형태를 취한다고 했다. 그렇다면 액상유의 불포화지방산을 포화지방산으로 바꾸어주면 고체유가 된다는 말이다.

현대 과학은 이미 이 기술을 완성해놓고 있었다. 물론 그 공정은 화학반응을 수반한다. 고온 · 고압이라는 조건과 촉매로서 니켈이나 플래티넘 같은 중금속을 필요로 한다. 여기에 수소가스를 불어넣는 방식으로, 이름하여 '수소첨가반응'이다.[*3]

이 반응은 기술적으로는 자못 흥미로워 보인다. 하지만 인체 건강 측면에서 그것이 의미하는 바는 '불행의 팡파르'였다. 우선 정제유에 중금속 촉매를 넣고 수소가스를 불어넣는 작업 자체가 벌써 거부감을 준다. 아무리 정제를 잘하여 식품으로서의 법적 기준에 맞춘다 해도 불순물은 남지 않을까?

그렇다. 미국 노스웨스턴 대학의 데인 로보스(Dane A. Roubos) 박사는 경화유에 중금속이 들어있다고 주장한다. 박사는 중금속이 체내에서 쉽게 배설되지 않는 점을 지적하며, "경화유를 지속적으로 먹으면 중금속 축적 문제가 생길 수 있다"고 경고했다.*4

이런 중금속 오염은 어찌 보면 사소한 문제일 수 있다. 경화유의 진짜 허물은 정작 따로 있다. 강제로 포화지방산을 만드는 가혹한 과정이 그 발단이다. 이 과정에서 더 고약하고 교활한 물질이 만들어지는데, 다름 아닌 트랜스지방산이다. '사상 최대의 스캔들' 이제까지 간간이 지적한 잡음들이 스캔들의 깃털에 해당한다면, 트랜스지방산이 그 몸통이다.

보통 포화지방 하면 나쁜 기름이라는 인식이 있다. 포화지방은 무조건 피해야 할 '악의 축'으로 받아들여진다. 정말 그런가? 아기들의 유일한 생명원인 모유를 보자. 포화지방이 무척 많다. 지방 성분의 약 절반 가까이가 포화지방이다.*5 그럼 모유도 나쁘다고 봐야 할까?

요즘 야자유, 즉 코코넛오일이 뜨고 있다. 전문가들 사이에서 야자유에 대한 재조명이 이루어지고 있다. 현대인의 건강을 지켜주는 여러 효능이 있다는 것이다. 물론 가공하지 않은 자연 그대로의 야자유에 한해서다. 가장 두드러진 효능이 면역력 강화다.*6 야자유가 코로나19 예방과 치료에 도움이 된다는 연구자료가 요즘 많이 발표되는 이유다.*7 이 기름에는 포화지방이 불포화지방보다 훨씬 더 많다.[*8] 이런 사례를 어떻게 해석해야 할까?

정답은 이렇다. 포화지방에도 좋은 것이 있고 나쁜 것이 있다. 자연식품에 들어있는 자연 그대로의 포화지방은 좋다. 나쁜 지방은 바로 인공경화유에 들어있는 변형된 포화지방이다. 이런 포화지방은 지방산 사슬이 미세하게 휘거나 끊어져있는 등 변형된 관계로 우리 몸의 구성 요소들이 무척 낯설어한다. 잘 대사되지 않고 여러 불협화음을 일으킨다.[*9] 이 사실이 무척 중요하다.

인공경화유를 대표하는 쇼트닝과 마가린은 현대인의 식단에서 없어서는 안 될 양대 굳기름이다. 이 회심의 발명품들은 얼마 전까지만 해도 좋은 기름으로 알려져 있었다. 식물성유지이기 때문이다. 주로 대두유 또는 팜유 등으로 만든다. 식물성 유지이면 다 좋은가? 중요한 것은 어떻게 만드는지이다. 유기용매로 추출하고 고온에서 정제하여 인위적으로 경화시킨 유지는 결코 좋은 기름이 될 수 없다.

전문가들은 쇼트닝과 마가린을 식용유지로 아예 자격이 없다고 폄하한다. 물리적 형태를 봐도 식품으로 볼 수 없다는 것이다. 미국의 자연식품 전문가인 프레드 로(Fred Rohe)는 '플라스틱 식품론'을 들고 나온다. 인공경화의 분자를 현미경으로 관찰하면 플라스틱 분자구조와 비슷하다고 말한다. 물리적 형태뿐만이 아니고 본질에 있어서도 두 물질이 서로 같다는 것이다.

로(Rohe)는 "마가린 덩어리를 2년 동안 실온에서 방치하며 상태를 살폈는데 벌레 한 마리 접근하지 않았고 곰팡이조차 슬지 않았다"고 말한다. 지방 전문가들은 유지 경화의 핵심 공정인 수소첨가반응을 '플라스틱화'라는 말로 패러디하기도 한다.[*10]

다행히 요즘 들어 일부 쇼트닝과 마가린에서 트랜스지방산 함량을 크게 낮춘 제품들이 나오기 시작했다. 역시 과학의 성과다. 수소첨가 방법이 아닌, 에스테르교환반응 같은 다른 기술로 경화유를 만들기 때문이다. 이런 경화유는 괜찮을까? 크게 다르지 않다는 것이 전문가들의 견해다. 트랜스지방산의 형태만 아닐 뿐이지 지방산 분자 구조가 변형된 것은 마찬가지라는 점에서 트랜스지방산과 크게 다르지 않다는 것이다.[*11] 오히려 더 해롭다는 주장도 있다.

지방 전문가들은 트랜스지방산을 흔히 '침묵의 살인자'로 묘사한다. 조용히, 은밀히 우리 몸을 망가뜨린다는 것이다. 특히 심장병 등 치명적인 생활습관병의 원인으로 악명 높다. 이 점에 대해서는 다른 변형된 지방산도 크게 다르지 않다. 트랜스지방산을 중심으로 그 악명의 실체에 좀 더 가까이 접근해보자.

트랜스의 공포

지방은 뇌 구성 성분의 약 60퍼센트를 차지한다고 했다. 동시에 지방은 세포막의 중요한 구성 물질이며, 신경전달물질과 각종 효소 등의 생성에 불가결한 물질이라고 했다. 특히 필수지방산이 들어있는 좋은 지방은 음식을 통해 반드시 먹어야 한다고 했다.

이에 반해 트랜스지방산이 들어있는 나쁜 지방은 최대한 피해야 한다고 했다. 트랜스지방산은 인공물질이라고 했다. 분자구조가 필수지방산과 유사해서 겉으로는 잘 표시 나지 않는다고 했다. 하지만 인체 내 행태는 완전히 달라서 마치 스파이 같은 지방산이라고 했다. 인체는 이러한 물질을 대사시키기에 적합하지 않다고 했다.

이러한 상식을 종합할 때 트랜스지방산의 유해성은 크게 두 가지 관점에서 분석할 수 있다. 하나는 필수지방산의 정상적인 활동을 저해하고 귀중한 오메가-3 지방산의 결핍을 부른다는 문제요, 다른 하나는 뇌를 비롯한 인체의 세포막과 호르몬, 효소 등 각종 생체기능조절물질의 구조를 왜곡시킨다는 문제다. 이를 좀 더 세분해보면 다음과 같다.

1. 필수지방산의 활동 저해

캐나다의 트랜스지방산 전문가 우도 에라스머스(Udo Erasmus) 박사는 대사 측면에서 트랜스지방산의 유해성을 대략 두 가지로 요약한다. 체내에서 필수지방산과 늘 산소 쟁탈전을 벌인다는 내용이 그 하나고, 각종 유익한 성분을 흡착하여 생리적으로 전혀 의미가 없는 물질로 바꿔버린다는 내용이 다른 하나다.*1

이 설명에는 중요한 시사점이 들어있다. 트랜스지방산이 세포 내에서 산소 결핍을 불러온다는 점과, 각종 영양물질을 소진시키고 노폐물을 축적하는 결과를 빚는다는 점이다. "트랜스지방산이 피로와 빈혈 등을 유발한다"는 학자들의 연구결과는 그러한 문제가 현실적으로 드러난 예다.

문제는 이 두 가지 유해성이 다가 아니라는 것. 트랜스지방산이 인체의 생리활동을 저해하는 내막을 추적하던 지방 전문가들은 훨씬 더 고질적인 문제가 숨어있다는 사실을 발견하게 된다. 오메가-3 또는 오메가-6 계열의 필수지방산은 우리 몸에서 그대로 이용되는 경우가 그다지 많지 않다. 대부분 각 세포가 요구하는 용도에 맞게 다양한 형태로 변형되어 이용된다. DHA, EPA, 감마 리놀렌산, 아라키돈산 등이 그런 원리에 따라 생합성된 유도체들이다.

이런 유도체들은 만들어지는 과정에서 생화학반응의 촉매로 반드시 효소가 필요하다. 그런데 난데없이 그 효소가 불활성화되는 일이 생긴다. 당연히 인체의 생명활동에 필요한 중요한 물질들이 제대로 만들어지지 않는다. 그 악역의 주인공이 바로 트랜스지방산인 것이다.[*2] 트랜스지방산이 필수지방산의 활동을 저해하는 배경이다.

2. 오메가-3 지방산 결핍

트랜스지방산과 함께 있는 필수지방산은 '부뚜막의 소금'에 불과하다. 앞에서 알아보았듯 트랜스지방산이 필수지방산의 활동을 저해하기 때문이다. 이 말은 트랜스지방산이 있는 한 아무리 필수지방산이 풍부한 음식을 먹는다 해도 그 역할을 제대로 못한다는 뜻이다. 이는 곧 필수지방산 결핍을 의미한다. '악화가 양화를 구축한' 꼴이다.

여기서 고려할 점이 또 하나 있다. 트랜스지방산의 원료는 불포화지방산이다. 트랜스지방산은 불포화지방산이 변하여 만들어지기 때문이다. 불포화지방산 가운데서도 특히 오메가-3 지방산 같은 필수지방산이 쉽게 트랜스지방산으로 변한다. 이 말은 즉, '트랜스지방산이 만들어졌다 함은 필수지방산이 파괴되었다'는 뜻이다. 우리가 먹을 음식에서 트랜스지방산이 만들어진 만큼 필수지방산이 줄어들었음을 의미한다.

이 사실이 무척 중요하다. 현대인이 필수지방산, 특히 오메가-3 지방산의 결핍을 피할 수 없는 이유이기 때문이다. 추출정제유나 인공경화유 같은 정제가공유지를 이용하는 한, 필수지방산 결핍 문제는 지속될 수밖에 없다. 현대인의 식단에 들어있는 오메가-3 지방산 함량이 16세기 식단에 비해 16분의 1 내지 20분의 1 수준에 불과하다는 실증 자료가 현실을 잘 설명하고 있다.[*3]

3. 세포막 왜곡

수십조 개에 달하는 우리 몸의 세포들은 세포막을 통해 영양분을 받아들이기도 하고 노폐물을 내보내기도 한다. 또 세포막에는 수용체(receptor)라는 것이 있어서 이를 통해 생명활동에 필요한 각종 신호를 받아들인다. 따라서 세포막의 상태가 어떤지는 원활한 생체활동, 즉 건강을 가늠할 수 있는 시금석이 된다.

이 세포막의 기능 가운데 신기한 것이 바로 '선택적 투과'다. 세포의 생명활동에 필요한 물질은 받아들이되 불필요한 것은 막는다. 즉, 산소나 영양분 등 유익한 물질은 끌어안고 노폐물이나 병원균 등 유해한 것은 내보낸다. 이 기능이 극미(極微)의 세계에서 일사불란하게 이루어진다는 것은 불가사의한 일이다.

이 불가사의의 열쇠를 쥐고 있는 것이 바로 필수지방산이다. 이미 여러 차례 언급했듯 필수지방산은 세포막의 중요한 구성 성분이다. 이 필수지방산에 미세한 전기력이 작용하는데, 이 전기적 힘은 세포막의 통로, 즉 수용체에서 원하는 성분만 통과하도록 하는 특수 메커니즘을 작동시킨다.[*4]

이때 만일 세포막에 트랜스지방산이 섞이면 어떤 일이 생길까? 트랜스지방산은 마치 스파이 같은 물질이라고 했다. 인체는 여간해서 그것을 필수지방산과 구별하지 못한다. 세포막을 만드는 소중한 '벽돌'로서 버젓하게 트랜스지방산이 사용된다. 말할 것도 없이 '부실 공사'가 이루어진다. 그 결과가 면역력 약화 또는 생활습관병이다.

우리 몸의 표면에는 헤아릴 수 없이 많은 병원성 미생물이 존재한다. 피부 전체가 병원성 미생물의 서식처라 해도 과언이 아니다. 하지만 이들 병원균은 쉽게 세포 내로 침입하지 못한다. 세포막이 효과적으로 차단하기 때문이다. 문제는 세포막에 '불량 자재'가 사용됐을 때다. 팬데믹이나 생활습관병 창궐의 배경에는 이와 같은 트랜스지방산의 계략이 숨어있었던 것이다.

4. 뇌세포 교란

불량 자재인 트랜스지방산이 뇌세포에 자리를 잡으면 어떻게 될까? 뇌는 훨씬 더 민감한 기관으로 지적활동을 관장하는 곳이다. 이 경우 문제가 훨씬 더 심각해질 것임은 불을 보듯 뻔하다. 뇌 세포막의 왜곡은 물론이고 문제가 신경체계에까지 번진다. 필수지방산이 신경전달물질의 구성에도 깊이 관여한다고 하지 않았던가?

먼저 뇌 세포막의 선택적 투과 기능에 이상이 생겼을 경우를 생각해보자. 뇌는 무게로는 체중의 2퍼센트에 불과한 작은 기관이지만, 사용하는 에너지는 몸 전체의 절반가량이나 된다. 에너지원은 물론 포도당이다. 포도당이 세포막을 통하여 뇌세포 안으로 들어가야 하는데, 그 과정이 원활하게 이루어지지 않는다면? 뇌에 에너지 공급이 제대로 안 된다는 이야기다. 당연히 지적활동이 지장을 받을 수밖에 없다.

그뿐만이 아니다. 뇌세포는 늘 엄청난 양의 노폐물과 유해물질을 만들어낸다. 하지만 부실 공사로 만들어진 세포막은 이것들을 제대로 배출하지 못한다. 그 결과가 바로 새로운 현대병으로 등극한 '만성피로증후군'이다. 일각에서는 만성

피로를 바이러스와 연관시키려 하지만, 피네갠 박사는 잘못된 지방 섭취를 가장 큰 원인으로 보고 있다. 이상적인 지방산 조성을 가진 아마인유(亞麻仁油)를 먹도록 하여 만성피로증후군을 치료했다는 여러 임상 사례들이 그 방증이다.[*5]

이와 같은 뇌 세포막의 왜곡이 신경전달물질의 결함과 겹칠 때 문제는 더욱 커진다. 모유 먹이기 운동에 앞장선 미국인 의사 아트미스 시모포로스 박사는 조제유를 먹은 아동이 모유를 먹은 아동에 비해 학습능력이 현저히 떨어진다는 사실을 밝혀냈다. 박사는 조제유에 오메가-3 지방산이 결핍돼있는 점을 중시하며, "필수지방산이 부족한 상태로 자란 아동의 경우 주의력결핍 · 과잉행동장애 증상을 보일 가능성이 높다"고 말한다.[*6]

아동의 뇌세포와 신경체계를 동시에 삐걱거리게 하는 주범은 역시 트랜스지방산이다. 학자들은 조제유에 들어있는 트랜스지방산을 주목한다. 대표적인 인물이 미국 공익과학센터(CSPI) 영양분과위원회의 보니 리브만(Bonnie Liebman) 위원장이다.[*7] 그 역시 미국에서 모유 먹이기 운동을 전개하고 있는 영양학자 가운데 한 사람이다.

심지어 수유부의 식단까지 들춰내는 전문가도 있다. 미국인 영양학자 카롤 사이몬태치는 수유부가 트랜스지방산을 먹게 되면 모유의 질이 나빠지며, 유아의 뇌 발육이 크게 손상된다고 말한다.[*8] 트랜스지방산을 지속적으로 먹고 자란 아이의 지능 장애를 예상하기란 어려운 일이 아니다.

이러한 사례는 비단 어린아이에게만 국한되는 문제가 아니다. 성인도 트랜스지방산 식품을 계속 먹는 경우 지적 능력이 감퇴한다는 연구는 무수히 많다. 유지 전문 학술지『리피즈(Lipids)』에 발표된 논문 가운데는 트랜스지방산이 뇌세포의 DHA 자리를 강점함으로써 뉴런의 기능에까지 지장을 준다는 보고도 있다.

5. 생리활성물질 교란

'프로스타글란딘'이라는 물질이 있다. 인체 내에서 생합성되는 중요한 생리활성 호르몬이다. 다양한 생리작용의 조절자 역할을 한다. 이제까지 수십 종이 발견되었는데, 모두 필수지방산과 밀접한 관계가 있다. 주원료가 하나같이 필수지방산이기 때문이다. 여기에 트랜스지방산이 섞이면 어떤 일이 일어날까?

두 가지 지점에서 문제가 생긴다. 하나는 비정상적인 프로스타글란딘이 만들어진다는 점이고, 다른 하나는 호르몬을 만드는 효소가 불활성화되어 프로스타글란딘 자체의 생합성이 저해된다는 점이다.[*9] 쉽게 말해, 트랜스지방산의 과다섭취는 불량 호르몬을 만든다든가 노골적으로 호르몬 생성을 방해한다는 이야기다. 그 결과가 현실적으로 나타난 증상이 수많은 심신상의 장애들이다. 특히 소화기관에 큰 악영향을 미친다.

영국의 생화학자 존 베인(John R. Vane) 박사팀은 프로스타글란딘을 분리하여 기능을 밝힌 업적으로 노벨상을 받았다.[*10] 이 연구팀은 프로스타글란딘이 포유류의 혈압, 체온, 알레르기 등의 생리현상에 관여한다고 발표했다. 프로스타글란딘의 기능 이상이 심혈관질환이나 각종 알레르기의 실마리가 될 수 있다는 사실을 강력히 시사한다.

여기서 주목해야 할 대목이 알레르기다. 트랜스지방산과 알레르기 사이에 연결고리가 있다는 사실은 이미 확인되어있다.[*11] 여기에도 프로스타글란딘이 개입해있을 것이라는 유추가 가능하다. 우리 아이에게 알레르기성 질환을 대표하는 아토피가 있다면 음식부터 살펴볼 일이다.

6. 심장병 유발

심장병 하면 떠오르는 것이 콜레스테롤이다. 콜레스테롤에는 좋은 콜레스테롤(HDL)이 있고, 나쁜 콜레스테롤(LDL)이 있다. 심혈관 건강을 해치는 것이 나쁜 콜레스테롤이다. 좋은 콜레스테롤은 오히려 심혈관 건강에 도움을 준다.[*12] 트랜스지방산이 문제가 되는 것이 바로 이 대목이다. 트랜스지방산이 혈중의 좋은 콜레스테롤치는 낮추고 나쁜 콜레스테롤치는 높이기 때문이다.[*13] 심장질환의 위험을 더욱 상승시킨다는 뜻이다.

이 메커니즘은 트랜스지방산이 필수지방산의 활동을 저해한다는 사실에 의해 더욱 악화 일로로 치닫는다. 피네갠 박사는 오메가-3 지방산이 제 역할을 수행하지 못할 때 동맥경화 위험성이 더 높아진다고 말한다. 이 주장은 오메가-3 지방산이 풍족할 경우 혈관 세포막의 유연성이 좋아지지만, 이것이 다른 지방산으로 대체되면 탄성이 떨어진다는 이론에 근거한다.[*14] 콜레스테롤과는 무관하게 동맥경화를 거쳐 심장병에 이르는 또 하나의 경로를 만드는 것이다.

국내 의료진도 이 이론을 뒷받침한다. 한 순환기내과 전문의의 설명에 따르면 바늘 모양의 트랜스지방산이 직접 혈관 내벽을 공격한다. 이 경우 공격받은 부위에 염증이 생기는데, 그곳에서 치명적인 혈전(血栓)이 만들어진다.[*15] 혈전은 관상동맥을 봉쇄하고 심장근육을 괴사시키는 주범이 아닌가? 트랜스지방산이 심혈관 건강을 해치는 길은 실로 다양하다.

7. 당뇨병의 원인

흔히 정제당을 중심으로 한 탄수화물 식품이 당뇨병을 일으키는 것으로 알려진다. 하지만 지방도 당뇨병과 관련이 깊다. 지방 전문가들은 이미 오래 전에 정제가공유지 등 나쁜 지방을 당뇨병의 유력한 용의자 가운데 하나로 지목해왔다. 오메가-3 지방산 연구의 선구자인 하버드 대학 도널드 러딘 박사의 설명을 들어보자.

어린아이들 사이에서도 자주 발견되는 인슐린 의존형 당뇨병(제1형 당뇨병)은 췌장이 제대로 작동하지 않을 때 발병합니다. 인슐린의 생성 · 분비가 정상적으로 이루어지지 않는 경우지요. 나쁜 지방을 지속적으로 먹으면 우리 몸의 면역시스템에 이상이 생깁니다. 이 잘못된 면역시스템은 엉뚱하게 췌장의 인슐린 분비세포와 인슐린 수용체의 정상적인 기능을 막으려 합니다. 그 결과로 인슐린 의존형 당뇨병이 발병하게 됩니다.

인슐린 비의존형 당뇨병(제2형 당뇨병) 역시 지방과 관계가 깊습니다. 이 당뇨병은, 인슐린은 정상적으로 분비되지만 그 역할을 제대로 수행하지 못할 때 생깁니다. 인슐린이 역할을 제대로 수행하지 못하는 이유는 나쁜 지방에 의해 프로스타글란딘이라는 호르몬이 교란되기 때문입니다. 이렇게 되면 인슐린이 메시지를 세포로 전하는 과정에서 프로스타글란딘의 도움을 받지 못하는 일이 생기지요. 그 결과가 인슐린 비의존형 당뇨병입니다.*16

트랜스지방산 연구의 권위자인 메리 에닉 박사도 이 점에 대해서는 같은 의견이다. 박사 역시 "트랜스지방산의 인슐린 활동 방해 기작은 이미 많은 연구에 의해 확인된 사실"이라고 말하며, 이 기작은 당뇨병의 직접적인 원인이 된다고 보고한 바 있다.*17

8. 암과의 관련성

독일 생화학자인 오토 바르부르크(Otto H. Warburg) 박사는 세포 내 산소부족 현상이 암의 원인이 되는 기작을 발표함으로써 노벨상을 받았다. 이 역사적인 연구의 핵심은 인체의 정상적인 세포도 산소 공급이 충분하지 않으면 암세포가 될 수 있다는 내용이다.[*18]

이 이론에도 트랜스지방산이 관여한다. 앞에서 트랜스지방산이 늘 우리 몸 안에서 필수지방산과 '산소 쟁탈전'을 벌인다고 했다. 그 결과로 세포 내에서 산소 결핍 문제가 생긴다고 했다. 이 상태는 바르부르크 박사가 주장하는 암세포 생장 환경과 정확히 일치한다. 즉, 트랜스지방산이 직접 암 발병의 환경을 조성한다는 이야기다.

지방 전문가인 존 피네갠 박사도 비슷한 이론을 펼치고 있다. 박사는 저서『지방의 진실』에서 "우리 몸 안에 산소를 비롯한 필수 성분이 제대로 공급되지 않으면 세포는 무산소 호흡을 하게 되는데, 이때 비정상적으로 발육하는 세포가 생긴다"고 설명한다.[*19] 그 결과가 암인 것이다.

이런 경우 해결사가 필수지방산이다. 실제로 오메가-3 지방산을 충분히 섭취함으로써 암을 퇴치한 사례가 무척 많다. 지방산 연구의 창시자인 요한나 버드윅 박사가 오메가-3 지방산이 풍부한 아마인유(亞麻仁油)를 투여하여 암 환자를 치료한 일화는 너무나 유명하다.

현대 분자교정의학의 산실인 '라이너스폴링 과학의학연구소'의 실험결과도 이론적 기반을 같이한다. "필수지방산이 이상적으로 조합된 사료를 먹은 쥐가 암 발병이 현저히 적은 경향을 보였다"고 연구소는 발표했다.[*20] 모두 트랜스지방산과 직간접적으로 관련이 있는 연구들이다.

풍요 속의 빈곤

한때 '아크릴아마이드(acrylamide)'라는 물질이 식품업계를 소란스럽게 한 적이 있다. 아크릴아마이드는 탄수화물 식품을 고온에서 가공할 때 생성되는 유해물질로 발암추정물질의 하나다. 감자를 기름에 튀길 때 주로 검출된다. 인기 식품인 감자튀김과 포테이토칩에 이 물질이 들어있다는 사실이 확인됐다. 언론들이 대서특필하면서 소비자를 불안에 빠뜨렸다.

아크릴아마이드는 왜 만들어지는 것일까? 주범은 '고온'이다. 곡류에 들어있는 특정 단백질과 당 성분이 높은 온도에 노출되면 이 물질로 변한다. 감자 가공품에서 유독 아크릴아마이드가 많이 검출되는 까닭은 감자에 그 원료물질의 함량이 상대적으로 높기 때문이다.*1

따라서 감자를 기름에 튀기더라도 저온에서 튀긴다면 이 물질은 생성되지 않는다. 즉, 아크릴아마이드는 기름과는 무관한 물질이란 이야기다. 지금은 소비자의 뇌리에서 거의 사라졌지만, 당시엔 포테이토칩과 감자튀김을 과연 계속 먹어야 할 것인지를 놓고 고민해야 했다.

하지만 자못 심각한 논란을 불러일으켰던 이 해프닝은 알고 보면 문제의 깃털만 보았지 몸통은 빠뜨리고 있다는 생각을 지울 수 없다. 당연히 언론은 그때 트랜스지방산 문제도 이슈화했어야 했다. 170℃를 넘는 고온에서 유탕 처리되는 이들 감자 가공식품에는 트랜스지방산도 적잖이 들어있을 터이기 때문이다.*2

여기서 아크릴아마이드와 트랜스지방산 어느 쪽이 더 유해한지에 대한 논의는 의미가 없다. 문제는 업계와 언론, 소비자 간에 존재할 수밖에 없는 정보의 비대칭성이다. 소비자들은 아크릴아마이드라는 성분의 유해성에 대해 곧바로 알았지만 트랜스지방산의 유해성은 한동안 감춰졌다.

강력한 재력으로 무장한 유지업계는 트랜스지방산의 유해성 논란이 수면 위로 떠오를라치면 수단과 방법을 가리지 않고 막는다. 반면 유지와는 관계가 없는 아크릴아마이드 문제는 막아줄 사람이 없다. 영세한 감자 재배 농민들이 나설 수 있는 입장은 아니다.

정보의 비대칭 현상과 트랜스지방산 문제를 추적하다 보면 흥미로운 사실 하나를 발견하게 된다. 20세기 중반경, 트랜스지방산의 유해성이 최초로 알려졌을 때 서양의 유지업계에서는 이 문제를 덮기 위해 애꿎은 동물성 지방을 걸고넘어졌다. 동물성 지방이 건강에 해롭다고 적극 홍보하고 나선 것이다.*3

업계의 이 마케팅 전략은 주효하여 소비자에게 맹목적인 식물성 유지 선호 사고를 심었다. 그 역사의 아이러니가 건설한 것이 바로 오늘날의 추출정제유와 인공경화유 천국이다. 추출정제유는 거의 대부분이 식물성 유지이며 쇼트닝과 마가린 역시 식물성 유지가 아닌가? 내막을 모르는 소비자들은 그 유지가 숨기고 있는 '흉기'를 알 턱이 없다.

늦게나마 식품업계가 트랜스지방산의 실체를 인정한 것은 다행이다. 요즘 가공식품의 트랜스지방산 함량을 보면 거의 대부분 '0그램'이다. 업계가 나름대로 트랜스지방산 저감 노력을 해온 덕분이다. 그러나 여기에도 정보의 비대칭성은 존재한다. 실제로 트랜스지방산이 전혀 없는 것이 아니다. 현행 표시기준을 보면 트랜스지방이 0.2그램 미만인 경우는 0그램이라고 표시할 수 있다.

현대인들은 유독 튀김식품을 즐겨먹는다. 감자튀김부터 시작하여 각종 칩, 튀김과자, 돈가스, 탕수육, 프라이드치킨 등등. 찜보다는 기름에 튀긴 식품을 훨씬 좋아한다. 생선은 물론이고 채소에 이르기까지 무엇이든 튀기면 더 잘 먹는다. 두부는 안 먹어도 유부는 먹고, 스낵도 오븐에 굽기만 한 것보다는 조금이라도 끓는 기름에 담갔던 것을 좋아한다. 하다못해 건빵조차 기름에 튀겨서 다시 포장해놓으면 더 잘 팔린다.

왜 이런 일들이 일어나는 것일까? 입맛이란 우리 몸이 요구하는 '특정 성분에 대한 감각적 표현'이다. 예컨대 갈증은 우리 몸이 수분을 요구할 때 나타나는 현상이다. 단것이 먹고 싶다는 것은 우리 몸이 포도당을 요구하고 있다는 뜻이다. 갑자기 초콜릿 생각이 날 때가 있는데, 이는 마그네슘 부족의 심리적 표출이라는 설이 있다.

이 이론을 지방에 적용시킨 것이 이른바 '보부크(BOVUC, Bad Oil & Vicious Circle) 현상'이다. 영문 이니셜이 암시하듯 '나쁜 지방은 다시 나쁜 지방을 부른다'는 뜻이다. 우리말로 굳이 표현하자면 '나쁜 지방의 악순환' 정도가 될까?

우리가 트랜스지방산이 많이 들어있는 나쁜 지방을 계속 섭취하면 우리 몸은 필연적으로 필수지방산 부족을 겪게 된다. 여기서 말하는 필수지방산이란 물론 오메가-3 지방산을 가리킨다. 아무리 지방을 많이 섭취해도 오메가-3 지방산이 결핍되어 있다면 우리 몸은 여전히 지방이 부족한 것으로 인식한다. 이 기현상은 고지방식품을 무조건 탐닉하는 악순환으로 이어진다. 이것이 보부크 현상의 골자다.*4

현대인의 식생활이, 아니 서구화된 우리 식생활이 안고 있는 문제 중의 하나가 '지방 과잉'이다. 그 지방 과잉이 오늘날 망국적인 비만문제를 낳았다는 사실은 삼척동자도 안다. 그러나 이러한 지방 과잉 시대의 이면에 정작 필요한 지방은 부족하다는 현실은, 즉 '보부크'라는 해괴한 단어를 만들어내는 현실은 아이러니가 아닐 수 없다.

우리는 이와 같은 역설이 필연적으로 생길 수밖에 없는 제유산업의 현주소를 그냥 지나쳐서는 안 된다. 자료에 의하면 트랜스지방산으로 인해 미국에서만 매년 3만 명이 목숨을 잃고 있다.*5 지구촌 전체로 치면 엄청난 인원일 터다. '유지 속에 숨어있는 흉기'라는 표현은 결코 과장이 아니다.

유지는 되도록 자연 그대로가 좋다. 정제가공된 유지는 좋을 수가 없다. 식용유는 추출정제유가 아닌 압착유를 이용하자. 압착유는 추출하여 만들지 않는다. 참기름 짜는 식으로 압착하여 만든다. 헥산 같은 유기용매와 관계가 없다. 당연히 정제할 필요도 없다. '엑스트라 버진(extra-virgin)'이라는 표시가 바로 압착유라는 뜻이다.

굳기름은 쇼트닝이나 마가린 같은 인공경화유를 피해야 한다. 대신 추천할 수 있는 굳기름이 버터다. 버터는 유지방을 물리적인 방법으로 굳혀 만든다. 지방산 분자 구조의 변형이 없다는 뜻이다.

가끔 버터에 대해 비판적인 평이 나오는데, 너무 많이 먹었을 때 이야기다. 지나친 유가공품 편식가가 아니라면 버터에서 좋은 점을 훨씬 더 많이 누릴 수 있다. 현대인이 결핍되기 쉬운 지용성 영양분이 풍부한 데다 유익한 지방산이 많아서다. 라우르산이 버터의 대표적인 유익한 지방산이다.*6 반면에 헥산이나 벤조피렌 등 해로운 물질은 없다.

정제유와 경화유를 둘러싼 포화지방산과 트랜스지방산의 문제, 그리고 지방 과잉 시대에 살면서도 정작 필요한 지방은 결핍될 수밖에 없는 현실은 결국 정제식품이 안고 있는 원천적인 문제와 만나게 된다. 이 사실 속에서 우리는 식생활 만큼은 왜 자연을 거스르면 안 되는지, 왜 과학에 맹목적으로 의존하면 안 되는지에 대한 해답을 찾을 수 있다. 이 문제는 현대식 유지 가공방법에 근본적인 변화가 없는 한 지속될 수밖에 없다.

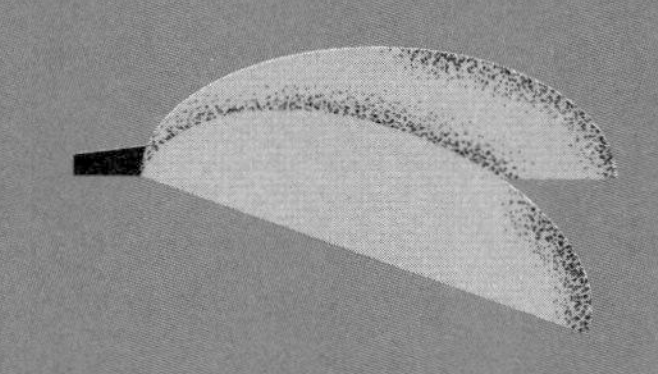

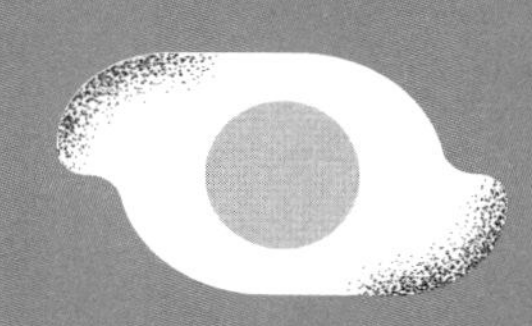

제5장

식품 케미컬 시대

탐욕과 몰상식이 음식 속에 화학물질을 넣었다

야누스의 두 얼굴

20세기 초반, 제1차 세계대전의 전운이 서서히 감돌기 시작할 즈음, 한 독일인 과학자의 실험실에 기이한 일이 발생한다. 실험 도중 정체불명의 향기가 방을 가득 채우고 있었다. 코끝에서 느껴지는 그 향은 틀림없는 포도 냄새였다. 주위를 아무리 둘러봐도 포도 냄새를 낼 만한 물건은 없었다.

그 순간 그 과학자의 뇌리를 스치는 것이 있었다. 자신이 방금 실수로 합성한 물질이 그 냄새를 만들고 있다는 사실을 알아차린다. 포도향의 주 구성물질이자 과일향의 필수성분인 '메틸 안트라닐레이트(methyl anthranilate)'가 발명되는 순간이었다.*[1]

이 역사적인 사건은 본격적인 인공향료 시대를 여는 신호탄이 된다. 물론 이전에도 실험실에서 맛 성분을 찾고자 하는 과학자들의 시도가 몇 차례 있긴 했다. 그러나 현실성 있는 결과는 나오지 않았다. 비록 우연이었지만 메틸 안트라닐레이트의 합성은 가공식품 역사에 큰 획을 긋는다. 이젠 무엇이든 원하는 맛을 인공적으로 만들어낼 수 있으리라. 그것은 참으로 매력적인 산업이 될 것이 틀림없었다.

한편, 이와는 별도로 그보다 훨씬 전인 19세기 중반께, 이 사건에 버금가는 또 다른 성공 스토리가 있었다. 영국의 화학자인 윌리엄 퍼킨스(William H. Perkins) 박사가 세계 최초로 '아닐린 염료'를 합성한 것이다.*2

아닐린 염료의 합성 역시 당시로서는 획기적인 일이었다. 사용하기에 여러 모로 불편했던 천연염료를 간단히 대체할 수 있는 합성염료의 길을 열었기 때문이다. 합성염료는 가격이 저렴할 뿐만 아니라 색택이 선명하고, 여간해서 변색되지 않는 장점이 있었다.

당시 합성에 성공한 아닐린 염료는 기본원료가 콜타르(coal-tar)였으며, 오늘날 우리가 '타르색소'라고 부르는 합성착색료의 효시가 된다. 이 색소는 처음에는 '콜타르 색소'라고 불렸다. 하지만 업체들이 콜타르라는 말을 빼도록 강력히 요청하여 지금은 그냥 타르색소라고 부른다.

합성착색료의 등장과 곧 이은 인공향료의 가세는 식품을 만들어 팔며 돈을 버는 사람들에게는 큰 축복이요 기회였다. 어느 식품이든 간편하고 저렴하게 맛을 낼 수 있었고, 원하는 색으로 현란하게 옷을 입힐 수 있었기 때문이다.

제2차 세계대전 이후, 구미에서는 식품산업의 역동성을 부추기는 두 갈래의 큰 조류가 있었다. 하나는 과학기술의 비약적인 발전이었고, 다른 하나는 식품 수요의 급격한 팽창이었다. 유럽의 인공향료와 합성착색료 기술자들은 속속 미국으로 건너가 공장을 짓기 시작했다. 날로 팽창하는 식품시장은 더 많은 향료와 색소를 필요로 했고, 발달하는 과학기술은 새로운 화학물질들의 품목수를 더욱 늘려갔다.

그뿐만이 아니었다. 여기에 또 다른 합성물질들이 가세한다. 보존료와 조미료, 산미료, 유화제 등이 그것이었다. 이들 화학물질은 이제 더 이상 구색 품목이 아니었다. 식품산업에서 없어서는 안 될 어엿한 새로운 장르를 형성하고 있었다.

그 움직임은 가공식품의 생산규모가 커감에 따라 피할 수 없는 추세였으며, 주변에는 벌써 돈 냄새를 맡은 사람들이 벌 떼같이 몰려들고 있었다. 이른바 '식품 케미컬(food chemical)'이라고 하는, 식품산업도 아니고 화학산업도 아닌 새로운 비즈니스가 태동하고 있었다. 식품 케미컬이란 '식품에 첨가하는 화학물질'로서 좁은 의미의 식품첨가물이다.

우리는 또 왜 갑자기 색소와 향료 이야기를 하고 식품 케미컬을 거론하는 것일까? 그 이유는 이 물질들이 오늘날 식품산업에서 차지하는 비중이 너무나 크며, 건강 측면에서도 결코 빼놓을 수 없는 주제이기 때문이다. 이 물질들에 대한 이해 없이는 가공식품을 안다고 할 수 없다. 그것들은 곧 '가공식품의 혼'이라고 정의해도 좋다. 지금부터 식품첨가물의 노른자 격인 식품 케미컬을 도마 위에 올려놓고 또 다른 중요한 이야기를 시작하기로 하자.

초기 식품 케미컬 산업의 견인차는 단연 인공색소와 합성향료였다. 이 새로운 비즈니스는 가공식품 시장의 팽창에 편승하여 비약적인 발전을 이룩해갔다. 20세기 초반에 이미 개발된 타르색소 80여 종, 최근까지 합성되어 사용되고 있는 향료 기초물질 1,000여 종. 식품 케미컬 시대를 연 두 쌍두마차의 괄목할 만한 성적서다.*3

향료 산업은 그야말로 고부가가치 비즈니스다. 매출액 대비 이익률 면에서 이 산업의 위상은 단연 제조업종의 선두 그룹에 자리한다. 시장 크기는 미국 시장만 보더라도 연간 약 15억 달러 규모다. 미국에 본사를 둔 세계 최대 향료회사는 30년간 매출액 규모가 15배나 늘었고, 전 세계 20개국에 공장을 가진 다국적기업으로 성장해있다.[*4]

오늘날 지구촌의 가공식품 업체들은 매년 수만 종의 신제품을 시장에 쏟아낸다. 이 제품들 속에는 마치 컴퓨터에 마이크로프로세서가 내장되어 있듯 거의 대부분 인공향료가 들어있다. 이들 향료는 맛을 결정하는 핵심 역할을 수행함으로써 가공식품에 생명을 불어넣는다. 이 화학물질 없이 현대 가공식품 산업이 존재할 수 있었을까? '향료'를 모르는 자와는 가공식품을 논하지 말라!

음식물 비용의 90퍼센트 이상을 가공식품 구입에 사용하는 문명국의 소비자는 수많은 식품 브랜드들을 잘 기억한다. 또 그 제품을 만드는 식품회사에 대해서도 잘 안다. 그러나 자신들의 미각을 사로잡은 '맛'에 대해서는 의외로 잘 모른다. 특히 그것이 다른 회사에서 만들어진다는 사실은 전혀 모른다. 왜냐하면 그것을 만들어내는 회사들은 '얼굴'이 없기 때문이다. 맛을 만드는 향료업체들은 철저하게 베일에 가려져있다.

향료회사의 폐쇄성은 그들의 고객사인 식품회사에게도 마찬가지다. 향료를 쓰는 식품회사 역시 향료 메이커에 대해 잘 모른다는 뜻이다. 향료회사들은 자신이 공급하고 있는 제품 속에 무엇이 들어있는지 결코 밝히지 않는다. 또 어느 식품회사와 거래를 하며 자신들이 만드는 향료가 어느 유명 제품에 사용되고 있는지도 비밀이다. 아니, 철저히 함구한다.

정보 공개를 꺼리는 향료 업계의 관행은 그 자체가 중대한 문제일 수 있다. 예컨대 향료업체들이 감독관청에 의무적으로 제출해야 하는 원료 리스트가 실제로 그들 공장의 향료 배합기에 들어가는 물질들과 일치한다고 생각하면 오산이다. 수입 향료의 경우, 검역 · 통관 과정에서 필수적으로 제시해야 하는 향료 배합률표가 양심적인 자료라고 생각하면 순진한 사람이다.

향료에 사용되는 원료들을 일일이 확인 · 감독하는 일은 현재 기술로 불가능하다. 비단 기술적으로만 불가능한 게 아니고 시스템적으로도 불가능하다. 이는 아무리 식품관리가 앞서 있는 선진국이라 해도 마찬가지다.

미국의 소아과 의사이자 식품첨가물 연구가인 벤 파인골드(Ben F. Feingold) 박사의 의견도 같다. 박사는 "향료에 사용되는 화학물질들을 제대로 확인하려면 앞으로 수십 년이 지나야 할 것이며 천문학적인 비용이 소요될 것"이라고 말한다.[*5] 한 향료 속에 들어있는 수백 가지의 성분들을 사실 그대로 공개할 향료회사는 없으며, 감독관청에서도 기술적인 방법으로 이를 확인할 수 있는 길은 아직 없다.

오늘날 소비자들은 식품점에서 무엇을 구입하는가? 제품을 구입하는가? 그렇지 않다. 소비자들이 구입하는 것은 바로 '맛'이다. 물론 외형적으로 구입하는 것은 제품이다. 그러나 그 선택을 좌우하는 요소는 맛이다. 맛이 이렇게 중요함에도 정작 그 맛을 만드는 곳은 식품회사가 아니다. 그것을 만드는 곳은 소비자들이 잘 모르는 회사, 전혀 다른 장소에 있는 케미컬 회사다.

이 사실은 슈퍼에서 팔리고 있는 일반 가공식품에만 해당되는 이야기가 아니다. 가공식품과 똑같이 성장해온 패스트푸드도 마찬가지다. 비근한 예로 우리가 흔히 먹고 있는 감자튀김을 보자. 유명 패스트푸드 체인의 감자튀김이 특별히 맛있다고 생각되는가? 그렇다면 그 맛은 향료회사가 만든다고 보시라. 미국의 식품 저널리스트 에릭 슐로서(Eric Schlosser)는 저서 『패스트푸드 왕국(Fast Food Nation)』에서 세계 최대 외식업체의 감자튀김에도 향료가 사용된다고 폭로하고 있다.[*6]

모름지기 '맛'을 구입하는 소비자와 그 '맛'을 만드는 향료회사는 가장 친근해야 한다. 그러나 현실은 정반대다. 왜 이런 문제가 생기는 것일까? 향료업계의 양면성이 이를 잘 설명한다. 향료산업은 첨단의 지식산업이며 고부가가치 산업이다. 식품 전문가들은 그들이 제공하는 맛을 찬양한다. 하지만 그들이 만드는 화려한 맛 뒤에는 알지 못할 음습한 냄새가 숨어있음을 감각적으로 느낀다. 몇 가지 사례를 통해 야누스의 얼굴을 하고 있는 식품 케미컬 산업을 이해해보자.

불투명한 레시피

2002년 5월 20일, 일본 도쿄 도청의 식품감시과 앞으로 투서 한 장이 날아든다. 일본 중견 향료회사의 하나인 교와향료(協和香料)가 허가되지 않은 화학물질을 사용하여 향료를 생산하고 있다는 것. 그러지 않아도 식품행정을 둘러싼 여론이 흉흉하던 차라 식품감시과에는 또 다시 긴장감이 감돈다.

즉각 교와향료의 내사에 착수한 감독관청에서는 어이없는 사실들을 밝혀낸다. 식품향료의 원료로 사용할 수 없는 물질이 한 가지도 아닌 다섯 가지나 된다는 것, 이들 문제의 원료가 30년도 넘게 사용되어 왔다는 것, 이렇게 만들어진 불법 향료가 그동안 450종에 달하고 일본 내 600여 개소의 업체로 공급되어 왔다는 것 등이 확인됐다.[*1]

더욱 심각한 것은 몇 해 전에 이 일이 이사회에 보고된 적이 있었다는 사실이다. 최고 경영자까지 알고 있었다는 뜻이다. 그들은 허가된 다른 원료로 레시피를 바꿀 경우 미세하나마 향미의 변화가 생길 수 있는 점을 우려했고, 그것은 곧 고객사 클레임으로 이어질 게 불을 보듯 뻔했기에 쉬쉬하며 그 원료들을 계속 써왔다.

뒤늦게나마 남아있는 향료들이 폐기되고 그 향료가 사용된 가공식품들이 전량 회수되는 소동이 벌어진다. 하지만 이미 오래전부터 생산된 제품들은 벌써 소비자의 몸속에 들어가 피가 되고 살이 되어있을 테니, 그건 어찌할 것인가? 결국 교와향료는 무기한 영업정지 처분을 받았고 대표자가 형사 고발되는 사태에까지 이른다. 지금 이 회사는 사라졌다.

꺼림칙한 것은 이 사건이 강 건너 불처럼 남의 나라 일만이 아니라는 점이다. 교와향료의 제품은 일본 내에서만 사용된 게 아니다. 우리나라에도 그동안 많게는 연간 수백만 달러어치에 달하는 물량이 수입되었다. 웬만한 식품기술자라면 밀크계 향을 테스트할 때 습관적으로 먼저 이 회사의 향료에 손이 가곤 했던 일을 기억하고 있을 터다.

물론 우리나라의 소비자들은 이 사태에 대해 전혀 모르고 있다. 일본 열도가 법석을 떨며 식품들을 회수하는 동안에도 우리나라의 언론들은 침묵을 지키고 있었다.

일본계 미국인 석학인 프랜시스 후쿠야마 교수는 일본을 고신뢰사회로 분류하고 있다. 일본은 사회 조직원 간의 신뢰도가 높은 나라라는 것이다. 그런 사회에서 이런 일이 발생하다니! 비단 일본만의 일일까? 우리나라 향료업계는 괜찮은 것일까? 아예 적발조차 되지 않는 것 아닐까? 후쿠야마 교수에 의하면 우리나라는 유감스럽게도 저신뢰사회다.

향료 레시피의 불투명성에 대해서는 식품위생법을 주도하는 미국이라고 해서 다르지 않다. 벤 파인골드 박사는 저서에서 향료업계의 가장 큰 문제는 바로 '비밀(secrets)'이라고 지적하고 있다. 박사는 "미국에서도 향료에 사용되는 물질들의 내역은 거의 알려지지 않으며, 이에 대한 책임 관계도 불분명한 게 현실"이라고 말한다.[*2]

교와향료의 스캔들과 비슷한 시기에 일본의 식품업계에는 또 다른 불미스러운 일이 있었다. 일본 전역에 1만여 개의 가맹점을 거느리고 있는 대형 프랜차이즈 업체 '미스터도넛'이 불법으로 보존료를 사용해온 혐의가 적발된 것. 이 회사는 가맹점으로 공급하는 만두제품에 '터셔리부틸히드로퀴논(TBHQ)'이라는 산화방지제를 써왔는데, 이 물질은 허가가 안 된 방부제였다. 물론 회사의 고위층에서도 이 사실을 알고 있었으며 철저히 비밀에 부치고 있었다.[*3]

TBHQ는 식품 속에 산소가 나타나면 재빨리 포획하는 성질이 있어서 탁월한 방부효과를 나타낸다. 하지만 이 물질은 그 효과만큼이나 독성이 강해 성인의 경우 섭취량 1그램 이하에서도 정신착란이나 호흡곤란과 같은 부작용을 유발하고, 5그램 이하에서 치사시키는 것으로 보고되어 있다. 그런데 묘한 것은 이 물질이 일본과는 달리 미국의 식품위생법에는 허가가 돼 있다는 사실이다.

미국의 저널리스트인 루스 윈터(Ruth Winter)는 "TBHQ는 미국식품의약품국

(FDA)이 식품업자들의 집요한 압력에 굴복하여 사용을 허가한 물질"이라고 밝히고 있다.[*4] 이 물질은 우리나라와 중국에도 물론 허가되어 있다. 그러나 일본의 후생노동성은 아직 허가하지 않고 있는 실정이다. 그 만두 제품들 역시 모두 수거되고 회사는 의법 조치되었지만, 미스터도넛 측에서는 "다른 나라에서 사용되고 있는 물질이기 때문에 불법인지 알면서도 계속 써왔다"고 변명하고 있다.

이 사건을 통하여 우리는 두 가지 중대한 문제를 발견하게 된다. 하나는 식품케미컬에 관해서는 얼마든지 법을 무시한 행위들이 저질러질 수 있다는 점이다. 한적한 지방의 어느 작은 공장 한구석에서 무지(無知)로 일어날 수 있는가 하면, 내로라하는 대기업의 자동화라인에서 공공연한 비밀로 자행될 수도 있다. 이 '불법의 그림자'는 검역 담당자 책상 위의 간이 서류 속에도 들어있을 수 있으며, 식품의약품안전청에 제출된 정식 보고서 속에도 숨어있을 수 있다. 어쩌다 적발되어 언론에 보도되는 사건들은 빙산의 일각에 불과할지 모른다.

또 다른 문제 하나는 식품첨가물 관리기준의 모호성이다. 이는 어느 한 나라만의 문제가 아니다. 전 세계 식품첨가물 업계와 행정당국이 공동으로 책임져야 할 사안이다. TBHQ의 경우 왜 어느 나라에서는 사용할 수 있고 어느 나라에서는 사용할 수 없는가? 화학물질의 유해성이 인종이나 민족에 따라 다르단 말인가? 특히 향료의 예에서 그 심각성이 적나라하게 드러난다. 수천 가지에 달하는 향료 기초물질의 경우 관리기준 자체가 아예 없다고 해도 과언이 아니다.

이번엔 국내로 시선을 돌려보자. 얼마 전에 주요 언론의 사회면에 식품회사의 위법사실이 보도된 적이 있다. 대기업을 포함한 몇몇 식품업체들이 제품에 합성보존료를 첨가하고도 '무방부제' 제품으로 광고하거나 허위표시를 했다는 것이

다. 문제의 보존료는 소브산(소르빈산)과 안식향산(벤조산)으로 다행히 무허가 물질은 아니었다.*5

적발된 품목 중에는 국내 최대 식품회사의 제품도 들어있었다. 식품업계를 아는 사람은 동의하겠지만 이러한 대기업에서 무방부제 식품이라고 광고하는 제품에 공식적으로 보존료를 넣었을 것이라고는 생각되지 않는다. 즉, 공장 작업자의 손에 있는 원료 배합표에는 보존료라는 항목이 들어있지 않았을 것이란 이야기다.

하지만 그 제품들 속에 보존료가 들어있다는 사실은 엄연한 팩트다. 분석 데이터는 거짓말을 하지 않는다. 누군가가 보존료를 넣은 것이 틀림없다. 그렇다면 공장 작업자가 필요할 것 같아 스스로 알아서 넣었단 말인가? 역시 현실적으로 있을 수 없는 이야기다.

이러한 사건은 언론에 수시로 보도되지만, 정작 중요한 원인은 여간해서 공개되지 않는다. 또 해당 기업이 어떤 처벌을 받았는지, 재발 방지를 위해 어떤 조치가 취해졌는지도 알려지지 않는다. 이번 사건도 물론 그 발생 전말에 대해서는 아직까지 밝혀지지 않고 있다. 과연 이 수수께끼 같은 사건들을 어떻게 이해해야 할까?

여기서 잠시 식품회사의 제품 개발실에서 일어날 수 있는 일을 상상해보자. 제품에 따라 다소 차이는 있겠지만 신제품 개발 담당자들이 가장 중시하는 요소 가운데 하나가 완제품의 최종 수분함량이다. 이 수분함량은 제품력을 결정하는 주요 변수인 맛과 식감 등의 물리적 특성에 직접적으로 영향을 미친다.

그러나 담당자들이 수분함량을 주목하는 더 큰 이유는 정작 다른 데에 있다.

바로 제품의 보존성이다. 대량생산이 경쟁력의 원천인 가공식품은 유통과정에서의 변질 문제가 아킬레스건이다. 아무리 제품력을 결정하는 다른 요소들이 좋은 점수를 받는다 해도 슈퍼마켓의 진열대에서 일정기간 품질을 유지하지 못하면 상품으로서 자격이 없다.

제품 개발 담당자들은 수분함량이라는 변수가 제품력과 보존성 사이에서 트레이드오프(trade-off)로 작용한다는 사실을 안다. 제품력도 올리고 보존성도 좋게 하는 두 마리 토끼를 동시에 쫓을 수 없다는 뜻이다. 특히 부드러움을 요구하는 제품인 경우 피할 수 없는 난관이다. 이런 고민을 해결하지 못해, 천신만고 끝에 마음에 꼭 드는 신제품을 만들어 놓고도 시장에 선을 보이지 못하는 사례가 부지기수다.

이때 담당자는 갈등을 하게 된다. 오랜 기간 밤새우며 노력한 결과를 포기할 것이냐, 아니면 다른 수단을 강구할 것이냐의 문제다. 여기서 다른 수단이란 십중팔구 보존료를 사용하는 일이다. 보존료를 쓰면 수분을 줄이지 않고도 훌륭히 보관성을 좋게 할 수 있다. 그러나 그 결정이 생각과 같이 간단하지 않다는 점이 고약하다. 보존료를 쓸 경우 반드시 그 명칭을 표기해야 하기 때문이다.

가장 좋은 방법은 기술로 해결하는 것이다. 노련한 목수는 못을 사용하지 않고도 얼마든지 좋은 집을 지을 수 있듯, 훌륭한 기술자는 굳이 혐오물질을 쓰지 않고도 소비자가 요구하는 제품을 너끈히 만들 수 있다. 만일 기술로 해결하는 일이 정 어려울 경우에는 비용을 들이는 방법도 있다. 이를테면 특수포장을 채택함으로써 제품을 더 효율적으로 보호하는 방안이다. 그러나 여기에는 원가상승이라는 또 하나의 난제가 생긴다.

'기술' 또는 '비용'이라는 두 대안 가운데 하나라도 선택할 수 있다면 다행이겠지만, 보통 그렇지 않은 경우가 태반이다. 더욱이 출시 일정이 이미 결정되어 시간상으로 촉박할 경우 담당자는 큰 딜레마에 빠진다. 이런 딜레마는 일종의 극한 상황이다. 극한 상황에 도달하면 사람은 모든 가용한 수단을 강구한다. 이런 경우 흔히 '양심'이라는 도덕적 규범은 판단 기준에서 빠르게 휘발한다. 다른 대안을 발견하지 못한 제품 담당자는 결국 편법을 생각한다. 그것은 떳떳하지 못한 원료를 숨기는 일이다.

가공식품은 한두 가지 원료로 만들어지는 게 아니다. 제품에 따라 많게는 수십 가지의 원료들이 사용된다. 식품첨가물을 포함한 이 많은 종류의 원료들은 각각 고유한 사용목적이 있다. 일단 편법이 동원되면 그 많은 원료들 가운데 어느 하나에는 보존성 향상이라는 또 한 가지 목적이 추가된다.

이는 물론 극비사항이다. 보통 미량이 사용되는 보존료가 그 비밀 목적을 위해 은신처를 찾기란 그다지 어렵지 않다. 이렇게 되면 배합원료 리스트에는 보존료가 올라가 있지 않으므로 표기의 의무가 사라진다. 제품 속에는 보존료 성분이 들어있지만 그에 대한 표기는 하지 않아도 되는 아주 기막힌 방법이다.

이러한 가정은 너무 극단적인 상상일까? 물론 그렇다면 다행이다. 그러나 오늘날 업계의 비윤리적 현실을 볼 때, 이 정도의 편법은 얼마든지 있음직한 이야기다. 이러한 위험성은 우리나라에서만 문제되는 것이 아니다. 식품 만드는 일을 돈벌이 수단으로 생각하는 사람이 있는 한, 어느 나라에서든 발생할 수 있는 문제다. 미국의 식품 저널리스트인 에릭 슐로서의 다음 지적이 막연한 상상만은 아니라는 것을 보여준다.

FDA는 향료회사에게 모든 원료를 보고하도록 요구하지 않는다. 현 제도 하에서 향료회사는 향료에 들어가는 원료 리스트를 얼마든지 베일 속에 가릴 수 있다. 베일에 가려진 원료들 가운데는 '맛을 내기 위한 목적 이외의 물질'이 들어있을 수 있다.*6

이 문제는 미국뿐만 아니라 일본에서도 논란이 되고 있다. 식품 저널리스트인 와타나베 유지는 저서에서 '캐리오버(carry-over)'라는 용어를 사용하여 이 문제를 공론화시키고 있다.*7 캐리오버란 어느 특정 성분을 함유한 식품이 반제품의 형태로 다른 식품의 원료로 사용될 때, 그 특정 성분이 최종 완제품으로 이행되는 현상을 말한다. 이 경우 그 특정 성분을 어떻게 표기할까? 대부분 최종 제품에는 그냥 반제품 이름만 표기한다.

비스킷 제품의 캐리오버 사례

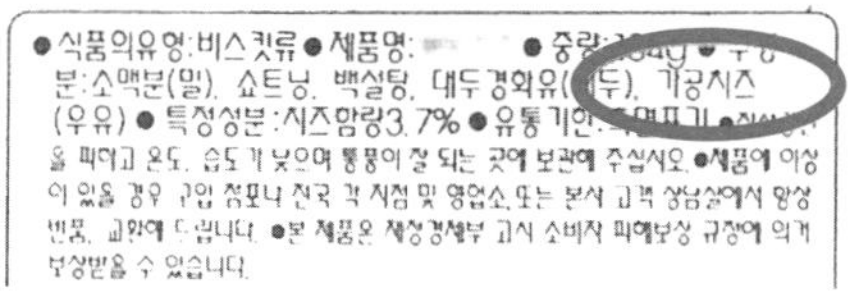

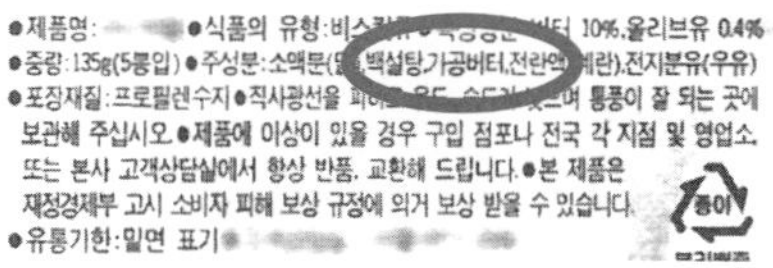

예를 들어보자. 과자에 가공치즈를 원료로 사용하는 경우, 과자 포장지에는 단지 '가공치즈'라고만 표기한다. 소비자들은 그 가공치즈에 사용된 원료 정보를 알 턱이 없다. 설사 치즈에 기피 성분이 들어있더라도 확인할 길이 없다. 특히 이 방법이 의도적으로 사용될 경우 철저히 비밀에 부쳐지기 때문에 결코 수면 위로 드러나지 않는다.

물론 앞에서 고발된 회사들의 문제 제품이 이와 같은 악의적인 캐리오버 수법의 산물이라는 확증은 없다. 단지 하나의 가정에 불과하다. 하지만 전문가들의 주장이나, 오늘날 식품업계에서 일어나는 비상식적인 사건을 볼 때, 전혀 터무니없는 이야기는 아니다.

식품업계의 불미스러운 일들은 곧바로 소비자 건강 문제로 직결된다. 아무리 작은 구멍가게의 삼류 메이커 제품이라 할지라도 결코 나와 내 가족의 건강과 무관할 수 없다. 식품안전에 대해서만은 우리 모두가 머리를 맞대고 항상 내 일처럼 생각해야 하는 이유가 여기에 있다.

문제는 업체나 담당자의 '도덕적 해이'다. 그들의 비윤리적인 결정이 어떤 결과를 불러올지 짐작하기란 어렵지 않다. 이런 우려는 특히 식품 케미컬의 복잡성과 모호성 속에서 더욱 커진다.

만약 가공식품 업계의 모든 비즈니스 주체들이 철저히 양심으로 무장하고 무슨 일이 있어도 법규를 따른다고 해보자. 그러면 문제는 없는 것일까? 과연 식품위생법 테두리 안에서 규정대로만 정확히 만든다면 소비자 건강을 위협하는 모든 위해요소들은 제거되는 것일까?

정답은 '아니요'다. 법 테두리 안에서 양심적으로 만들어진 제품이라도 여전히 소비자 건강은 담보되지 않을 수 있다. 아닌 밤중에 홍두깨 같은 이야기일지 모르겠으나 생각해보면 매우 심각한 사안이다. 국가의 헌법이 정당성을 상실하면 비상시국이 오듯, 이 사실은 우리 식생활의 근본을 흔드는 중대한 문제일 수 있다. 무슨 근거로 이런 황당한 발언을 하는 것일까?

누가 만드는가

19세기 중반경의 미국은 무법천지였다. 목숨을 걸고 서부의 황야를 개척해가는 그들의 다큐멘터리 영상물이 시사하듯, 당시 미국인들의 사전에는 원칙이 없었다. 이 원칙 부재의 사고는 비즈니스에도 그대로 투영되었고, 식품산업에도 예외가 아니었다. 미국에서 시작된 근대식 식품 케미컬 산업은 그러한 와중에서 태어났다.

식품 케미컬의 역사를 들여다보면 미국인들의 용기에 새삼 감탄을 금치 못하게 된다. 당시 그들은 먹는 식품에 아무거나 넣었다. 파인골드 박사는 저서『어린아이가 과잉행동증을 보이는 이유(Why Your Child Is Hyperactive)』에서 그때의 실상을 이렇게 적고 있다.

> 졸렬하게 양산 체제를 갖춘 식품업자들은 보존성 향상을 위해 방부제를 사용하기 시작했다. 그들에게는 소비자 건강보다는 돈을 버는 일이 더 중요했다. 시체의 부패를 막는 데 쓰는 유독성 포르말린에서부터 세정제로 사용되는 보락스에 이르기까지 닥치는 대로 식품에 넣었다. 그뿐만이 아니었다. 그들은 식탁에 올라가는 피클이나 아이들이 먹는 캔디 등에도 페인트에나 쓰는 염료를 넣어 색을 내곤 했다.
>
> 당시 미국에는 이와 같은 무분별한 식품업자들을 감독하는 정부 기구가 없었다. 물론 이를 단속하는 법규도 없었다. 가끔 불량식품을 먹고 치명상을 입거나 사망하는 사람도 생겼다. 그러나 이런 일이 식품업자들의 용감한 행동을 막지는 못했다. 오히려 그들은 소비자에게 변질되지 않는 식품을 공급하기 위해 어쩔 수

없는 일이라고 큰소리로 대응했다.*1

이와 같은 초창기 미국 식품업계의 무분별성은 20세기에 접어들어 겨우 제동이 걸린다. 농무성 수석 연구원이던 헨리 윌리(Henry W. Wiley) 박사가 문제의 심각성을 발견하고 십자가를 지기로 한 것이다. 그는 빗발치는 식품업자들의 비난을 감수하며 가까스로 '식의약품법'을 입법화시킨다. 훗날 이것이 전 세계 가공식품 산업의 바이블과도 같은 FDA 기본법의 모태가 된다.

하지만 때는 이미 늦어있었다. 식품 케미컬 산업은 황금알을 낳는 매력적인 업종으로 자리 잡은 뒤였고, 식품업자들은 강력한 로비 단체로 부상해 있었다. 윌리 박사의 식의약품법은 몇몇 화학물질들을 빼내는 쾌거를 이루기는 했지만, 새롭고 더 강력한 물질들이 추가되는 것을 막기에는 역부족이었다. 이 법은 오히려 식품에 화학물질 사용을 공인해준 꼴이 되고 만다.

식품 케미컬 산업은 이와 같이 음지에서 태어난 업종이다. 그런 만큼 그 주변에는 늘 의혹과 논란이 끊이지 않았다. 그럼에도 이 음지 산업은 지속적으로 번창한다. 품목수가 늘어나고 생산량도 계속 증가한다. 소비자들의 섭취량도 물론 꾸준히 늘어난다. 1970년대 초반 1인당 연간 섭취량이 2킬로그램 안팎이었던 것이 최근에는 거의 두 배인 약 4킬로그램에 달하고 있다.*2 화학물질 4킬로그램이라면 어느 정도 양일까? 큼직한 가방 하나를 가득 채우고도 남을 양이다.

흔히 식품첨가물 하면 대체로 화학물질을 떠올린다. 하지만 식품첨가물이라고 해서 다 화학물질인 것은 아니다. 이른바 '천연첨가물'도 있다. 천연향료, 천연색소 등이 그것이다. 이들 천연첨가물은 괜찮을까? 미국의 식품 저널리스트인 에릭 슐로서(Eric Schlosser)의 설명 속에 답이 들어있다. 그는 이렇게 말한다.

천연향료는 안전하다고 생각하시는가? '천연'이라는 말에 현혹되지 마라. 만드는 방법만 다를 뿐, 천연향료도 인공향료와 크게 다르지 않다. 경우에 따라서는 오히려 천연향료에 해로운 성분이 더 많이 들어있을 수 있다. 제조 과정에서 유해물질들이 섞이기 때문이다.*3

천연첨가물은 출발점이 자연소재인 것은 맞다. 자연소재에서 원하는 효과를 내는 성분들을 빼내어 만든다. 문제는 이 작업 조건이 무척 가혹하다는 사실. 대개 고온 · 고압인 데다 여러 해로운 화학물질들이 사용된다. 화학물질 제거 공정이 이뤄지지만 적은 양이나마 해로운 물질들이 남아있을 수밖에 없다. 또 식품첨가물로서의 효과를 유지 · 강화시키기 위해 다른 물질들을 인위적으로 첨가하는데, 이것들 역시 화학물질이다. 즉, 천연이라는 말이 무색해진다는 뜻이다.

중요한 것은 식품첨가물에 대한 소비자들의 인식이다. 소비자들도 물론 식품첨가물이 몸에 해롭다는 사실은 안다. 하지만 계속 먹는다. 나쁘다고 생각하면서도 계속 먹는다. 왜 이런 일이 벌어지는 것일까? 여기에도 심각한 정보의 비대칭 문제가 숨어있다. 소비자가 실상을 정확히 모르고 있다는 이야기다. 막연히 나쁘다고만 알고 있을 뿐, 구체적으로 어떻게 나쁜지는 모른다. 정확히 알지 못하기 때문에 옳은 행동이 나오지 않는다.

또 소비자는 첨가물이 비록 해로울지는 모르지만 사용이 공인되어 있다는 점을 중시한다. 국제식품규격위원회(CODEX)에서도 식품에 첨가물의 사용을 허가하고 있다. 이는 미국이나 일본의 식품위생법도 마찬가지이고, 이들의 영향을 받고 있는 우리나라 식품위생법도 마찬가지다. 소비자는 이렇게 공식적으로 법제화되어 있다는 데에 높은 신뢰감을 부여한다.

여기서 한 가지 꼭 생각해보아야 할 대목이 있다. 식품첨가물 법규는 누가 만드는가? 소비자가 만드는가? 그렇지 않다. 식품첨가물법이 만들어지는 현장을 보라. 그곳에 소비자는 없다. 오직 식품업체만 있을 뿐이다. 대부분의 경우 식품업체의 목소리만이 반영된다. 식품첨가물 법규는 식품업체가 만든다고 해도 과언이 아니다.

무해론과 불가피론

오늘날은 가히 화학물질 전성시대다. 초창기 혼란기를 틈타 입지를 강화한 식품 케미컬 옹호론자들은 가끔 불거지곤 하는 비판론자들의 의견을 교묘한 방법으로 회피하며 오늘에 이르고 있다. 그들이 주장하는 식품 케미컬 옹호론은 크게 두 가지로 나누어진다. 하나는 '무해론'이고 또 하나는 '불가피론'이다. 옳고 그름을 따지기 전에 먼저 그 내용을 들여다보자.

식품 케미컬 무해론의 밑바탕에 깔려있는 사상이 '소량 무해' 논리다. 쉽게 말해 오늘날 식품에 사용되고 있는 화학물질은 양으로 볼 때 인체에 해롭지 않다는 것이다. 동물실험 등을 통해 인체 건강에 해를 미치지 않는 선에서 결정한다고 말한다. 사실 이 사고에 의해 국제식품규격위원회(CODEX)와 미국식품의약품국(FDA)의 식품첨가물 법규가 만들어졌다. 물론 우리나라의 식품첨가물법도 이 이론을 근거로 한다.

옹호론자들의 또 한 가지 주장인 불가피론은 쉽게 말해 대안이 없다는 논리다. 설령 이들 화학물질이 해롭다 해도 어쩔 수 없이 사용할 수밖에 없다는 것이다. 그들은 종종 이 설명을 자동차의 위험성에 비유한다. 매일 수많은 사람들이 자동차 사고로 다치거나 숨진다고 해서 자동차를 없앨 수 없는 이치와 마찬가지라는 것이다. 무슨 일이든 순기능이 있으면 역기능도 따르는 법. 화학물질의 긍정적인 가치를 더 크게 보자는 게 그들의 주장이다.

이 화학물질 불가피론은 경제성 측면에서 특히 설득력을 갖는다. 오늘날 문명국의 소비자들은 가공식품 매장에서 지갑을 열 때 그다지 부담을 느끼지 않는다. 이 저렴한 가격이 어떻게 가능하게 되었느냐는 것이다. 대량생산 덕분이라는 데에 이의가 없을 터다. 이 대량생산 과정에서 식품 케미컬이 반드시 필요하다는 것이다. 위험하다고 하여 자동차를 없앨 수 없듯, 해로운 점이 있더라도 식품에 화학물질을 계속 사용해야 한다는 것이다.

어떻게 생각하시는지? 이 이론에 동의하시는지? 경제성을 비롯해 여러 이점이 있으니 해롭더라도 받아들이자는 것인데, 맞는 이야기인지?

먼저 불가피론부터 생각해보자. 사실 식품 케미컬에 대해서는 늘 상반된 두 논리가 대립한다. 하나는 식탁에서 화학물질을 철저히 배제해야 한다는 논리요, 다른 하나는 사회가 지불해야 하는 비용을 감안하여 적절한 선에서 허용해야 한다는 논리다. 선택은 소비자 몫이다. 소비자들은 대부분 후자의 논리를 따른다. 그 결과가 오늘날의 첨가물 만능사회를 만들었다.

과연 정확한 선택을 한 것일까? 이 질문에는 소비자가 답변할 수 없다. 왜냐하면 정확한 정보를 가지고 있지 않기 때문이다. 하지만 실상을 알게 되면 이 논리에 모순이 들어있음을 곧 깨닫는다. 화학물질 불가피론이 안고 있는 근본적인 모순이다. 그 모순은 이렇다.

첫째, 자동차에 의한 교통사고는 안전사고지만 식품 케미컬로 인한 피해는 안전사고가 아니다. 교통사고는 우리가 주의를 하면 얼마든지 막을 수 있다. 그러나 화학물질은 먹은 이상 아무리 주의를 해도 피해를 막을 수 없다. 이 경우 주의를 한다 함은 곧 그 물질들을 먹지 않는 것이다. 애당초 자동차를 없앨 수 없듯 식품 케미컬도 없앨 수 없다는 비유는 궤변이다.

둘째, 식품에 화학물질을 씀으로써 얻게 되는 이른바 '저렴성'의 가치를 보자. 이 논리는 첨가물 옹호론자들이 가장 힘주어 주장하는 대목이다. 그럴싸해 보인다. 맞는 이론일까? 물론 산술적인 계산이 불가능하므로 당장 진위 여부를 가릴 수는 없다. 그러나 이 주장은 매우 중요한 한 가지 사항을 무시하고 있다. 그것은 바로 건강문제에 의해 발생하는 비용이다.

당장 한국인 사망원인 1위인 암을 생각해보자. 식품에 사용되는 많은 화학물질들이 발암물질로 의심받고 있다. 이 물질들이 암을 일으킴으로써 발생하는 비용을 계산할 수 있을까? 대한민국은 2003년 국가암관리위원회 구성을 골자로 한 '암관리법'을 정부가 발의하여 제정했다.

정부가 국가의 암 관리에 직접 나선 배경은 재정적인 이유가 크다. 우리나라의 경우 암으로 인한 경제손실이 연간 19조 원에 달한다는 게 정부의 추산이다.[*1] 물론 모두 식품 케미컬 탓으로 돌릴 수는 없지만, 상당한 액수가 그 물질들 책임임이 틀림없다.

암뿐만이 아니다. 미국 상원 영양특위의 보고를 보면 주의력결핍 · 과잉행동장애의 약 40퍼센트는 식품 케미컬이 직접적인 원인이라고 한다.[*2] 또 아토피를 비롯한 각종 알레르기성 질환, 호르몬 및 면역시스템 교란, 만성독성, 최기형성 등으로 인한 손실도 계산돼야 한다. 여기에 이들 질환으로 인한 사회적 기회비용까지 감안하면 천문학적인 숫자가 된다. 식품 케미컬의 경제적 가치가 과연 이 비용을 능가하는가?

셋째, 오늘날 식품산업에서 식품 케미컬은 꼭 필요한 것일까? 이들 화학물질 없이는 가공식품을 만들 수 없는 것일까? 대량생산이 불가능할 것일까? 이 질문에 답변하기 위해서는 식품업자들이 화학물질을 왜 쓰는지에 대해 알아볼 필요가 있다.

식품업계가 소비자의 곱지 않은 시선을 의식하면서도 화학물질에 그토록 집착하는 까닭은 간편하게 원하는 목적을 달성할 수 있기 때문이다. 이를테면 조미료나 향료는 식품의 맛을 좋게 하기 위해 쓴다. 색소는 외관이 예쁘고 먹음직스럽게 하기 위해 쓴다. 보존료는 유통기간을 늘려주기 위해 쓴다. 유화제는 물과 기름이 분리되는 것을 막고 공장에서 제품이 기계에 달라붙지 않도록 하기 위해 쓴다.

꼭 이런 식으로 화학물질들을 써야만 목적을 달성할 수 있는 것일까? 결론부터 말해보자. 역시 '아니요'다. 이 사실이 일반 대중 소비자가 꼭 알아야 할 중요한 상식이다. 모든 것은 식품업자들의 성의 여하에 달려 있다. 화학물질을 사용하지 않겠다는 의지만 있으면 얼마든지 대안을 마련할 수 있다. 화학물질을 넣지 않고도 가공식품을 양산할 수 있으며 원하는 효과를 제품에 부여할 수 있다.

예를 들어보자. 같은 부엌에서 시어머니가 끓인 찌개는 며느리가 끓인 것보다 더 맛있다. 며느리는 양념을 훨씬 더 많이 사용하여 나물을 무치지만 시어머니의 손맛을 흉내 낼 수 없다. 같은 재료를 숙성하여 빚은 간장이지만, 아마추어가 만든 것에는 곰팡이가 피는가 하면, 프로가 만든 것에는 곰팡이가 피지 않는다.

이것은 훌륭한 요리사일수록 화학조미료를 쓰지 않는다, 유능한 목수일수록 못을 사용하지 않는다는 말들과 일맥상통하는 진리다.

이렇게 되면 화학물질 불가피론의 근간이 되는 세 가지 주장은 모두 모순을 안고 있다는 사실이 드러난다. 또 식품 케미컬은 전형적인 '생산자 마인드'의 산물이란 점도 저절로 밝혀진다. 결국 식품업체는 자신들의 편의를 위해 식품에 해로운 물질을 넣고 있다. 식품에 해로운 물질을 넣는다 함은 곧 소비자의 몸에 해로운 물질을 넣는 것을 의미한다. 소비자에게는 일언반구 물어보지도 않고 말이다. 하지만 소비자들은 이 사실을 모르고 있다. 참으로 이상한 일이다.

한 분자도 해롭다

식품 케미컬 옹호론자들 주장의 핵심은 앞에서 든 두 가지 이론 가운데 전자인 '소량 무해' 논리다. 물론 그들도 화학물질 자체의 유해성은 인정한다. 그러나 현재의 사용량 수준에서 볼 때 건강을 해칠 정도가 아니라는 것이다.

음지에서 태어난 식품첨가물 산업이 오늘날의 전성기를 구가할 수 있게 된 것은 이러한 '소량 무해' 사고가 든든히 뒷받침하고 있어서다. 과연 맞는 말일까? 양(量)으로 접근하는 그들의 시각이 옳은 것일까? 이는 식품 케미컬 유 · 무해 논란의 가장 뜨거운 쟁점이다.

먼저, 식품에 사용된 화학물질이 어떤 메커니즘을 통해 인체에 해를 끼치는지 살펴보자. 생체 내에서 이루어지는 각종 생화학반응은 너무나 복잡다단하다. 엄밀히 말하면 화학물질의 유해 기작은 완벽히 밝혀져있지 않다고 보는 게 옳다. 특히 뇌 기능과 신경시스템에 미치는 영향은 현대 과학도 아직 명확히 규명하지 못하고 있다.

하지만 모든 것이 베일에 가려져있는 건 아니다. 그동안 많은 과학자들이 비록 단편적이긴 하지만 화학물질들의 유해성을 속속 밝혀냈다. 이제까지 발표된 연구를 보면 대략 네 가지로 요약된다. 인체 내에서 세포를 공격하는 경우, 유전자를 공격하는 경우, 호르몬 수용체를 공격하는 경우, 알레르겐으로 작용하는 경우 등이다.

여기서 주목해야 할 것이 화학물질의 '호르몬 수용체 공격 이론'이다. 환경호르몬 문제가 불거지면서 많은 학자들이 긴장했던 이유가 그 이론 때문이다. 전문가들은 식품첨가물로 허가되어 사용되고 있는 많은 화학물질 가운데 다이옥신처럼 환경호르몬으로 작용하는 물질들이 꽤 있을 것으로 생각하고 있다.*1 이 사실이 왜 중요할까?

호르몬 수용체(hormone receptor)란 인체의 세포 안에 존재하는 일종의 '호르몬 탐지기'다. 여기에 우리 몸에서 분비되는 천연호르몬이 접촉되면 특정 유전자가 활성화되고, 그 유전자의 지령에 따라 필요한 단백질이 만들어진다. 이러한 작용이 원활하게 반복됨으로써 세포는 정상적인 기능을 수행하게 되고 생명활동이 건강하게 유지된다.

이러한 생리 시스템에서 환경호르몬의 행태를 보자. 환경호르몬은 내분비교란물질이다. 역시 스파이 같은 물질로 외관으로는 천연호르몬과 전혀 구별되지 않는다. 두 물질의 차이점을 발견하지 못한 호르몬 수용체는 환경호르몬에게도 호의적으로 대한다. 호르몬 수용체를 사이에 두고 두 물질 간의 사랑싸움이 시작되는데, 대개 환경호르몬의 승리로 끝난다.

화학물질의 호르몬 수용체 교란 사례

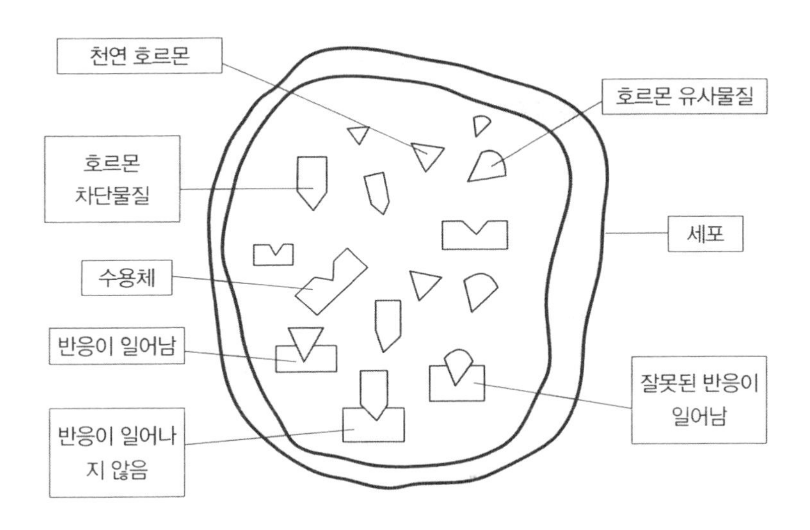

이 다툼의 결과는 무엇일까? 잘못된 단백질이 만들어지든가, 아니면 아예 단백질이 만들어지지 않는 불상사가 생긴다. 특히 환경호르몬 같은 스파이 물질은 주로 성호르몬을 교란시킨다는 점에서 문제가 더욱 심각하다. 이 고약한 물질은 여간해서 체외로 배출되지 않고 세포 안에 머물며 지속적으로 천연호르몬의 활동을 방해한다.

문제는 호르몬 수용체의 특수성에 있다. 호르몬 수용체는 마치 정밀기기의 센서(sensor)와 같다. 워낙 민감해서 극미량의 호르몬에도 반응한다. 여기서 말하는 극미량이란 ppt 단위의 농도다.[*2] 1ppt는 전체 액체의 '1조(兆)분의 1'의 농도다. 흔히 희박한 농도를 이야기할 때 ppm단위를 쓰는데, ppt는 ppm의 100만 분의 1이다.

이 이론을 검증이라도 하듯, 미국 솔크생물학연구소(SIBS)의 로저 길레만(Roger Guilleman) 박사가 흥미로운 연구를 내놨다. 그것은 생체 호르몬의 일종인 TRF(thyrotropin releasing factor)의 역치(閾値), 즉 최소반응량을 조사하기 위한 동물실험이었다. TRF란 뇌의 시상하부에서 생합성되는 호르몬이다. 박사는 500톤이 넘는 양(羊)의 뇌에서 약 50톤에 해당하는 시상하부 부위를 분리해냈고, 이로부터 순수한 TRF를 약 1밀리그램 추출했다. 이 TRF로 다양하게 실험한 끝에 박사는 50피코그램의 호르몬에도 생체가 반응하는 것을 확인한다.[*3]

50피코그램이라면 어느 정도의 양일까? 1피코그램이 1조 분의 1그램이니 1조 분의 50그램을 의미한다. 1조 분의 1이라는 숫자가 선뜻 가슴에 와닿지 않으면 이렇게 생각해보자. 서울에서 뉴욕까지의 거리 약 1만 킬로미터를 기준으로 했을 때, 0.01밀리미터의 길이를 비교하는 개념이다. 좀 더 현실감 있게 비유하자면, 정규 수영장을 쌀로 가득 채웠을 때 그 전체에 대한 한 톨의 쌀을 가리킨다.

길레만 박사의 이 실험은 생체의 탐지기능이 얼마나 예민한지를 설명할 때 단골로 인용되는 메뉴다. 과연 생체는 그 정도의 극미량에도 반응할 수 있는 것일까? 비록 동물실험결과지만 이 사실은 인체에도 그대로 적용할 수 있다는 게 전문가들의 의견이다. 건강 저널리스트 에릭 슐로서는 "인간의 후각은 3ppt의 냄새성분도 감지한다"고 밝히고 있다.[*4] 냄새를 감지한다는 것은 생체 세포가 반응한다는 사실을 의미한다.

요컨대 환경호르몬으로 분류된 화학물질도 1조분의 1이라는 극미한 농도에서 인체 세포에 해롭게 작용할 수 있음을 알 수 있다. 보통 식품 케미컬 사용 농도는 어느 정도 수준일까? 대략 ppm 농도에서 사용되고 있다. 1ppm은 1ppt에 비해 100만 배나 높은 농도라고 했다. 화학물질의 양을 놓고 왈가왈부하는 것이 얼마나 허황된 일인가! 다음 촌철살인(寸鐵殺人)의 한마디가 모든 논란을 잠재운다.

"한 분자(single molecule)도 해롭다."*5

노벨상을 두 번이나 받은 미국의 천재 과학자 라이너스 폴링(Linus C. Pauling) 박사는 화학물질의 인체 내 최소 반응량에 대한 질문을 받고 이렇게 대답했다. 유해 화학물질은 분자 한 개라도 인체 내에서 문제를 일으킬 수 있다는 말이다. 한 분자라면 피코그램보다 훨씬 더 작은 양임은 말할 나위가 없다. 식품 케미컬, 아니 식품첨가물 사용량을 둘러싼 유 · 무해 논쟁을 하루빨리 종식시키라는 강력한 메시지가 아닐 수 없다.

요즘 들어 화학물질의 발암성 논란에도 새로운 주장이 제기되고 있다. 종전에는 발암물질에도 역치(閾値)라는 개념이 있어서, 일정량을 초과해야만 암세포를 만들 수 있다는 이론이 우세했다. 그러나 최근에는 '단 한 입자의 노출(one hit)'에 의해서도 세포가 돌연변이를 일으켜 암으로 발전한다는 주장에 무게가 실리고 있다.

사실 식품첨가물의 '소량 무해론'에 대한 허구성을 입증하는 사례는 많다. 일본 교토 바이오사이언스연구소 소장인 니시오카 하지메 박사에 의하면, 현대인은 식품첨가물을 하루에 보통 80여 가지를 섭취한다고 한다. 이들 화학물질은 체내에서 가만히 있는 게 아니라는 것이다. 마치 어린아이들이 좁은 방에서 이리저

리 뛰며 혼을 빼듯, 화학물질들도 체내에서 서로 부딪치기도 하고 제멋대로 반응을 일으키기도 하여 엉뚱한 유해물질을 만들곤 한다는 게 박사의 설명이다.[*6]

이 점에 대해서는 우리나라의 전문가도 이의를 제기하지 않는다. 식품의약품안전처 첨가물 담당 책임자는 "여러 가지 화학첨가물을 복합적으로 섭취했을 때 나타나는 총체적인 결과에 대해서는 아직 안전성 연구가 되어있지 않다"고 말한다.[*7] 화학첨가물을 신규로 심사할 경우 보통 한 가지 물질만 섭취한다고 가정하는 점을 볼 때, 이러한 지적들은 시사하는 바가 매우 크다.

이제 식품 케미컬 옹호론자의 두 가지 이론 모두가 현실적으로 맞지 않는 주장임이 밝혀졌다. '불가피론'은 생산자 마인드를 탈피하지 못했다는 비판을 들어 마땅하고, '소량 무해론'도 많은 과학자들의 연구에 의해 허구성이 드러났다. 굳이 환경운동가들의 지론인 '사전예방원칙'을 들먹이지 않더라도 식품 케미컬을 피해야 하는 이유는 차고 넘친다.

합성감미료의 반칙

얼마 전 시끄러웠던 '아스파탐 논란'을 기억하시는지? 아스파탐은 합성감미료의 간판 격인 물질로 대표적인 식품 케미컬이다. 이 논란이 식품 케미컬 문제의 현주소를 적나라하게 보여준다. 세계보건기구 산하 국제암연구소(IARC)가 아스파탐을 발암가능물질(2B군)로 지정하면서 설왕설래가 시작됐고 거의 모든 언론들이 중계하듯 연일 보도했다.

다행히 지금은 이러한 논란이 일단락되어 마무리된 듯하다. 하지만 뒤끝이 영 찜찜하다. 어떤 식품첨가물이 해롭다고 결정 났으면 그에 따른 적절한 조치를 취해야 할 것 아닌가? 아무런 조치가 없다. 국제기구나 국내 보건당국이나 똑같이 아스파탐의 1일섭취허용량 기준을 그대로 유지하겠다고 한다. 발암물질을 그대로 먹으라는 건가?

이상한 것은 언론들도 마찬가지다. 대부분의 언론이 현행 사용 기준을 그대로 유지할 수 있어서 다행이라는 식으로 기사를 썼다. 소비자 불안을 잠재울 수 있어서 잘됐다는 논조다.[*1] 발암성이 의심되는 물질에 대해 언론이 호위자라도 된 것인가? 언론은 왜 식품업계의 말을 대신해주고 있는가? 업계 이익이 먼저인가, 소비자 건강이 먼저인가?

사실 아스파탐의 역사는 의혹의 역사다. 허가될 때부터 많은 잡음이 있었다. 그 과정을 보면 식품첨가물이 얼마나 한심하게 관리되고 있는지 알 수 있다. 아스파탐은 40여 년 전 미국보건당국(FDA)이 허가하면서 본격 사용되기 시작했다.

그런데 이상한 것은 그보다 몇 해 전에 제한적인 수준에서 사용이 먼저 허가되었다는 사실이다. 하지만 곧바로 허가가 보류된다. FDA의 많은 전문가들이 안전성 검사 결과에 의혹을 제기했기 때문이다.

아스파탐을 발명한 미국의 회사로서는 난감한 상황이 되었다. 결국 정치적으로 해결을 도모한다. 유력 정치인을 회사의 CEO로 영입한다. 누굴까? 도널드 럼스펠드(Donald Rumsfeld) 전 국방장관이다. 운이 따랐는지 마침 로널드 레이건 전 캘리포니아 주지사가 대통령에 당선된다. 럼스펠드가 대통령직 인수위원으로 선발되는 행운을 얻는다.

레이건 정부가 출범하자 곧바로 FDA 수장이 경질된다. 신임 수장은 FDA 전문가들의 의견서를 무효화한다. 그다음부터는 일사천리다. 건조식품에 한해 아스파탐을 쓸 수 있다는 조건으로 사용이 허가된다. 얼마 지나지 않아 이 조건부도 폐지되어 탄산음료에까지 사용범위가 확대된다. 그 수장은 약 4개월 뒤 FDA를 떠나 아스파탐을 발명한 회사의 방계회사로 자리를 옮긴다.[*2]

소설 같은가? 틀림없는 실화다. 럼스펠드 전 국방장관 뒤에는 꼭 아스파탐이 따라다닌다. 네오콘을 대표하는 정치인과 합성감미료가 무슨 관계가 있단 말인가? 그는 아스파탐을 하찮은 식품첨가물의 하나로 가볍게 여겼을지 모른다. 하지만 그 가벼운 생각이 오늘날 세계인의 건강을 위협하는 흉기를 만들었다.

아스파탐은 세 가지 물질로 이루어져 있다. 페닐알라닌, 아스파라긴산, 메탄올이다. 아스파탐이 우리 몸에 들어가면 이 세 물질로 분해된다. 앞의 두 물질은 단백질을 구성하는 아미노산이다. 이 두 물질은 아스파탐으로 뭉쳐있을 때는 문제가 없으나 아스파탐에서 분해되어 나왔을 경우에는 두뇌세포에 위해를 가할 수 있다. 아스파탐이 청소년의 이상행동을 부를 수 있는 이유다.[*3]

더 큰 문제가 뒤에 있는 메탄올이다. 익히 알려진 독성물질인 데다 1군 발암물질인 포름알데히드 등을 만든다.[*4] 뇌종양이 바로 이 물질들 짓이다. 흔히 제로콜라 수십 병을 마셔야 유해성이 나타날 정도라며 애써 아스파탐 무해론을 편다. 천만의 말씀이다. 미국 의학자 하이만 로버츠(Hyman J. Roberts) 박사는 "1리터짜리 다이어트 음료 한 병에 들어있는 아스파탐은 1일 섭취허용량의 6배가 넘는 메탄올을 만든다"고 경고한다.[*5]

아스파탐이 이번에 발암가능물질로 공식 지정된 데에는 미국공익과학센터(CSPI)의 역할이 컸다. 이 단체는 그동안 많은 연구 자료를 근거로 지속적으로 아스파탐의 유해성을 제기해왔다. 그 단체는 지금도 아래와 같이 강력하게 요구하고 있다.[*6]

- FDA를 비롯한 세계 각국의 보건당국은 즉시 아스파탐의 허가를 취소할 것
- 전 세계 소비자들은 아스파탐 식품을 피할 것, 임신부와 어린이들은 더욱 주의할 것
- 식품업체들은 아스파탐을 제조과정에서 모두 뺄 것, 다른 안전한 대체물로 바꿀 것

아스파탐은 우리나라에서도 인기 감미료다. 고감미도 감미료 치고는 비교적 온화한 단맛을 자랑한다. 주로 음료에 많이 쓰는데, 대표적인 제품이 이른바 '제로콜라'다. 왜 제로콜라를 즐기시는가? 다이어트를 위해서인가? "합성감미료를 비롯한 인공감미료가 다이어트에 도움이 되지 않는다"는 연구가 많다.[*7] 인공감미료 사용을 권고하던 대한당뇨병학회도 최근 입장을 바꿨다. "인공감미료의 고용량 또는 장기적 사용을 권고하지 않는다"고 발표했다.[*8]

우리나라에서는 음료보다 더 문제인 것이 주류(酒類)다. 술에도 아스파탐이 많이 들어간다. 대단히 위험한 일이다. 술에 아스파탐을 넣으면 유해성이 더 커질 수 있어서다. 발암성 외에 신경독성이 추가될 수 있다. 동물실험에서 술에 아스파탐을 넣은 경우 신경계에 더 큰 부담을 주는 것으로 나타났다.[*9]

이 문제에 가장 먼저 걸리는 술이 막걸리다. 시중의 막걸리 라벨을 보시라. 일

반 매장에서 아스파탐이 들어있지 않은 막걸리 찾기가 쉽지 않을 것이다. '아스파탐 콜라'보다 더 위험한 것이 '아스파탐 막걸리'다. 전통 술인 막걸리에까지 아스파탐 같은 발암가능물질이자 신경독성물질을 넣어야 할까? 단맛을 내야 한다면 꼭 합성감미료밖에 없는 것일까?

전통 식혜에 은은한 단맛이 있다. 자연의 단맛이자 안전한 단맛이다. 그 맛을 막걸리에서 구현할 수는 없을까? 식혜와 막걸리는 뿌리가 같은 식품이라서 해본 생각이다. 연구하면 틀림없이 방법을 찾을 수 있을 것이라 확신한다. 아무튼 'K-푸드'에 아스파탐 같은 식품 케미컬은 아무리 봐도 어울리지 않는 조합이다.

소비자가 해결사

20세기 후반까지 인류는 약 300만 종의 화학물질을 합성했다. 이것들은 물론 자연에 전혀 존재하지 않는 물질들이다. 그 가운데 약 1퍼센트에 해당하는 3만 종이 오늘날까지 여러 산업분야에서 유용하게 사용되고 있다. 여기서 발암성 시험을 제대로 받은 품목은 몇 가지나 될까? 미국암협회의 집계에 의하면 약 2,000종 정도에 불과하다고 한다.

오늘날 사용되고 있는 약 3만 종의 합성물질 가운데 식품에 직간접적으로 첨가되고 있는 성분은 3,800종이 넘는다. 이 물질들은 어떤 안전성 검사를 거쳐 식용으로 허가된 것일까? 분명한 점은 발암성 · 돌연변이성 · 기형성 등의 유해성

테스트를 모두 받은 물질은 극히 일부분에 지나지 않는다는 사실이다. 식품첨가물 허가 절차는 의약품에 비해 터무니없이 허술하다.[*1]

미국의 식품위생법에 '델라니조항'이라는 항목이 있다. 1950년대 후반에 제임스 델라니(James Delaney) 의원이 주도하여 제정한 법률 조항이다. 식품첨가물이 발암물질로 확인되면 즉각 추방한다는 내용을 골자로 하고 있다. 발암물질은 아예 신규 첨가물로 검토도 할 수 없다. 이 법은 자연계에도 발암물질이 존재한다는 업계 측의 주장에 의해 논란이 일기도 했지만, 첨가물에 대한 경각심을 높이는 데에 새로운 지평을 열었다는 점에서 큰 의의를 갖는다.

델라니조항은 당연히 발암물질로부터 소비자를 보호하기 위한 것이 목적이다. 그러나 한편에서는 이 법률이 식품첨가물 행정의 모순을 스스로 드러내고도 있다. 많은 물질들이 이 조항에 의해 첨가물 리스트에서 쫓겨났다는 사실은 무엇을 의미할까? 소비자가 마치 발암물질의 생체실험 대상으로 취급되고 있다는 느낌을 지울 수 없다.

무릇 새로운 물질을 식품 소재로 채택할 때는 무엇보다 안전성이 완벽히 검증되어야 하는 법이다. 하물며 그것이 합성물질인 경우에는 더 말할 나위가 없다. 오늘날의 식품행정은 어떤가? 안전성 검증에 큰 허점이 있음을 인정하지 않을 수 없다. 우선 허가를 하고 나서 사용하는 과정에 문제가 발견되면 그때 빼낸다는 식이다.

이러한 정책은 가끔 전문가들에 의해 혹독한 비판을 받는다. 벤 파인골드 박사는 식품첨가물로 지정되어 있다고 해서, 또는 '정부가 보증한다(U.S. Certified)'는 마크가 붙어있다고 해서 국가가 안전성을 책임진다고 생각하면 오산이라고 말한다. 박사는 이렇게 충고한다.

> 오늘날 인류가 사용하고 있는 합성물질의 역사는 고작 150년도 안 됩니다. 그 기간 동안 인류는 수만 종에 달하는 화학물질들을 사용해왔습니다. 과연 우리는 그 많은 물질들의 정체를 완전히 이해했을까요? 더구나 그중 4,000종에 가까운 물질들은 먹는 음식에도 사용하고 있습니다. 하지만 유감스럽게도 우리는 이 합성물질들에 대해 모르는 부분이 너무 많습니다.*2

일본의 식품 저널리스트이자 컨설턴트인 이소베 쇼사쿠도 비슷한 의견이다. 그는 저서에서, "허가 받았다고 하여 안전한 물질이라고 생각하면 순진한 사람"이라고 말한다. 그는 10년 또는 20년도 넘게 사용돼오던 첨가물들이 하루아침에 사용 금지되는가 하면 나라에 따라 허가 품목에 차이가 있는 점 등은 상식적으로 납득할 수 없는 처사라고 비난한다.*3

가끔 불량식품 때문에 세간이 떠들썩해지곤 한다. 언론에 보도되는 불량식품 사례에는 대체로 두 가지 유형이 있다. 제조과정상의 비위생 문제가 그 하나고, 투명하지 못한 원료 사용이 다른 하나다. 전자는 과거 식품업계에 큰 파문을 불러왔던 '불량만두' 사건이 그 예라 할 수 있고, 후자는 대기업 제품의 방부제 은폐 사건이 그 예다.

물론 이런 불상사는 식품위생법을 지키지 않은 까닭에 문제가 된다. 따라서 처벌 대상이다. 하지만 오늘날 가공식품이 안고 있는 문제를 이해하고 나면 법규를 지킨 제품도 유해성 시비에서 결코 자유롭지 않다는 사실을 알게 된다. 우리

인간사의 생래적인 모순 또는 탐욕 탓이다.

왜 현대인은 면역력이 약한 걸까? 왜 감염성 질환이 꼬리를 무는 걸까? 왜 젊은 층조차 암의 망령에 희생되어야 하는 걸까? 왜 현대인은 아토피 등 각종 알레르기성 질환에 취약한 걸까? 왜 정신과를 찾는 환자들이 늘어나는 걸까? 왜 청소년 범죄가 늘어나는 걸까? 왜 이른바 '자살 바이러스'는 눈도 채 뜨지 않은 청소년층까지 무차별 공격하는 걸까? 왜 최근 들어 과잉행동장애 아동이 늘어나는 걸까?

물론 이런 불상사들이 다 식품첨가물 때문만은 아닐 것이다. 하지만 상당 부분 잘못된 식생활이 책임져야 할 일임에는 틀림없다. 20세기 들어 가공식품 산업의 발달에 편승하여 식품첨가물산업도 눈부신 발전을 이룩했다. 그러나 그것은 대국적으로 볼 때 퇴보라고 정의하는 게 옳다. 또 소비자 건강 측면에서 그것은 차라리 재앙이다.

얼마 전 어느 약사가 일간지에 기고한 칼럼이 오늘의 잘못된 현실을 크게 질타하고 있다. 첨가물 문제가 약사들 사이에서도 걱정거리로 회자되는 시대가 되었다. 그 약사의 의견은 이렇다.

> 오늘날 병 · 의원의 시럽제나 액제 등 소위 '물약' 처방이 연간 천 수백억 원대에 달할 것으로 추정된다. 물약에는 여러 목적으로 다양한 첨가물이 들어간다. 그것은 가공식품에 사용하는 수만큼이나 종류가 많다. 따라서 물약을 애용하는 어린아이들은 상당량의 색소와 향료, 보존제 · 안정제 · 유화제 등을 먹게 된다.
>
> 더 큰 문제는 한 번 진료를 받을 때 보통 1~3종, 많게는 5종 이상의 '물약 처방'을 받아 나온다는 사실이다. 현행 법규로 한 가지 제품에서 특정 첨가물의 허용량

은 규정할 수 있지만, 한 어린이가 매일 먹는 물약이나 인스턴트식품 등의 첨가물 상한선을 규정하기란 불가능하다.

물약 사용을 자제하면 물론 비용도 크게 절감할 수 있다. 하지만 무엇보다 어린이의 신체적 · 정신적 건강 측면에서 이 문제를 생각해보고 싶다. 물약의 범람과 그로 인한 어린이 건강문제는 결코 가벼이 넘길 일이 아니다. 사소한 감기에도 당류와 인공향료투성이의 물약에 의존해야 하는 어린이들이 가련하다.*4

오늘날 식품첨가물을 남용하고 있는 가공식품 산업은 애당초 첫 단추를 잘못 끼웠다. 상식적으로 생각하더라도 문제의 본질이 자연스럽게 떠오른다. 어떻게 사람이 먹는 음식에 화학물질을 넣는다는 생각을 했을까? 확신하건대 자신이나 자신의 가족이 먹는 음식이라면 결코 그런 대담한 생각을 하지 않았을 것이다.

화학물질 범벅인 식품들이 더 이상 발붙이도록 방치하면 안 된다. 그런 식품 아닌 식품들이 계속 장바구니에 들어가는 한, 소비자의 건강에 미래는 없다. '무첨가' 또는 '저첨가'를 실천하는 식생활, 당장은 다소 불편할지 모른다. 하지만 그것은 숭고한 일이다. 나와 내 가족을 위하는 일이고 이웃을 위하는 일이다. 그것은 우리 모두를 위하는 일이고 나아가 후손을 위하는 일이기도 하다. 소비자가 하고자 하는 마음만 있으면 얼마든지 할 수 있다.

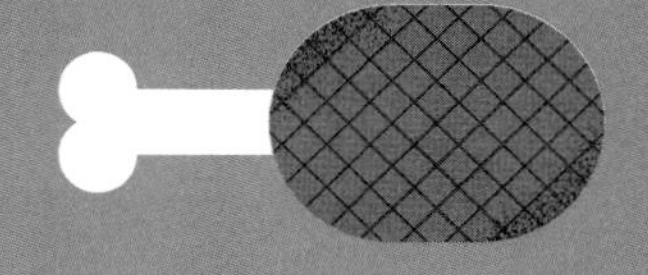

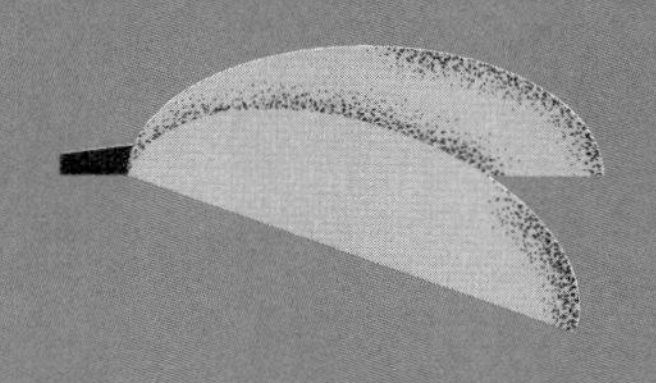

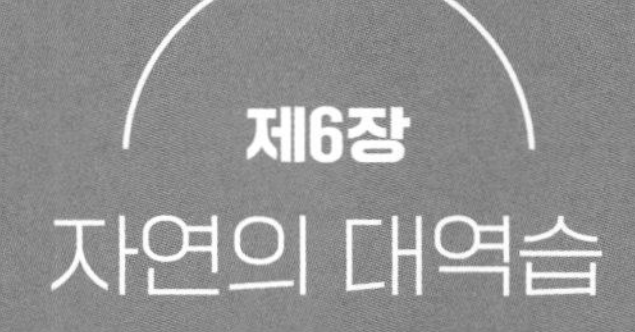

제6장
자연의 대역습

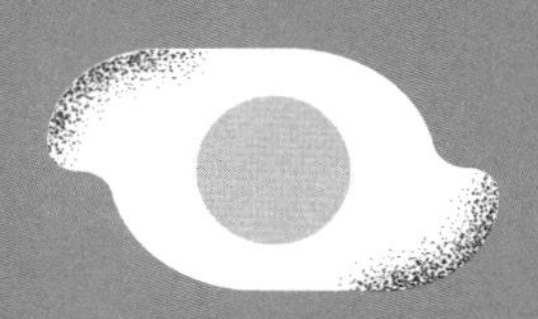

우리의 선택이 오염된 식탁을 바꿀 수 있다

눈부신 업적의 허구

60대 이후의 세대로서, 어린 시절 시골에서 자란 이들은 수수 속대의 달콤한 맛을 기억하고 있을 것이다. 한창 물이 오른 수수대를 꺾어 각질로 되어있는 껍질을 벗겨내면 흰 부위가 드러난다. 스펀지상의 연한 속대다. 그것을 한입 베어 물고 씹을라치면 달콤한 즙액이 입 안에 가득 찬다. 천연의 설탕 맛이다. 설탕이 흔치 않은 시절, 단맛을 경험해볼 수 있는 유일한 방법이었다.

우리나라에서는 거의 재배되지 않지만 어떤 품종의 수수는 설탕 성분을 훨씬 더 많이 함유하고 있다. 이름하여 사탕수수다. 또 수수뿐만이 아니고 무에도 설탕 성분이 다량 함유되어 있는 품종이 있어서, 이것은 사탕무라고 일컫는다.

이들 식물에 들어있는 즙의 달콤한 맛에 매료된 서양 사람들은 기발한 생각을 하게 된다. 그 즙만 빼낼 수 있는 방법이 있다면 더할 나위 없이 훌륭한 기호품이 되리라. 식물에서도 얼마든지 '꿀'을 만들어낼 수 있으리라. 그것은 틀림없이 훌륭한 돈벌이 수단이 될 것이다.

사탕수수나 사탕무에서 즙을 짜내는 건 그다지 어려운 일이 아니었다. 그러나 이렇게 짜낸 즙은 여러 가지 점에서 만족스럽지 못했다. 우선 다른 성분들이 섞여있어서 맛이 썩 좋지를 못했고, 액상인 관계로 취급도 불편했거니와, 무엇보다 보관성이 나쁘다는 치명적인 문제가 있었다. 돈벌이를 목적으로 하는 사람들에게는, 쉽게 말해 상품성이 없었다.

여기에 과학기술이 접목된다. 이들에게 필요한 것은 '단맛을 내는 성분'이다. 이 성분은 백색 결정상의 자당, 즉 '수크로스(sucrose)'라는 물질로 확인된다. 과학이 도입된 이상, 이 성분만의 분리는 식은 죽 먹기다. 이렇게 해서 설탕이라는 이름의 '백색 고체 꿀'이 탄생했다. 하지만 이 신기한 물질은 한동안 귀족이나 부유층만의 전유물일 수밖에 없었다. 너무나 비쌌기 때문이다.

이 귀한 기호품을 일반 대중이 이용할 수 있게 된 것은 20세기에 접어들면서부터다. 원료인 사탕수수와 사탕무의 재배가 기업화하고 재벌들이 경쟁적으로 제당설비를 갖추게 됨에 따라, 식품업계에는 '백색 결정의 혁명'이 일어나기 시작했다. 전 세계 제당공장에서 매일 40만 톤, 우리나라 3대 제당 재벌의 공장에서 매일 4,000톤. 오늘까지 경이적으로 성장해온 제당산업의 현주소다.

한편, 인류는 지방분을 어떻게 섭취했을까? 수렵시대에는 육식을 통하여 주로 동물성 지방을 섭취했다. 그 뒤 채유 방법을 터득함에 따라 올리브 열매나 참깨, 들깨와 같은 고지방 종자를 압착하여 손쉽게 식물성 기름을 얻게 된다. 하지만 이런 방법으로 기름을 얻는 데는 한계가 있었다. 원료 종자가 비쌀 뿐 아니라 압착하여 기름을 짜낸다는 것이 비효율적이었다.

기름으로 돈을 벌고자 했던 사람들은 쉽게 재배할 수 있는 옥수수나 쌀 등의 곡류에 기름이 들어있다는 사실을 알게 된다. 콩을 비롯한 두류에는 더 많은 기름이 들어있었다. 그러나 이런 데에 들어있는 기름은 짜내어 얻을 수 있는 정도는 아니었다.

일반 곡류나 두류에서 기름만을 분리하는 일, 그것은 엄청난 비즈니스 기회를 제공할 것이다. 이 매력적인 일 역시 과학기술이 해결해주었다. 헥산과 같은 석유계 유기용제를 이용하여 고온에서 추출하는 방법이 거침없이 도입된다. 헥산은 유독성 물질이지만 비중이 낮으므로 쉽게 분리할 수 있을 것이다. 물론 기름에 조금은 남겠으나 돈벌이를 위해서라면 그 정도는 문제될 게 없다. 가히 혁명적인 발상이었다.

20세기 들어 이런 기발한 방법으로 대두유나 옥수수기름과 같은 이른바 '순식물성 유지'가 무차별 생산되기 시작한다. 오늘날 우리 집 부엌에서 없어서는 안 될 식용유의 역사는 이렇게 시작됐다. 하지만 봉이 김선달도 혀를 찰 만한 이 회심의 작품은 양산업자들이 볼 때 해결해야 할 문제가 또 있었다.

첫째, 식물성 유지는 거의 대부분이 액상유다. 액상의 기름은 취급하기가 불편할 뿐 아니라 가공식품에 사용하는 데 제약이 있다. 또 패스트푸드 업계에서도 노골적으로 기피한다. 액상유는 식품의 외관과 식감 측면에서 불리하고, 특히 하절기에는 완제품의 품질관리를 어렵게 하기 때문이다.

둘째, 식물성 유지는 불포화지방산이 상대적으로 많은 관계로 산패가 빠르다. 이 사실은 양산업자들에게 가장 치명적인 문제였다. 기껏 생산한다 해도 곧 변질되어 폐기해야 한다면 양산의 의미가 없기 때문이다.

과학은 여기서도 두 가지 문제를 한 번에 해결할 수 있는 쾌도난마의 해법을 제시한다. 액체유지에 화학반응을 일으킴으로써 고체유지, 즉 인공경화유로 바꾸는 방법이다. 이렇게 만들어진 쇼트닝 또는 마가린은 20세기에 찬란하게 꽃핀, 가공식품과 패스트푸드 신화의 주역이 된다.

한낱 푸성귀에 불과한 자연소재에서 필요한 성분만 골라 취할 수 있다 함은 실로 매력적인 일이다. 과학은 이 매력적인 일을 저렴한 비용으로 완성했고, 맹목적인 과학 예찬론자들을 마구잡이로 배출했다. 얼마나 편리한 세상인가!

과학은 그들이 원한다면 어디서든 달콤한 설탕과 고소한 기름을 무제한 제공했다. 또 경우에 따라 물성이나 형태를 바꾸어 주문에 응하는 친절을 베풀기도 했다. 불과 얼마 전까지만 해도 상상도 못하던 일에 많은 사람들이 열광했다.

하지만 '과유불급(過猶不及)'이라 했던가? 과학의 이러한 눈부신 업적은 훗날 큰 실책이었음이 드러난다. 과학이 만들어낸 이 고순도의 물질들이 인체 내에서 어떤 문제를 일으키는지 영양학자들에 의해 속속 밝혀진다. 초창기의 과학 예찬론자들은 이 원천적인 결함을 미처 생각하지 못했다. 이렇게 태동한 오늘날의 가공식품 산업은 속된 말로 '웃픈' 일들을 숱하게 만들어낸다.

현대판 영양실조

미각 말초는 중추보다 사려 깊지 못하다. 인간의 '혀'가 흔히 '문 앞의 경비원'에 비유되는 것이 그 때문이다. 누가 문 안으로 들어갈 수 있는지 결정할 권한을 경비원이 갖게 되면 책임 소재가 불분명해진다. 무책임한 혀가 선정한 성분을 과학이 양산한 것, 그것이 바로 정제당과 정제가공유지다.

흔히 말하는 정제식품에는 이 두 가지만 있는 것이 아니다. 오늘날 문명국 소비자들이 먹고 있는 거의 모든 먹거리에서 그 모습이 발견된다. 대표적인 것이 현미를 깎아 만든 백미와, 통밀을 깎아 분쇄한 백밀가루다. 좀 더 시시콜콜한 것까지 들어보자. 정제염, 인공조미료, 산미료 등에서부터 첨단 소재인 소비톨, 자일리톨 따위에 이르기까지 우리가 정제식품의 라벨을 붙여줄 수 있는 소재들은 그야말로 부지기수다.

이와 같이 정제식품들을 나열하고 보면 문제의 실체가 저절로 드러난다. 왜 우리는 백미와 백밀가루를 규탄하는가? 그렇다. 곡류는 영양분이 겉 부위에 있다. 어리석은 사람이 금 대신 동을 취하듯, 우리는 미량 영양분들은 깎아내고 안쪽에 있는 탄수화물 덩어리만 취한다. 주인이 혀라는 경비원에게 철저히 속박되었기 때문에 생긴 불상사다. 정제설탕이나 정제가공유지도 마찬가지로 '수크로스'나 '트리글리세리드'만 취한 것을 말한다. 다른 소재의 식품도 '정제'라는 말이 붙으면 이 원칙은 조금도 다르지 않다.

이들 정제식품에는 한결같이 자연의 섭리가 제공하는 귀중한 영양성분이 배제되어 있다. 쉽게 말해 여기에는 탄수화물이나 지방질 또는 인체가 그다지 필요로 하지 않는 어떤 물질만 들어있을 뿐 비타민, 미네랄, 섬유질 따위의 유익한 성분들은 거의 없다.

인체는 생명활동을 수행하는 과정에서 늘 비타민을 비롯한 미량 영양분을 필요로 한다. 또 탄수화물 · 지방 · 단백질의 이른바 3대 에너지원을 소화 · 흡수하여 대사하는 과정에서도 필수적으로 이들 미량 영양분이 필요하다. 이와 같은 조물주의 뜻에 따라 자연은 결코 정제식품의 형태로 먹거리를 만들지 않는다. 자연의 섭리는, 인체가 먹거리를 섭취하고 대사할 때 필요한 각종 미량 성분들을 그 소재 속에 늘 공존시킨다.

그런 점에서 정제식품을 먹는 것은 자연의 섭리에 위배되는 행위다. 자연의 섭리를 거스르면 필연적으로 부작용이 따른다. 20세기가 깊어지며 그 부작용의 실체가 서서히 드러났다. 그것은 현대판 영양실조다. 오늘날과 같은 먹거리 홍수시대에 영양실조라니, 이건 또 무슨 해괴한 소리인가?

여기서 잠시 영양학자들 사이에서 회자되고 있는 '생명의 사슬(the chain of life)론'에 대해 이해해보자. 이 이론은 처음 미국 생화학자인 텍사스 대학 로저 윌리엄스(Roger J. Williams) 박사에 의해 주창됐다. 박사는 비타민 B군들 가운데 판토텐산과 엽산을 발견한 현대 영양학계의 거목이다.

윌리엄스 박사는 '영양분이라는 고리'로 이루어져 있는 하나의 사슬을 생각하자고 한다. 영양분은 인체의 생명활동에 필요한 수많은 생화학 성분이다. 여기서 사슬의 강도는 연결된 각 고리의 상태에 의해 좌우된다. 만일 고리 가운데 하나라도 허약한 게 있으면 사슬 전체의 강도는 취약할 수밖에 없다.

예를 들어보면 이해가 쉽다. 인체의 생명활동에 100가지의 영양분이 필요하다고 치자. 즉, 100종류의 영양분이 각각 고리로 연결되어 건강이라는 하나의 사슬을 이루고 있다고 가정해보자. 그 가운데 허약한 고리가 1개 끼여 있다면 어떻게 될까? 아무리 다른 99개의 고리가 튼튼하다고 해도 허약한 1개로 인해 사슬은 결국 끊어지고 말 것이다.[*1]

생명의 사슬*2

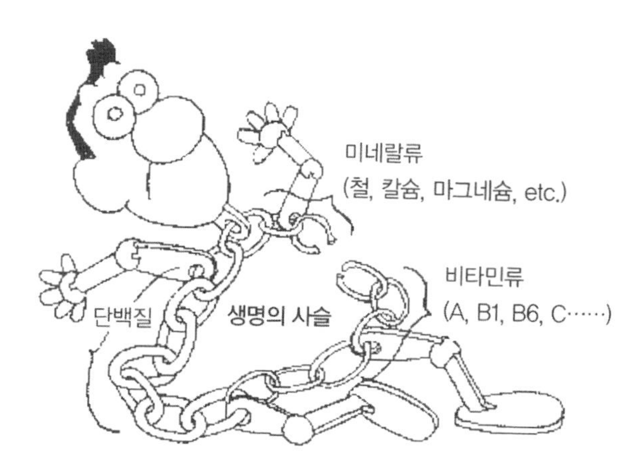

생명의 사슬론은 영양분의 균형이 건강에 얼마나 중요한지를 설명하는 이론이다. 어느 한 성분이 결핍되면 아무리 다른 영양분이 풍족하다 해도 결코 건강은 담보될 수 없다. 사슬의 강도가 가장 약한 고리에 의해 결정되듯, 인체의 건강은 가장 심각하게 결핍된 영양분에 의해 좌우된다.

일본의 전문가들도 비슷한 주장을 펼친다. 대표적인 인물이 일본영양식량학회 회장인 이노우에 고로 교수다. 그는 한 국제영양학회에서 이렇게 연설했다. "현대사회는 과(過)영양과 저(低)영양이 공존하는 모순된 상황을 연출하고 있다. 일찍이 볼 수 없었던 이 기이한 현상은 오늘날 많은 영양상의 문제를 일으킨다. 이 문제를 해결하기 위해서는 엄청난 노력이 필요할 것이다."*3 일본 전문가들의 설명에는 '반건강인(半健康人)'이라는 용어가 등장한다. 건강하지는 않지만, 그렇다고 당장 앓아누울 정도도 아닌 사람이 반건강인이다.

윌리엄스 박사의 이론이나 이노우에 교수의 발언이나 똑같이 오늘날 정제식품이 범람하는 현실에 대한 절박한 경종이다. 정제식품은 영양분을 거의 가지고 있지 않을 뿐 아니라, 우리 몸이 애써 저장해놓은 비타민과 미네랄을 축낸다. 이러한 정제식품만으로 식단을 짜는 현대인들 사이에 생명의 사슬이 취약한 사람, 즉 반건강인이 속출함은 당연한 귀결이라 하겠다. 이것이 바로 현대판 영양실조의 진상이다.

이와 같은 영양문제를 추적하다보면 가공식품이란 벽에 부딪힌다. 가공식품이 안고 있는 영양상의 문제는 원료 대부분이 정제되었다는 데에서 비롯된다. 그런 이유로 20세기 중반 이후 가공식품 회사들은 분자교정의학자들의 표적이 되기 시작했다. 시간이 지남에 따라 영양학자들의 목소리도 커지기 시작했으며, 급기야는 소비자 단체에서도 '반가공식품' 정서가 싹트기 시작했다. 가공식품 회사들은 이에 어떻게 대응했을까? 그것이 또한 알고 보면 걸작이다. 계속 코미디 같은 일들이 벌어진다.

왜 천연성분인가

비타민C를 구입하려는 사람이 있다고 치자. 시중의 건강보조식품에는 다양한 종류의 비타민C 제품이 있다. 이것들은 크게 두 부류로 나누어진다. 하나는 식물에서 직접 채취한 비타민이고, 하나는 인공적으로 합성한 비타민이다. 어느 쪽을 선택할 것인가?

이번에는 식초를 구입하려 한다. 슈퍼에는 천연식초와 합성식초가 있다. 천연식초는 곡물이나 과실 등을 재료로 하여 초산균으로 발효시켜 만든 것이고, 합성식초는 화학적으로 합성한 빙초산을 희석하여 만든 것이다. 어느 쪽을 선택할 것인가?

이 질문에는 답이 이미 결정되어 있을 것이다. 당연히 식물에서 채취한 천연비타민C와 발효하여 만든 천연식초를 선택할 것이다. 왜 그렇게 선택했을까? 후자들이 해로울 것 같아서인가? 선택은 당연한 반면 그 이유를 묻는 질문에 대한 대답은 쉽지 않다.

비타민C의 경우 두 종류 제품 모두 주성분은 아스코르빈산이다. 물론 성분 함량도 똑같다. 식초도 마찬가지로 주성분은 초산으로 같으며, 함량도 역시 동일하다. 여기서는 유해성분의 함유 가능성에 대해서는 논의하지 않겠다. 그렇다해도 가격은 천연비타민C와 천연식초 쪽이 훨씬 비싸다. 그래도 그것들을 선택할까? 식품 상식을 제대로 알고 있는 소비자는 이때 망설이지 않는다.

여기서 잠시 영양성분의 대사에 대한 상식을 살펴보자. 비타민이나 미네랄과 같은 미량 영양소가 우리 몸에서 역할을 수행하기 위해서는 두 가지 조건이 달성돼야 한다. 하나는 그 성분이 '소화관에서 원만히 흡수돼야 한다'는 점이다. 또 하나는 그 성분이 '필요로 하는 세포까지 무난히 도달돼야 한다'는 점이다.

이때 중요한 상식이 하나 있다. 미량 영양소가 체내에서 흡수되고 운반되기 위해서는 반드시 다른 영양분이 있어야 한다는 사실이다. 쉽게 말해 이것들은 단독으로는 이용될 수 없고, 복합체(complex)의 형태로만 이용될 수 있다는 이야기다. 이는 마치 정제당이나 정제유지가 대사될 때 비타민 등의 미량 영양소를 필요로 하는 이치와 같다.

인위적으로 합성한 순수한 비타민C에는 비타민C의 흡수에 필요한 영양분이 전혀 없다. 또 화학적으로 만든 합성식초에도 이러한 영양분이 들어있을 리 만무하다. 당연히 합성품이 천연품에 비해 흡수되고 운반되는 데에 불리하다. 이 사실은 영양분이 아무리 성분상으로는 같다고 해도, 생리활성 면에서는 다른 것이나 마찬가지라는 뜻이다.

이러한 미량성분의 흡수 · 운반 이론은 미네랄의 경우에도 똑같이 적용된다. 일본의 건강 컨설턴트인 아사마 이쿠타로는 저서 『헬시 마니아』에서 이렇게 적고 있다.

> 칼슘은 골조직 형성에 불가결한 성분이다. 이 성분을 보충하기 위해 만들어진 칼슘 강화제에는 여러 종류의 제품이 있다. 이 제품들은 크게 '정제칼슘'과 '비정제칼슘'의 두 가지로 나누어진다. 정제칼슘이란 탄산칼슘 · 인산칼슘 · 글루콘산칼슘 · 구연산칼슘 등의 고순도 칼슘 제제를 말하고, 비정제칼슘은 천연소재에 들어있는 칼슘 성분을 그대로 취한 것을 말한다.
>
> 이 칼슘 강화제 가운데 흡수가 더 잘되는 것은 비정제칼슘이다. 왜냐하면 인체 소화관의 얼개가 비정제칼슘의 흡수에 유리하도록 만들어져있기 때문이다. 이 사실은 비단 칼슘 강화제에만 해당되는 이야기가 아니다. 망간이나 마그네슘과 같은 다른 미네랄의 경우도 마찬가지다.*[1]

천연성분이 흡수에 유리하다는 이론을 분자구조 차원에서 설명하는 학자도 있다. 미국 스탠포드 대학의 제임스 콜만(James Collman) 박사의 이론을 보자. 박사는 저서에서 우리가 섭취하는 영양분은 같은 성분이라도 어떻게 얻느냐에 따라 분자구조가 달라진다고 설명한다.

여기서 말하는 분자구조란 입체 구조를 의미한다. 천연소재에서 얻은 영양성분과 인공적으로 만든 영양성분은 분자의 입체 구조가 서로 다르다는 것이다. 그는 "인체는 입체적인 분자구조가 천연성분과 동일한 형태의 성분만 소화할 수 있다"고 말한다.

콜만 박사는 비근한 예로서 아미노산을 든다. 자연계의 단백질은 모두 20종의 아미노산으로 구성돼있다. 그중 19종의 아미노산은 분자구조가 모두 왼쪽으로 회전하는 체인을 갖는다. 인체는 이러한 천연 아미노산과 입체 이성체의 관계에 있는, 즉 분자의 체인 구조가 오른쪽으로 회전하는 인공의 아미노산은 소화할 수 없다는 것이다.*2

미네랄의 대사과정도 비슷하다. 고순도의 정제 미네랄은 흡수과정에서만 불리한 게 아니다. 아사마 이쿠타로는 흡수된 영양분이 세포까지 운반되는 과정에 대해 이렇게 설명하고 있다.

미네랄은 단백질과 결합돼야만 체내에서 필요한 곳까지 운반된다. 이 메커니즘은 매우 복잡한데, 여기에 한 종류의 단백질만 관여하는 게 아니다. 미네랄이 움직이는 단계마다 새로운 단백질들이 필요하다.

효모나 해조류와 같은 자연계의 미네랄 식품에는 운반에 필요한 단백질과 효소들이 고루 함유되어 있다. 그러나 정제 미네랄에는 이러한 성분들이 없다. 따라서 정제 미네랄이 흡수될 경우에는 인체가 이 성분을 운반하기 위해 영양분을 별도로 준비하지 않으면 안 된다. 이 과정은 가끔 체내의 영양분 밸런스를 깨는 결

과를 부르며, 그로 인해 오히려 역효과가 생기는 수도 있다.[*3]

요컨대 아무리 몸에 유익한 영양성분이라도 정제된 물질은 흡수 · 운반에 불리할 뿐 아니라, 경우에 따라 오히려 해가 될 수 있다는 이야기다. 자못 흥미로워 보이는 이 이론은 여러 현실 사례에서 직접 목격된다. 그 대표적인 실증 자료가 한때 구미지역에서 화제가 된 바 있던 이른바 '베타카로틴의 반란'이다. 일본의 건강 저널리스트 세가와 시로는 저서『건강식품 노트』에서 이렇게 적고 있다.

미국 국립암연구소와 핀란드 공중위생연구소가 공동으로 베타카로틴의 암 예방 효과를 조사한 적이 있다. 표본은 고령 흡연자 2만 9,000명이었다. 베타카로틴 캡슐을 매일 20밀리그램씩 5~8년간 섭취한 그룹의 폐암 발생 양태를 보니, 전혀 섭취하지 않은 그룹에 비해 무려 18퍼센트나 높게 나타났다. 베타카로틴이 오히려 암 위험성을 높인다는 이 예상 밖의 결과가 저 유명한 '핀란드 쇼크'다.[*4]

연구팀은 그러나 녹황색 채소의 베타카로틴은 그렇지 않다고 밝히고 있다. 조사에 사용된 베타카로틴은 정제물질이었다.

이러한 상식을 기초로 오늘의 식품시장을 돌아보자. 식품점에서 판매되고 있는 수많은 가공식품을 들여다보자면 한 가지 공통적인 트렌드가 있다. '인위적인 영양분 첨가'가 그것이다. 웬만한 회사의 로고가 붙은 식품들 치고 비타민이 첨가되었느니, 미네랄이 첨가되었느니 하는 표기가 없는 제품이 없을 정도다.

유감스러운 점은 이때 사용되는 영양분들이 거의 대부분 정제물질이라는 사실이다. 정제물질이란 인공적으로 만들어진 성분을 가리킨다. 십중팔구는 화학적인 방법에 의해 얻게 된다. 자연의 영양분을 인위적으로 만들어 식품에 강제로 첨가하는 방식, 뭔가 모양새가 좋지 않다. 전형적인 생산편의주의 사고다. 정크푸드에 조잡한 성분 몇 가지를 넣고 우리 몸이 이용해주기를 바라는 것은 어불성설이다.

가공식품 업체는 첨가된 성분이 소비자의 몸에서 어떻게 대사되는지에 대해서는 관심이 없다. 그들에게 중요한 것은 어떤 성분을 넣었다는 사실뿐이다. 그들은 그것을 크게 표기함으로써 자랑하는 일에만 골몰한다. 소비자들은 잘 모르는 이상한 코미디다.

자연의 불가사의

오늘날 과학은 만들지 못하는 물질이 거의 없다. 굉음과 함께 뿌연 연기를 뿜어내는 화학공장에서는 필요하면 언제든 원하는 물질을 만들어낸다. 비료공장에서 화학비료를 생산하는 것처럼, 비타민A가 필요하면 베타카로틴을 만들어내고 비타민C가 필요하면 아스코르브산을 만들어낸다. 산미료가 필요하면 구연산을 만들어내고 미네랄이 필요하면 칼슘, 망간, 철 등을 만들어낸다.

과학의 이러한 눈부신 업적은 돈 버는 게 목적인 가공식품 업자들에게 더없이 좋은 기회를 제공했다. 가공식품을 통해 영양분을 섭취하고자 하는 소비자들의 요구에 얼마든지 저렴하게 응할 수 있게 되어서다. 아울러 최근 들어 또 다른 식품 장르에서 돈벌이 시장이 커지고 있다. 다름 아닌 건강보조식품 시장이다. 비타민을 원하는 소비자에겐 비타민을 만들어주면 되고, 미네랄을 원하는 소비자에겐 미네랄을 만들어주면 된다.

이와 같은 현실은 언뜻 소비자에게도 큰 축복으로 보인다. 언제 어디서든 원하는 영양분을 값싸고 편리하게 구할 수 있으니 말이다. 하지만 현대인들은 영양분 불균형 문제가 심각하다. 면역력 약화도 큰 문제다. 생활습관병은 날로 증가일로에 있으며, 선진국에서는 눈덩이처럼 불어나는 의료비로 국가 재정이 거덜날 지경이라고 아우성이다. 영양분을 공장에서 만들어내는 시대에 왜 이런 일이 벌어지고 있는 것일까?

애당초 인체가 요구하는 영양분의 수급 질서를 과학에 의존하려는 발상 자체가 무리였다. 자연의 불가사의에 비견할 때 현대 과학은 아직 애송이에 불과하기 때문이다. 영양학자인 독일 예나 대학의 게르하르트 야라이스 박사는 "인체의 생리에 유익한 영향을 미치는 식물성 성분이 약 1만 가지에 달한다"고 말한다. 박사는 그러나 우리가 알고 있는 성분은 그 가운데 극히 일부에 지나지 않으며, 이 많은 성분들이 영양적으로 어떤 상호작용을 하는지에 대해서는 거의 모르는 상태라고 말한다.[*1]

우리는 흔히 이렇게 생각하기 쉽다. 만일 어느 영양분이 체내에서 대사될 때 다른 성분을 필요로 한다면, 그것을 추가로 첨가하면 되는 게 아닐까? 예컨대 정제당이 대사될 때 비타민이 필요하다면 비타민을 넣어주면 되고, 지방질이 대사될 때 미네랄이 필요하다면 미네랄을 넣어주면 되는 게 아닐까?

생체 내의 물질대사란 그렇게 간단한 게 아니다. 현대 과학은 대사에 관여하는 성분들에 대해 거의 정보를 가지고 있지 않다. 또 자연의 식품소재가 어떤 영양분 조성을 하고 있는지 구체적으로 밝혀내기 위해서는 앞으로도 무수한 세월이 더 필요하다.

현대 과학이 자연을 극복할 수 없음은 실로 미세한 부분에서까지 감지된다. 현대인 식단의 아킬레스건인 인공조미료를 보자. 주성분인 글루탐산나트륨은 오래전부터 뇌기능 저하, 신경작용 교란 등의 멍에를 쓰고 있다. 최근에는 알레르기 유발 물질이라는 오명까지 새로이 붙여졌다. 하지만 이 성분을 자연계에 존재하는 상태로 먹으면 아무런 문제가 없다. 왜 그럴까?

또 요즘 기능성 감미료로 큰 인기를 끌고 있는 소비톨이나 자일리톨은 과량 섭취할 경우 설사를 유발한다. 이것들 역시 우리 몸이 그다지 환영하는 물질이 아니라는 뜻이다. 그러나 이 성분들도 자연계에 존재하는 상태로 먹으면 전혀 문제되지 않는다. 이는 정제 베타카로틴은 유해한 반면, 천연 베타카로틴은 유익하다는 이치와 궤를 같이한다. 왜 그럴까?

철분 강화제는 아연의 흡수를 방해하여 아연 결핍증을 부른다. 그렇다고 아연 강화제를 먹으면 이번에는 구리의 흡수에 문제가 생긴다. 그러나 천연식품을 통해 미네랄들을 섭취하면 이런 염려는 하지 않아도 된다. 왜 그럴까?

사카린을 비롯한 인공감미료는 단맛이 설탕의 수백 배에 달한다. 단것을 좋아하는 꿀벌이 당연히 사카린도 좋아할 것으로 보인다. 그러나 꿀벌은 사카린 근처에는 얼씬도 하지 않는다. 왜 그럴까?

물론 과학은 이런 사례의 원인을 학술적으로 설명할 수 있을 것이다. 그러나 이에 대한 해법은 제시하지 못한다. 굳이 해법을 제시하라고 하면 과학 역시 그런 물질은 먹지 말라는 식으로밖에 답변할 수 없다. 이것이 오늘날 식생활을 둘러싼 과학의 딜레마다.

이와 같은 딜레마는 사실 빙산의 일각이다. 우리의 먹거리 주변에는 훨씬 더 많은 수수께끼들이 존재한다. 왜 영양학자들은 채소를 많이 먹도록 권하는가? 비단 영양학자들만이 아니다. 건강 컨설턴트들 가운데 채소의 중요성을 강조하지 않는 사람은 없다. 왜 그토록 채소가 중요한가?

채소를 비롯한 식물성 먹거리 속에는 빼놓을 수 없는 성분이 있다. 다름 아닌 섬유질이다. 섬유질은 잘 알려져 있는 바와 같이 인체가 소화할 수 없는 물질이다. 소화할 수 없는 물질이라면 백해무익한 게 아닐까?

자연의 섭리는 먹거리 속에 불필요한 물질을 넣지 않는다. 진공청소기가 방안의 모든 티끌을 빨아들이듯, 소화가 안 되는 섬유질은 소화기관 내에서 불필요한 물질을 빨아들인다. 지구보다 수백 배나 더 큰 목성이 수시로 날아드는 우주공간의 운석들을 끌어들임으로써 지구를 보호하는 것처럼, 섬유질은 해로운 물질들을 흡수하여 체외로 배출시킴으로써 인체를 보호한다.

그뿐만이 아니다. 최근 들어 섬유질의 기능으로서 새로운 사실들이 계속 밝혀지고 있다. 그 가운데 하나가 영양분의 흡수속도 조절기능이다. 정제당의 흡수속도가 너무 빨라 혈당관리시스템에 혼선을 초래하는 까닭도 섬유질이 배제되어 있기 때문인 점은 앞에서 확인한 대로다. 오늘날 지탄을 받고 있는 정제식품들의 문제도 알고 보면 이 섬유질이 강제로 추방된 탓에서 비롯된다.

채소나 과일 등에 풍부하게 들어있는 섬유질은 이처럼 새로이 각광받는 중요한 성분임에 틀림없다. 하지만 건강 전문가들이 채소의 중요성을 강조하는 내막을 들여다보면 핵심은 정작 다른 데에 있다. 1980년대 초반, 분자교정의학자들은 식물체 내에 수많은 미확인 물질이 존재함을 확인한다. 이 물질들은 비타민이나 미네랄 등과는 엄연히 구별되지만, 인체 내에서 그 영양분들 못지않게 중요한 역할을 수행한다는 사실이 밝혀진다. 학자들은 이 물질을 식물체에서 유래하는 영양소라는 뜻으로 '파이토뉴트리언트(phytonutrient)'라고 부른다.[*2]

미국 암예방연구소 소장인 존 포터(John Potter) 박사는, 사람을 비롯한 동물이 파이토뉴트리언트를 섭취하면 체내에서 암을 비롯한 각종 질병 억제 효소들이 활성화된다고 말한다. 식물체가 이 물질을 만드는 목적은 유해 곤충 등으로부터 스스로를 지키기 위해서다. 재미 생리학자인 텍사스 대학 유병팔 박사도 생식의 효험을 언급하는 자리에서 파이토뉴트리언트가 인체의 자연 치유력과 면역력을 극대화시킨다고 밝힌 바 있다.[*3]

왜 우리는 식생활에서 자연을 등지면 안 되는 것일까? 이 대답은 다음 사례에서 더욱 명쾌해진다. 시금치나 죽순과 같은 채소는 칼슘의 공급원으로 매우 중요한 식품소재다. 이들 채소에는 칼슘과 함께 옥살산(oxalic acid)이 들어있다. 옥살산은 체내에서 칼슘을 불용성 염으로 만들어 흡수를 방해하는 역할을 한다. 그렇다면 여기서 옥살산은 무조건 배척돼야 할 성분일까?

일부 학자들은 옥살산이 불용물을 만든다는 점에서 결석의 원인물질로 지목하기도 한다. 그러나 알고 보면 이 사실 속에는 정교한 자연의 섭리가 들어있다. 모든 미네랄은 적정량의 섭취가 중요하다. 체내에서 과다 흡수될 경우 반드시 부작용이 따른다. 자연의 섭리는 칼슘이 유독 풍부한 시금치나 죽순과 같은 채소에 옥살산을 함께 넣음으로써 과다 흡수 문제를 사전에 차단한다.

이와 비슷한 사례는 많다. 현미와 같은 알곡의 씨눈에는 철분이 풍부하다. 하지만 여기에는 피트산(phytic acid)이 함께 들어있다. 왜일까? 이 역시 철분의 과다 흡수 문제를 미리 막기 위한 포석이다. 피트산은 과잉의 철분을 불용물질로 만들어 체외로 배출한다. 얼마나 세심한 자연의 배려인가!

수십억 년에 걸쳐 면면히 이어져온 우주의 일사불란한 질서 속에서 자연의 웅대한 섭리를 발견할 수 있는가? 그렇다면 식물체 내에 영양소 · 섬유질 · 파이토뉴트리언트 등과 옥살산 · 피트산 따위가 함께 들어있는 세밀한 질서 속에서는 자연의 정교한 섭리를 엿볼 수 있다. 현대 과학은 과연 이와 같은 기막힌 자연의 배려를 흉내 낼 수 있는가? 이제까지의 이야기는 결국 하나의 메시지로 수렴한다. 그것은 '인류의 식생활을 자연과 분리시키지 말라'는 경구다.

많은 선각자들이 지적하는 오늘날의 식생활 문제를 정교하게 다듬다 보면 곧 가공식품과 만나게 된다. 그 가공식품에는 하나같이 정제당, 정제가공유지, 화학물질이 들어있다. 이것들은 자연의 섭리를 거역한 물질이다. 인체는 그와 같은 '비자연 물질'을 거부한다. 왜냐하면 인체 역시 자연의 일부이기 때문이다.

민주국가의 주인은 국민이듯, 식품시장의 주인은 소비자다. 국가가 국민의 생명을 지켜야 하는 것처럼, 식품회사는 소비자의 건강을 지켜야 한다. 그러나 애당초 길을 잘못 들어선 가공식품 업계는 정도(正道)의 개념을 잊은 지 이미 오래다. 어떻게 해야 할 것인가? 공은 식품시장의 '주인'에게 넘어와있다.

식탁의 마술사

2002년 10월 31일, 프랑스 북부 브르타뉴 연안에서 헬리콥터 한 대가 추락한다. 그 안에는 50대 부부가 한 쌍 타고 있었다. 탑승자 두 사람은 모두 사망한다. 장피에르 라파랭 당시 프랑스 총리는 이례적으로 애도 성명을 발표한다. 빈소에는 파리 시민들의 추모 행렬이 이어지고, 프랑스 언론들도 일제히 추도 특집을 내보낸다.

불의의 사고로 유명을 달리한 주인공은 리오넬 푸알란(Lionel Poilane). 그는 작은 제빵회사의 기술자였다. 한 제빵 기술자의 죽음에 왜 프랑스 전체가 떠들썩했을까? 라파랭 총리는 식탁의 마술사를 잃었다고 애도했다. 무엇이 한낱 제빵업자에 불과한 그를 그토록 위대한 인물로 만들었을까?

그가 만든 빵이었다. 그의 빵은 맛이 사뭇 독특했다. 푸알란 빵이 나올 시간이면 파리 시내에 있는 회사의 가게 앞에는 고객들로 장사진을 친다. 초현실주의 미술의 거장인 살바도르 달리(S. Dali)와 같은 명사도 그의 빵 맛에 반해 단골 고객이 되었다고 한다. 살바도르 달리는 푸알란을 제빵 기술자로 부르기보다는 아예 예술가로 칭송했다.[*1] 그는 얼마나 좋은 향료를 사용했기에 그토록 훌륭한 맛을 내는 빵을 만들었을까?

놀랍게도 푸알란의 빵에는 향료는 물론이고 조미료도 일절 들어가지 않는다. 더욱 놀라운 것은, 그의 빵은 16세기의 전통 제빵 기법에 의해 만들어진다는 사실이다. 당시 프랑스의 기술자들은 밀가루, 누룩, 식염만을 사용하여 빵을 만들었다. 푸알란도 오직 이 세 가지 원료만 사용한다. 하지만 맛은 향료나 조미료를 사용한 그 어느 빵보다 좋다.

이 회사의 독특한 전통 제빵 비법을 보자. 우선 밀가루부터 다르다. 통밀을 맷돌로 직접 분쇄한다. 오늘날 맷돌이라니! 이는 물론 밀에 들어있는 비타민 · 미네랄 · 섬유질 등의 영양분을 최대한 살려낼 목적이다.

또 빵에 사용되는 발효균은 시중에서 유통되는 상업용 이스트가 아니다. 푸알란 집안에서 대대로 전해 내려오는 천연의 누룩이다. 간을 맞추기 위해 사용하는 소금은 어떤가? 프랑스 서해안에서 중세시대부터 전통 방식으로 생산해온 천일염만을 고집한다.

이 회사의 비법은 이와 같은 원료적인 유별성만으로 끝나지 않는다. 발효과정을 보자. 생산 효율을 강조한 현대식 속성발효가 아니다. 공장 지하에 설치된 자연 발효실에서 서서히 이루어지는 천연발효다. 이 역시 독특한 맛과 이상적인 식감을 오랫동안 유지시키기 위한 배려다.

빵을 굽는 오븐(oven)에서 이 회사의 독특한 노하우가 절정에 이른다. 오븐은 유명 식품기계 업체의 철제 설비가 아닌, 진흙과 벽돌로 이루어진 장작불 화덕이다. 소성과정에서 생성되는 방향(芳香)이 인공향료로는 감히 흉내 낼 수 없는 독특한 맛을 부여한다.

또 빼놓을 수 없는 것이 이른바 '손맛'이다. 푸알란은 손맛을 내기 위해 가능한 한 수작업으로 공정을 설계했다.[*2] 손맛은 기술자의 혼이 들어갔을 때 완성된다.

푸알란 빵은 소비자에게 통밀 씨눈의 귀중한 영양성분을 그대로 선사한다. 천연소금의 풍부한 미네랄을 그대로 제공한다. 흙으로 이루어진 화덕은 원적외선을 방출한다. 이것들이 자연의 진정한 맛을 만든다.

이 빵 속에는 기술자의 혼만 들어있는 게 아니다. 자연의 혼도 들어있다. 이런 빵을 먹는 사람의 사전에는 '반건강인' 같은 단어가 들어있을 리 없다. 현대병이니 생활습관병이니 하는 단어도 있을 리 만무다. 이것이 바로 '슬로푸드'다.

상식적으로라면 물론 수백 년 전의 빵이 오늘날의 빵보다 더 맛있을 수는 없을 터다. 그러나 푸알란의 열정은 이를 가능하게 했다. 부친으로부터 전통 제빵공장을 물려받은 그는 1만 명이나 되는 제빵 전문가를 만났고, 80종에 이르는 프랑스 향토 빵을 분석했다. 자연의 영양을 되도록 파손하지 않는 범위 안에서 가장 좋은 맛을 낼 수 있는 조건을 찾기 위함이었다.[*3]

이 회사의 성공 신화는 우리에게 무엇을 시사하는가? 아까운 사람이 사고를 당했구나, 제빵 기술자도 유명인사가 될 수 있구나 하는 등의 겉모습만 보면 안 된다. 푸알란 빵과 유명 프랜차이즈 빵에 어떤 차이가 있을까? 통밀을 그대로 분쇄한 이른바 전맥분을 사용하되 인공조미료나 향료 따위에 의존하지 않고도 얼마든지 소비자를 매료시키는 빵을 만들 수 있다는 사실이 중요하다. 이런 빵이야말로 진정한 의미의 '명품 빵'이다.

물론 모든 빵을 푸알란처럼 명품으로 만들자는 이야기는 아니다. 지금의 우리 베이커리 문화를 진지하게 되돌아보자는 이야기다. 시중의 일반 빵 가운데 정제당 · 정제가공유지 · 화학물질이 없는 제품이 있는가? 하나같이 식품첨가물 범벅이다. 그야말로 대표적인 정크푸드가 오늘의 우리 빵이다.

무첨가 빵

• 제품명: • 내용량: 70g(189kcal) • 원재료명 및 함량: 통팥앙금37%[적두(국산),마스코바도당(필리핀),쌀엿조청{백미(국산)97.5%},태움소금(국산)],밀가루(밀,국산),우유,버터(우유,국산),유기농설탕(파라과이)4.68%,계란(유정란,국산),글루텐(벨기에,밀),생이스트,태움소금(국산)

정답은 간단하다. 넣을 것은 넣고 뺄 것은 빼는 것이다. 넣을 건 무엇인가? 좋은 원료와 손맛, 즉 정성이다. 뺄 것은 화학물질 따위의 식품첨가물이다. 이런 '넣을 것은 넣고 뺄 것은 뺀' 빵은 굳이 명품이 아니더라고 좋은 빵이다. 다행히 우리 식품 시장에도 잘 찾아보면 썩 괜찮은 빵이 있다. 그런 양심적인 빵을 찾아 이용하는 것이 나와 내 가족을 위하는 길이며, 소비자의 책무다.

식문화 퇴보의 현장, 인공조미료

일본 도쿄 대학의 이케다 기쿠나에 교수도 역사에 남을 만한 인물이다. 음식맛에 유난히 관심이 많던 박사는 부인이 평소 끓이던 두부국에서 어느 재료를 넣었을 때와 안 넣었을 때, 맛에 큰 차이가 있음을 발견한다.

그 재료는 다시마였다. 다시마를 넣은 두부국에서는 감칠맛이 느껴졌지만, 넣지 않은 국에서는 그 맛을 느낄 수 없었다. 그는 다시마 속에 어떤 특수한 성분이

들어있을 것이라고 생각했다.

이케다 박사는 다시마를 대량으로 준비하여 그 맛 성분의 추출 실험에 착수한다. 실험은 성공적이었고, 마지막 과정에서 그는 길쭉한 형태의 백색 결정을 얻는다. 다름 아닌 글루탐산나트륨(monosodium glutamate), 저 유명한 '엠에스지(MSG)'다. 오늘날 숱한 화제를 뿌리고 있는 인공조미료의 제왕은 그렇게 발견됐다. 지금부터 한 세기 전의 일이다.*1

여기서 MSG의 유 · 무해성에 대한 논의는 하지 말도록 하자. 해롭다는 논문이 오늘날까지 숱하게 쏟아져나오는 반면에 해롭지 않다는 주장도 그에 못지않게 나오고 있다. 다만 한 가지, 이 MSG의 발견이 우리 식생활에 어떤 의미를 갖는지를 생각해봄으로써 오늘날의 음식문화를 다른 각도에서 반추해보자.

일본의 일부 인사들은 이 신기한 물질의 발견을 위대한 성취로 찬양하며 당시의 감격을 자랑스럽게 회고한다. 그들은 이케다 박사의 업적이 단지 새로운 맛 성분의 발견이라는 점에만 국한되어 평가받는 것을 경계한다. 그의 업적은 훨씬 더 고차원적인 의미를 지닌다는 것이다. MSG가 발견됨으로써 비로소 인류가 음식의 맛을 주도하게 되었다는 게 그들의 주장이다. 과연 MSG의 발견은 그런 의미에서까지 높이 칭송될 일인가?

물론 간단한 방법으로 쇠고기국물 맛을 낼 수 있다는 건 획기적인 일이다. 아무리 요리에 문외한이라 해도 MSG만 있으면 간편하게 먹을 만한 음식을 만들 수 있으니 말이다. 하지만 이와 같은 획기적인 사실 속에는 자못 심각한 반대급부가 들어있다. MSG에 의해 '맛의 개성'이 상실되었다는 점이다. 왜 이 사실이 문제가 될까?

일본의 아지노모토사가 MSG의 상업적 생산에 성공을 거둠에 따라, 그 생산기술은 전 세계로 보급된다. 그렇게 되자 이제까지 전통적으로 사용돼오던 천연양념들은 더 이상 설 땅이 없어졌다. 어느 가정을 가든, 어느 요식업소를 가든 음식의 기본 맛은 MSG가 내는 이른바 '우마미(旨味)' 일색이 되어버린다. 그 획일적인 맛은 가공식품에도 그대로 투영된다.

그 뒤 새로운 맛을 찾는 인간의 노력은 멈추었다고 보는 게 옳다. 다양성으로 표현되는 음식문화의 발전은 MSG의 양산에 의해 완전히 정지돼버렸다. 그렇게 볼 때 MSG는 음식 맛의 획일화를 불러온 주범이고, 향토의 맛을 말살시킨 장본인이다. 현대인으로부터 고향의 된장 맛, 어머니의 손맛을 앗아가 버렸다.

MSG를 둘러싼 이런 단상(斷想)을 조금 넓게 적용해보자. 만일 식품에 보존료 사용이 허가되지 않았다면 어떻게 되었을까? 만일 타르색소 사용이 허가되지 않았다면 어떻게 되었을까? 식품의 보존성을 안전하게 높이는 기술이 눈부시게 발전했을 것이고, 자연 속에서 안전한 색소를 훨씬 다양하게 개발했을 것이다. 하지만 화학물질이라는 값싸고 편리한 수단이 있는 한 이 분야의 연구는 결코 이루어지지 않는다.

한 예를 들어보자. 미국 실리콘밸리 팔로알토(Palo Alto) 지구에는 첨단 기술로 무장한 회사들이 대거 포진해 있다. 그중 폴리머(polymer) 분야의 연구에 두각을 나타내고 있는 '다이너폴(Dynapol)'이라는 연구 전문 업체가 있다. 재미있는 것은 이 회사의 연구 프로젝트 중에 타르색소를 대체할 '새로운 차원의 식용색소 개발'이 들어있다는 사실이다.[*2] 첨단의 기술력을 자랑하는 회사가 식품소재에까지 관심을 갖는 시대가 되었다.

그러나 유감스럽게도 이 회사의 안전한 색소 개발 프로젝트는 후순위로 밀려났다는 후문이 들린다. 이유는 아직 시장성이 불확실해서라는 것. 꽤 오랜 기간이 경과했음에도 아직 이 연구에 진전이 있다는 소식은 없다. 아무리 매력적인 프로젝트라도 수요가 없으면 연구가 진행되지 않는다는 단적인 예다.

한편, 새로운 기술이 개발되었다 해도 소비자들의 무관심으로 제때에 빛을 보지 못하는 사례도 있다. 어묵의 예를 보자. 일본의 경우 최근까지 어묵 제품에 점착제로서 인산염을 써왔다. 그러나 업체에서는 이미 오래 전에 인산염을 사용하지 않고도 어묵을 생산할 수 있는 기술을 완성해놓은 상태였다. 인산염의 유해성을 알지 못하는 소비자들이 계속 기존 제품을 구입해주는 관계로 업체들은 새로 개발한 기술을 번거롭게 도입할 이유가 없었다.

우리나라에도 이와 비슷한 사례가 있다. 치즈 시장을 보자. 현재 우리나라의 치즈 시장은 95퍼센트 이상을 가공치즈가 석권하고 있다. 한동안 자연치즈는 국내에서 생산되지도 않았다. 소량씩 수입되었을 뿐이다. 자연치즈를 만드는 기술이 없어서인가? 물론 그렇지 않다. 시장이 없어서다. 소비자들이 첨가물 범벅인 가공치즈를 계속 구입해주는 까닭에 자연치즈가 설 땅이 없었던 것이다.

얼마 전에 국내 유력 유가공업체에서 자연치즈를 생산하기로 결정했다. 후문에 의하면 아직 수요가 없다는 이유로 사내에서는 많은 반대가 있었지만, 최고경영자가 강력히 밀어붙임으로써 성사됐다고 한다.[*3] 소비자들은 자연치즈와 가공치즈의 차이를 분명히 알아야 한다. 그리고 어떤 치즈 시장을 키울 것인지 결정해야 한다.

소비자는 왕이다. 왕 대접을 받으려면 책임이 따른다. 임금이 정치에 무관심하면 나라가 망하듯, 소비자가 제품 상식에 무관심하면 시장이 망한다. 인공조미료나 합성색소 등의 유해물질 문제, 나아가 오늘날 가공식품에 드리워진 갖가지 불명예에 돋보기를 대보면 소비자도 결코 자유로울 수 없다.

20세기에 식품산업에서 있었던 변화는 발전이 아니다. 그것은 발전인 듯 보이지만 사실은 퇴보다. 특히 식문화의 관점에서 볼 때 돌이킬 수 없는 퇴보다. 아울러 식품 · 건강 측면에서는 차라리 재앙이다. 여기에는 소비자의 무관심도 큰 몫을 했다.

위대한 섭생

"여기 계신 분들 세 분 가운데 한 분은 암으로 죽습니다."

TV 건강 강좌에 나선 한 연사가 방청객에게 한 말이다. '3명 가운데 1명'이라는 표현은 불치병인 암이 이제 바로 우리 옆에 다가와 있음을 알린다. 섬뜩한 이야기가 아닐 수 없다. 사실 우리는 모두 암을 두려워하고 있긴 하지만 아직은 남의 일로 치부하는 경향이 있다. 그러나 그 연사의 발언대로라면 나 또는 나의 가족도 얼마든지 암의 희생자가 될 수 있다는 이야기다.

자료에 의하면 우리나라의 암 사망자는 전체 사망의 26퍼센트다. '4명 중 1명'을 조금 넘는 수준이다. 그 연사는 부풀려서 말한 것인데, 나름대로 이유가 있다. 사인은 암이었음에도 막상 모르는 경우가 적지 않을 것이란 점과, 앞으로 암 사망이 더 크게 늘어날 것이란 점을 고려하면 고개가 끄덕여진다.

세계보건기구(WHO)에서는 2030년까지 지구촌의 암 발생이 2008년에 비해 75퍼센트 증가할 것으로 전망한다. 우리나라의 암 발병건수를 보면 최근 10년 사이 거의 두 배로 늘어났다. 이대로라면 앞으로 20년 뒤에는 WHO의 전망치를 훨씬 웃돌게 된다. 국민 사망원인 1위인 암, 이제 더 이상 운이 나빠 걸리는 특별한 병이 아니다.

암(癌)만 문제인가? 사망원인 2위인 심혈관질환을 보자. 이 질병을 대표하는 뇌혈관질환과 심장질환은 합칠 경우 사망자가 '4.5명 가운데 1명'이다. 여기에 고혈압성 질환까지 고려하면 암 사망률을 바짝 뒤쫓는다.

이들 심혈관질환 역시 가파른 상승세를 보이고 있어 조만간 사망원인 1위로 올라설 것이라는 전망도 적지 않다. 얼마 전 중국 베이징에서 있었던 아시아지역 순환기내과전문의회의(APCSC)에서, "20년 후면 심혈관질환이 아시아 지역에서 가장 심각한 사회문제로 떠오를 것"이라고 진단한 바 있다.*1

사망원인 3위는 무엇일까? 바로 당뇨병이다. 우리나라의 경우 당뇨로 인한 사망자는 약 '20명 가운데 1명'으로, 암이나 심혈관질환에 비하면 상대적으로 낮은 편이다. 그러나 의학계에서는 이 당뇨병을 가장 경계해야 할 미래의 질병으로 보고 있다. 최근 그 발병률 상승속도가 가히 폭발적이어서다.

전문가들은 앞으로 20년 뒤면 당뇨병 유병률이 25퍼센트에 달할 것이라고 전망한다. 국제당뇨병연맹(IDF) 회장인 조지 알버티(George Alberti) 교수는 한 당뇨 콘퍼런스에서 당뇨병을 '21세기의 에이즈'로 지목했다. 이대로 방치하면 문명사회는 결국 당뇨병에 의해 붕괴될 것이라는 게 박사의 경고다.*2

암, 심혈관질환, 당뇨병은 현대인이 겪고 있는 대표적인 3대 생활습관병이다. 우리나라에서는 현재 절반이 넘는 국민이 이들 세 질환으로 생명을 잃고 있다. 발병률 상승 속도를 볼 때 앞으로 이들 질환의 희생자가 더욱 늘어날 것임은 불을 보듯 뻔하다. 이들 가공할 생활습관병에 대한 해법을 찾지 못하는 한 우리의 미래가 없다는 뜻이다. 해결책은 없는 것일까?

다소 다른 각도에서 3대 생활습관병을 조망해보자. 자료를 통해 이 질환들을 분석해보면 몇 가지 흥미로운 사실이 눈에 들어온다. 먼저 이 세 가지 생활습관병은 오늘날 문명국들이 공통적으로 겪는 문제라는 점이다. 이 질환들은 우리나라에서만 3대 사망원인으로 꼽히는 게 아니다. 지구촌 거의 대부분의 문명국이 비슷한 상황이다.

피부색이 다르고 머리카락 색깔도 다르고 기후풍토도 다를진대 왜 질병만은 똑같은 것일까? 십인십색(十人十色)이라는 말이 있듯 '십민족십색(十民族十色)'이 되어야 마땅할 터다. 왜 유독 사망원인만은 똑같은 것일까? 결코 예사로이 보아 넘길 일이 아니다.

또 흥미를 끄는 것은, 이들 3대 생활습관병은 20세기 초까지만 해도 지구촌에서 그리 흔한 질병이 아니었다는 점이다. 먼저 암을 보자. 20세기 초, 미국과 유럽의 암 사망자는 전체 사망의 3.4퍼센트에 지나지 않았다. 이것이 최근에는 3명 중 1명이 발병하여, 4명 중 1명이 사망하는 무서운 병마로 변해 있다.

심혈관질환은 어땠을까? 대표적인 심장병의 경우 1세기 전까지만 해도 거의 없었다. '심장 발작'이라는 증례가 문헌에 최초로 기록된 것이 1910년의 일이다. 이것이 지금은 선진국에서 가장 심각한 질병으로 지목되고 있다.

당뇨병은 어떤가? 미국의 경우 20세기 초에는 당뇨병이 10만 명 중 1명꼴로 걸리는 희소병이었다. 그러나 지금은 그 유병률이 20명 중 1명이다. 잠재 환자는 제외하고도 그렇다.*3

문제는 이들 질환의 공통점이 현대 의학으로는 치료할 수 없다는 사실이다. 이 말은 다시 말해 이 질병들을 극복하는 길은 오로지 섭생을 통한 예방만이 대수라는 것을 의미한다. 쉽게 말해 걸리지 않도록 노력해야지, 일단 걸리고 나면 대책이 없다는 이야기다. 그 점이 바로 일찍부터 분자교정의학자들이 식생활과 영양의 중요성을 강조해온 까닭이기도 하다.

이들 3대 질환이 문명국 공통의 질병이며, 최근 1세기 이내에 급격히 창궐했다는 사실은 무엇을 의미할까? 우리는 평소 이런 일들을 그다지 대수롭지 않게 보아 넘긴다. 그러나 깊이 생각해보면 이 사실 속에는 매우 의미 있는 힌트가 들어 있다.

지난 1세기를 돌이켜보자. 그동안 우리의 생활양식은 크게 변했다. 그중에서도 가장 두드러진 것이 식생활의 변화다. 그 변화란 가공식품과 패스트푸드 산업의 발전을 가리킨다는 것은 두말할 나위가 없다. 이 사실은 미국 상원 영양특위 위원장인 조지 맥거번 의원의 발언 속에서도 잘 나타나 있다. 1977년 역사적인 영양특위 보고서를 발표하는 자리에서 그는 이렇게 말했다.

> 미국인의 식생활은 20세기 초에 비해 크게 변했다. 문제는 그것이 나쁜 방향으로 변했다는 사실이다. 오늘날 심화되는 건강문제의 모든 원인은 여기에 있다. 하지만 불행하게도 우리는 이 사실을 전혀 모르고 있다.*4

여기서 언급된 '20세기 초'는 동양에서 보자면 20세기 중반에 해당한다. 그렇다면 우리나라를 비롯한 일본 · 대만 · 싱가포르 등 동양의 문명국에서는 식생활의 변화가 최근 반세기 이내에 이루어졌으며, 3대 생활습관병의 역사도 그만큼 짧다는 것을 알 수 있다.

이제 치명적인 이들 생활습관병이 왜 맹위를 떨치고 있는지 자명해졌다. 바로 잘못된 식생활 때문이다. 물론 그 원인이 100퍼센트 식생활에만 있다는 이야기는 아니다. 다만 식생활이 매우 큰 부분을 차지한다는 말이다. 일본의 건강 저널리스트들은 그래서 이들 질환을 '식원병(食源病)'이라고 부르기도 한다.

세계적인 암 전문가인 미국건강재단 총재 어니스트 와인더(Ernest Winder) 박사의 발언을 들어보면 이 사실이 더욱 분명해진다. 박사는 영양특위에서 이렇게 증언했다. "암의 90퍼센트는 음식물이나 다른 경로를 통해 체내에 혼입되는 화학물질에 의해 발병한다."*5

요컨대 모든 문제는 정제당과 정제가공유지, 화학물질로 귀결된다. 나쁜 가공식품, 즉 정크푸드의 뼈와 살이 그것들이다. 여기서 새삼 19세기 철학자 루트비히 포이어바흐의 경구(警句) 한마디가 생각난다. 그는 이렇게 말했다. "우리가 먹는 것이 바로 우리다(You are what you eat)." 식생활이란 얼마나 중요한지.

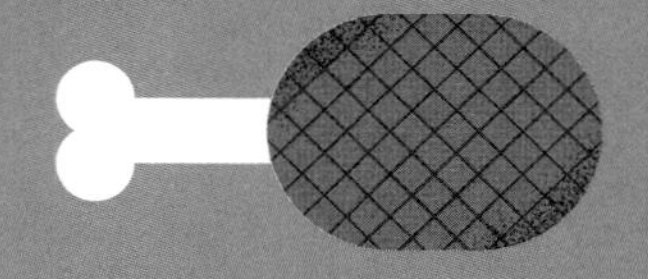

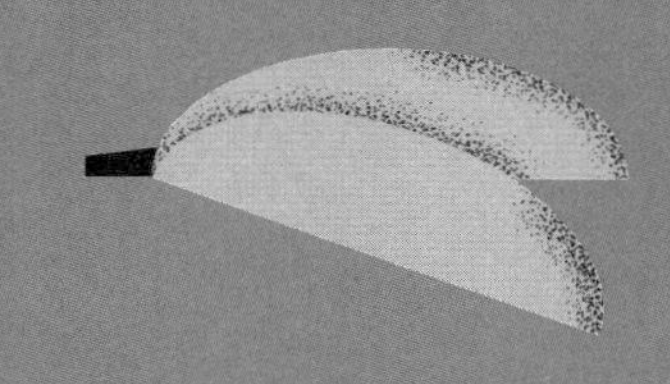

부록

식품완전표시제의 맹점

부실한 식품표시규정 속에서 안전한 식품 고르기

식품완전표시제

2006년 9월 7일 '식품완전표시제' 전면 시행 이후 생산되는 가공식품에는 사용 원료의 명칭을 모두 표기해야 한다. 식품첨가물도 물론이다. 이는 소비자의 알 권리 차원에서 획기적인 조치였다 평가할 만하다. 제품 선택권 행사에 큰 도움이 되었으니 말이다. 그전의 규정에서는 5가지 원료만 표기하면 되었다.

그렇다면 소비자는 현재 가공식품에 사용된 원료나 첨가물을 100% 확인할 수 있는 것일까? 유감스럽게도 그렇지 않다. 그곳에는 여전히 소비자의 알 권리를 침해하는 맹점이 숨어있다. 식품회사가 공개하고 싶지 않은 물질이 있을 경우, 그 맹점은 좋은 은신처를 제공할 것이다.

이러한 맹점은 다음과 같은 7가지로 요약된다. 현명한 소비자라면 꼭 알아야 할 사항이다.

① 정해진 첨가물은 이름 대신 용도만 기재하면 돼

규정
식품표시기준에서 정하는 첨가물의 경우 고시한 명칭이나 간략명 또는 주용도로 표시해야 한다.

문제점

어떤 첨가물은 굳이 이름을 표기할 필요가 없다. 용도명만 기재하면 된다. 예컨대 산도(pH)를 조절하기 위해 황산알루미늄칼륨이라는 화학물질을 썼다고 치자. 단지 '산도조절제'라고만 표기해주면 된다는 뜻이다.

여기서는 2가지 문제가 발생한다. 첫째, 산도조절제 가운데 어떤 물질을 썼는지 알 수 없다는 점이다. 만일 알루미늄과 같은 중금속을 기피하는 소비자가 있다 해도 그 정보를 확인할 길이 없다. 여전히 모르고 먹을 수밖에 없다는 뜻이다.

둘째, 산도조절제라는 용도명만 기재해주면 그 용도로 분류된 화학물질들은 얼마든지 써도 된다는 점이다. 즉, 2가지도 좋고 3가지도 좋고 여러 물질을 한 제품에 동시에 사용해도 용도명 하나로 간단히 해결된다. 이 규정은 첨가물의 남용을 부를 수 있다.

용도명에는 산도조절제만이 아니라 유화제, 향미증진제, 합성착향료 등 8가지나 있다. 300종이 넘는 첨가물이 이 규정의 적용을 받는다.

사례

( )안의 수치는 영양소 기준치에 대한 비율(%)임
유통기한:밑면 표기일까지 • 식품의 유형:건면류 • 원재료명 및 함량/원산
면/감자전분(독일산), 녹두전분(면중 10%;중국산). 스프
정제염, 멸치[illegible], 정백당, 멸치추출물분말, 멸치조미분말, 덱스트린, 간장분
혼합맛분[illegible], 향미증진제, [illegible]타이드, 조미육베이스, 버섯조미분말, 고춧가루, 마늘베
가다랑어조미[illegible], [illegible], 효모추출물, 후추풍미료, 파조미분말, 참기름, 참기름
구연산, 구운김후레이크, 볶음참깨, 건당근, 동결건조중파.{유당(우유), 탈지대
(대두), 알파소맥전분(밀)} • 특정성분함량 및 원산지
분말스프 중 콩펩타이드(콩;미국) 3%함유(건물

제품은 재정경제부 고시 소비자 피해보상 규정에 의거 정당한 소비자 피해에 대해 보상해 드립니다. • 고객상담팀: • 휴지줍는 고운마음
안버리는 밝은마음 • 유통기한:측면표기일까지 • [illegible] • 원재료명:소맥분(밀),백설탕,식물성유지(대두),쇼트닝,
코코넛분말,버터(우유),가공버[illegible],산도조절제,[illegible]분,정제소금,액상과당,감미식[illegible],합성착향료,[illegible]소제제,
효모,베타카로틴 • 특정성분:버터1.7%,코코넛분말4% 희망소비자가격 ₩700
OTHER
분리배출

위 식품 안내 속에 있는 향미증진제, 산도조절제, 합성착향료 등이 용도명으로

표기된 사례다. 향미증진제라는 용도명은 핵산계조미료 따위의 인공조미료도 포함한다.

② 복합원재료의 경우 구성 원료를 기재할 필요가 없어

규정
• 복합원재료를 구성하는 구성 원료는 그 명칭만을 표시할 수 있다. • 복합원재료가 해당 제품에서 차지하는 비율이 5% 미만일 때는 복합원재료의 명칭만을 표시할 수 있다.

문제점

'복합원재료'라는 개념을 도입한 점이 눈길을 끈다. 두 가지 이상의 원료나 첨가물을 섞은 것을 복합원재료라고 칭한다. '반제품'과 비슷한 의미의 용어다. 이 용어는 식품회사에게 대단히 편리한 개념이다. 공개하고 싶지 않은 물질이 있을 경우 복합원재료로 만들어 쓰면 되기 때문이다.

예를 들어 인공조미료를 사용했다고 치자. 인공조미료를 꼭 표기해야 할까? 그렇지 않다. 인공조미료에 다른 물질을 혼합하여 복합원재료로 만들고, 그 혼합물 사용량이 5퍼센트 미만이 되도록 한다면 기재 의무가 사라진다. 흔히 '△△맛 시즈닝'이라는 표기가 이 규정의 대표적인 산물이다.

그렇다면 복합원재료가 5퍼센트를 초과할 때는 어떻게 해야 할까? 물론 구성 원료를 일일이 기재하는 것이 원칙이다. 그러나 여기에도 예외가 있다. 예를 들어보자. A라는 복합원재료에 또 다른 복합원재료인 B라는 시즈닝이 사용됐다고 치자. 이때는 사용량과 관계없이 B시즈닝의 구성 원료를 표기할 의무가 없다. 단지 'B시즈닝'이라고만 표기해주면 된다. 복합원재료를 구성하는 구성 원료는 그 명칭만 표기하면 된다는 규정이 있기 때문이다.

사례

●유통기한:후면 표기일까지
●원재료명 및 원산지:면/소맥분
(호주산, 미국산), 팜유, 감자전분,
초산전분, 정제염, 스프/정제염,
복합식물성우마미분말, 복합
식물성향미분말, [illegible]신야채
베이스, 건파4호. {탈지대두
(대두) 알파소맥전분(밀)}

조미식품 • **내용량:**27g(9g×3개입) • **원재료명 및 함량:**카레베이스72.2%[일본산/카레
김과립], 야채믹스[일본산/당근후레이크(계란), 시금치후레이크, 녹차과립, 조미참깨, 완두
포장재질(내면):외포장재(폴리에틸렌), 내포장재(폴리에틸렌) • 본 제품은 소비자 피해 보상 규
경우 구입처에서 교환해 드립니다. • 사용 후 포장지는 반드시 분리배출하여 주십시오. • 보

위 식품 안내가 있는 가공식품에는 복합식물성우마미분말, 조미참깨 등이 복합원재료로 사용되었다. 그런데 이것들이 어떤 물질들로 이루어졌는지는 알 방도가 없다. 조미참깨는 야채믹스를 구성하는 복합원재료이므로 원료 내역을 밝힐 필요가 없다.

③ 간접적으로 사용된 첨가물은 표기하지 않아도 돼

규정
식품의 원료에서 이행(carry-over)된 첨가물이 해당 제품에 효과를 발휘할 정도가 아닌 경우에는 그 첨가물 명칭을 표시하지 않을 수 있다.

문제점

이른바 '캐리오버(carry-over)' 첨가물에 대한 예외 규정이다. 가공식품에는 경우에 따라 다양한 반제품이 사용된다. 이 반제품에는 첨가물들이 이미 들어있는 경우가 많은데, 그 내용을 일일이 밝힐 필요가 없다는 뜻이다.

예를 들어 어느 식품에 간장을 사용한다고 치자. 그 간장에는 보존료가 들어있을 수 있다. 만일 들어있다면 그 보존료는 최종 제품으로 그대로 이행된다. 하지만 그 보존료 명칭을 표기할 의무가 없다. 캐리오버 물질을 예외로 하는 규정 덕분이다.

다만, 최종 제품에 효과를 발휘할 정도가 아니어야 한다는 단서는 붙는다. 문제는 그 기준이 모호하다는 점이다. 해당 첨가물이 최종 제품에 영향을 미치지 않는다고 주장하면 그만이다.

사례

◆제품명 : ◆식품유형 : 유화형드
◆원재료명 : 대두유(수입산), 전란(국산, 계란), 식
발효영양원), 백설탕, 식염, 조제겨자, 기타가공
씨즈닝), 변성전분, 블랙페퍼, 향미유(밀
◆식품첨가물 : 이디티에이칼슘이나트륨(산화방지제)
◆내용량 : 120g ◆유통기한 : 하단표기일까지
◆보관상주의 : 냉장보관(0~10℃), 개봉 후 냉장보관
하거나 빨리 드시기 바랍니다.
◆포장재질(내면) : 폴리에틸렌
◆반품 또는 교환 : 제조원 및 구입처
◆소비자상담실 : 080-015-0101(수신자요금부담)
◆본 제품은 재정경제부 고시 소비자 피해 보상규정에

직사광선 및 습기찬 곳을 피하여 서늘하고 통풍이 잘 되는 곳에 보관 ●본 제품은 재정경제부 고시에 의거 피해보상 ●고객만족
:본사 및 구입한곳 ●포장재질:폴리프로필렌(내포장면) ●원재료명 및 함량:코코아분말,코코아매스,백설탕,
(계란),밀가루(밀),정제가공유지,혼합분유(전지분유,코코아분말),준초콜릿,
,유당,혼합제제(유화제),합성팽창제,기타주류,혼합제제(산도조절제),정제소금,혼합
유화제,합성착향료●특정성분:코코아원료2.5%

위 식품 안내 속에 있는 조제겨자와 준초콜릿이 바로 반제품인데, 각각 원료로 사용됐다. 이들 반제품에는 첨가물이 들어있을 가능성이 매우 높다. 하지만 최종 제품에 영향을 미치지 않는다고 보면 첨가물을 표기할 필요가 없어진다.

④ 최종 제품에 남아있지 않은 첨가물은 표기하지 않아도 돼

규정
식품 가공 과정에서 첨가되었지만 중간에 제거되어 잔존하지 않는 첨가물은 그 명칭을 표시하지 않을 수 있다.

문제점

식품 가공 과정에서 일부러 제거 과정을 거치는 첨가물들은 대개 유해성이 큰 물질이다. 아무리 중간 과정에서 제거한다 해도 완전히 없앨 수 있을까? 설사 100%퍼센트 없앤다 해도 그 물질로인해 식품에는 또 다른 유해물질이 만들어질 수 있다.

예를 들어보자. 산분해간장에는 염산이 사용된다. 염산은 물론 독성 물질이다. 반드시 알칼리 중화를 시키므로 간장 제품에는 염산이 거의 남아있지 않을 것이다. 그러나 문제는 염산으로 인해 생기는 염소화합물이다. 비록 생성량은 많지 않겠지만 이 물질들은 암이나 불임의 원인이 될 수 있다는 보고가 있다.

사례

• 제품명 :
• 식품의 유형 : 혼합간장 • 총질소(T.N)함량 : 1.3%이상
• 혼합비율 : 양조간장(총질소1.3%)30% 산분해간장(총질소1.3%)70%
• 원재료명 : 탈지대두 22.45%(수입산), 소맥(밀) 5.00%(미국산), 식염, 고과당, 카라멜
• 첨가물 : 합성보존료-파라옥시안식향산에틸 0.2g/ℓ 이하
• 내용량 : 500㎖ • 포장재질 : 용기-폴리에틸렌테레프탈레이트, 뚜껑-폴리에틸렌 • 유통기한 : 옆면 하단 표기일까지
• 보관방법 : 직사광선을 피하고 상온에 보관하여 주십시오.

위 식품 안내는 산분해간장이 70퍼센트 섞여있는 혼합간장이다. 산분해간장을 만드는 과정에서 틀림없이 염산이 사용되었겠지만 그 표기는 없다. 알칼리 물질로 중화되어 최종 제품에는 염산이 잔존하지 않는다고 보기 때문이다.

⑤ 포장 크기가 작은 제품에는 5가지 원료명만 표기하면 돼

규정
포장 주 표시면의 면적이 30제곱센티미터 이하인 제품에는 5가지 이상의 원료명만 표기할 수 있다.

문제점

포장 크기가 작다고 해서 사용 원료 가짓수도 적을까? 물론 그렇지 않다. 원료 수효는 포장 크기와 무관하다. 아무리 많은 종류의 원료와 첨가물을 썼다 해도 소형 포장을 채택하면 이 규정의 혜택을 받는다. 오직 5가지 원료만 표기함으로써 의무가 끝나기 때문이다. 이는 전형적인 생산편의주의 사고의 발로다.

사례

포장 크기가 작은 제품의 예다. 주로 캔디, 껌, 초콜릿류에 많다. 이러한 소물(小勿) 제품은 5가지 원료만 기재해주면 된다.

⑥ 내포장 제품에는 일일이 표시할 필요가 없어

규정
위생상 위해 발생 우려가 적은 '내(內)포장 제품'의 경우 판매업소에 공급하는 제품의 최소 유통 단위별 포장에 표시할 수 있다.

문제점

가공식품에는 이중포장 제품이 많다. 큰 봉지 안에 작은 봉지로 별도 포장되어 있는 경우다. 만일 그 제품이 위생상 큰 문제가 없다면 작은 포장에는 표시 의무가 없다. 단지 겉포장에만 표시해주면 된다. 이 규정의 문제는 매장에서 작은 포장 단위로 낱개 판매될 때 생긴다.

겉포장이 제거되었으니 소비자가 표시정보를 확인할 길이 없다. 표기사항은 소비자에게 판매하는 제품의 '최소 단위별 포장'에 기재해야 한다는 원칙에 어긋난다. 위생상 위해 발생 우려가 적어야 한다는 단서는 있지만 기준이 모호하다.

사례

커피크리머의 경우 사용원료 정보는 겉포장지에 표기되어 있다. 그러나 대부분의 소비자들은 겉포장지를 볼 수 없다. 컵젤리, 초콜릿류 등에서도 이러한 사례가 가끔 발견된다.

⑦ 즉석 제조 식품은 표시하지 않아도 돼

규정
즉석 제조 · 판매 제품의 경우, 표시사항을 진열상자에 기재하거나 별도의 표지판에 표기하면 개별 제품에는 표시를 생략할 수 있다.

문제점

매장에서 직접 제조하는 식품이라고 해서 일반식품과 크게 다르지 않다. 식품첨가물이 그대로 사용된다. 하지만 그 내용이 포장에 전혀 표기되지 않는다. 역시 예외규정이 있기 때문이다. 대표적인 것이 베이커리 제품이다. 직접 매장에서 확인하지 않는다면 사용원료를 알 길이 없다. 설사 기피물질이 사용됐다 하더라도 피할 방법이 없다는 뜻이다.

사례

한 식품점에서 팔고 있는 즉석 제조 식품의 식품 안내다. 사용원료 정보가 전혀 표기되어 있지 않다.

에필로그

진정한 웰빙

드넓은 우주에는 지구와 같은 고등동물이 존재하는 혹성이 무척 많다고 한다. 이 상상을 초월하는 공간에는 지구보다 훨씬 발전된 문명을 가진 혹성들이 틀림없이 있을 터이나 인류가 외계인과 접촉한 사례는 아직 없다. 천재 우주물리학자 스티븐 호킹(Stephen W. Hawking) 박사는 그 이유를 '문명의 발달과 자멸론'으로 설명한다. 한 혹성의 문명이 고도로 발달하여 다른 혹성으로 여행할 수 있는 단계가 되면, 그 혹성은 문명적으로 불안해져 스스로 멸망하게 된다는 것이다.

서울대 이영순 교수는 한 칼럼에서 호킹 박사의 이 설명을 인용하며, 지구에서도 그 자멸론이 현실화되지 않을까 우려한다. 교수가 우려하는 것은 인류에 대한 자연의 대역습이다. 이영순 교수는 생태계를 파괴하는 환경호르몬, 신종 전염병, 각종 화학물질들의 범람을 그 예로 든다. 이 위험요인들이 오늘날 인류에게 던지는 공포는 핵무기의 파괴력에 버금간다는 것이다.*1

교수의 이러한 주장은 현대인의 그릇된 식생활에 대한 분자교정의학자들의 경고와 꼭 빼닮았다. 미국을 비롯한 선진국의 경우 눈덩이처럼 불어나는 의료비가 국가 재정을 크게 압박하고 있다는 것은 주지의 사실이다. 국민건강 문제로 국가 경쟁력이 총체적으로 훼손되고 있다는 점도 전문가들이 이구동성으로 지적하는 골칫거리다.

이에 뒤질세라 개발도상국들은 그들의 처참한 오류를 답습하지 못해 아우성이다. 그러나 모든 원인 제공자들은 눈 하나 꿈쩍 않고 돈을 긁어모으는 갈퀴질에 더욱 열심이다. 이보다 더 큰 문명적 불안이 또 있단 말인가?

많은 선각자들이 오늘날의 잘못된 음식문화를 인류 최대의 위기로 규정한다. 대표적인 인물이 이탈리아 슬로푸드협회의 카를로 페트리니(Carlo Petrini) 회장이다. 그는 이 위기를 「창세기」에 나오는 '대홍수'에 비유한다. 이탈리아 환상의 도시 올비에토(Orvieto)에서 있었던 슬로푸드 세계대회에서 그는 '노아의 방주'를 건조해야 한다고 역설했다.*2

페트리니 회장이 제안하는 노아의 방주란 오늘날의 잘못된 식생활을 깊이 자각하는 것이다. 슬로푸드협회에서는 오래전부터 '노아의 방주 프로젝트'를 설계하여 위기에 대한 경각심을 일깨우고 있다. 현대인의 식생활이 안고 있는 문제는 감히 대홍수에 비견될 만큼 절박하다는 게 페트리니의 주장이다. 그러나 정작 노아의 방주를 타야 할 대중 소비자는 남의 일인 양 무관심하다.

이제 이 책의 결론을 말할 때가 됐다. 처음 길을 잘못 들어선 가공식품 산업은 지난 1세기 동안 생활습관병이란 신조어를 만들어내며 인류의 건강을 크게 훼손시켜왔다. 이와 같은 그릇된 식생활 풍토가 지속된다면 그 결과를 예상하기란 어렵지 않다. 미국의 건강 컨설턴트들이 그리는 수십 년 뒤의 시나리오는 차마 인용하기 민망할 정도다. 하루 빨리 범사회적인 조치가 취해지지 않는 한, 비참한 미래는 곧 현실로 다가온다.

이제 더 이상 선택의 여지가 없다. 바꿔야 한다. 중요한 것은 '어떻게 바꿀지'다. 어떤 방법을 통해 바꿔야 할지 머리를 모을 때다. 사실 생각해보면 바꾸는 일은 의외로 어렵지 않다. 소비자가 바꾸겠다는 의지만 있으면 충분히 가능하다.

예를 들어보자. 해로운 방부제가 들어있는 햄 · 소시지 등을 잠시만 구입하지 말아보자. 대신 '무첨가 가공육'을 선택 · 구매해보자. 소비자들의 이 뜻은 빛의 속도로 육가공업체에 전달된다. 그들은 당장 아질산나트륨 같은 첨가물을 빼고 제품을 만들 것이다.

인공조미료 범벅인 인스턴트 라면을 잠시만 사먹지 말아보자. 좀 번거롭더라도 집에서 국수를 끓여 먹거나 '웰빙라면 집'을 찾아가보자. 라면회사들은 당장 천연조미료로 맛을 내는 연구에 들어갈 것이며, 어렵지 않게 소비자를 만족시키는 안전한 라면을 만들어낼 것이다.

식용유도 마찬가지다. 슈퍼에서 잠시만 추출정제유를 구입하지 말아보자. 제유업계는 당장 유기용매로 추출하고 높은 온도에서 정제하는 잘못된 제유방식을 바꿀 것이다. 오늘날 우리나라를 포함한 문명국의 식품회사들은 언제든 '친건강 식품'을 만들어낼 기술력과 자본력이 있다.

이러한 제안은 일견 현대와 미래 사회의 스피드(speed)라는 상징어와 정면으로 배치되는 듯 비칠 수도 있다. 지금이 어떤 시대인가? 초고속 디지털 산업주의 시대에 직접 음식을 만들어 먹으라니. 시대착오적인 제안 아닌가? 서울과학종합대학원 윤은기 총장의 충고 속에 해답이 있다. 독특한 '시(時)테크 이론'의 주창자로 뭇 보보스들의 갈채를 받고 있는 그는 한 학술대회에서 이렇게 연설했다.

"진정한 시(時)테크는 상황적 접근을 통해 가능합니다. 지금이 빠르게 움직일 때냐, 느리게 움직일 때냐를 결정하여 행동하자는 개념이지요. 일하는 직장에서는 스피드를 중시하고 의사결정도 빨라야 합니다. 그러나 여가를 즐길 때는 그렇지 않습니다. 그때는 유유자적하게 '슬로(slow) 문화'를 즐겨야 합니다. 그 대표적인 것 중의 하나가 바로 식생활이죠."*3

나는 10년이 훨씬 넘게 과자를 비롯한 각종 가공식품 탐닉자로 살아왔다. 나는 그 식품들이 신체적 · 정신적 건강에 어떤 악영향을 미치는지 직접 체험한 사람이다. 그것들을 입에 대지 않은 뒤 나의 건강상태가 어떻게 호전됐는지 정확히 느끼고 있는 사람이다. 나는 또한 슈크림이라는 과자를 직업적으로 먹어온, 내가 매우 좋아하는 사람을 암으로 잃고 마는 쓰라린 기억도 가지고 있는 사람이다. 나는 과자회사에 근무하며 평소 내가 존경하던 선배들이 불행한 노후를 겪는 사례를 수없이 보아온 사람이다.

나는 주변의 친한 사람들에게 나의 경험을 가끔 이야기하곤 한다. 물론 시중의 나쁜 가공식품을 먹지 말라는 충고다. 그들은 대부분 겉으로는 동의하지만 여간해서 실천에 옮기지 않는다. 그들 가운데는 나의 이야기에 동의하면서도 현재 누리고 있는 편리성의 가치가 수명 몇 년 줄이는 것보다 더 크다고 반론을 펴는 사람도 있다.

과연 그럴까? 생활습관병을 들여다보자. 그렇게 간단한 일이 아니다. 잘못된 식생활이 불러오는 재앙 속에는 '고통스런 노년의 연장'이라는 더 고질적인 불행이 기다리고 있다는 사실을 직시해야 한다. 나의 생활습관병은 나만의 문제가 아니라는 이야기다. 그것은 내 가족의 문제고 내 이웃의 문제며, 나아가 내 주변 모든 사람에게 문제가 되는 커다란 사회악의 하나다.

여기서 우리가 결코 간과하면 안 될 일이 또 있다. 그릇된 섭생으로 인한 문제는 당대(當代)에서만 끝나지 않는다는 사실이다. 그 해악은 유전적인 정보가 되어 착실히 후대로 전해진다. 이 말은 비록 나의 생애에는 어떤 유해성이 나타나지 않는다 해도, 2세 이후 언젠가는 결국 치명적인 질병으로 나타난다는 것을 의미한다. '포텐거의 고양이' 실험에서도 확인하지 않았던가?

바야흐로 웰빙 시대다. '헬스테크'라는 용어가 널리 회자되는 요즈음이다. 하지만 아직도 웰빙이니 헬스테크니 하는 말이 일부 계층의 전유물인 듯 인식되는 경향이 있다. 나는 이 개념을 우리의 평범한 일상 속에서 얼마든지 구현할 수 있다고 본다.

식품첨가물 범벅인 나쁜 가공식품의 유해성을 정확히 알고 대안을 찾는 일이야말로 이 시대의 가장 현명한 웰빙법이자 헬스테크다. 처음에는 다소 불편하고 시간 투자가 필요할지 모른다. 그러나 그 결과가 주는 선물은 자못 위대하다.

아무쪼록 우리 사회에도 소비자 건강을 진심으로 생각하는 식품기업이 다수 탄생하기를 기대한다. 아울러 이 졸저가 많은 분들의 섭생에 도움이 되고 미력이나마 건강사회 구현에 이바지하게 되기를 간절히 바란다.

참고문헌

더 자세히 알고 싶은 분을 위해

프롤로그 루비콘강을 건너며

식원성증후군

1. 大沢博, 食原性症候群, ブレーン出版, 1995, p.228-229

이상한 아이스크림 회사

1. http://www.baskinrobbins.com/about/history.shtml
2. 존 로빈스, 안의정 역, 음식혁명, 시공사, 2002, p.27-29
3. 조선일보, 2003. 2. 6. [A19]
4. 존 로빈스, 안의정 역, 음식혁명, 시공사, 2002, p.147
5. http://www.newveg.av.org/robbinsfather.htm
6. 존 로빈스, 안의정 역, 음식혁명, 시공사, 2002, p.147

삶의 진정성을 회복시키는 슬로푸드

1. 島村菜津, スローフードな人生, 新潮社, 2003, p.369
2. 매일경제신문, 2002. 10. 16.

식품회사와 소비자의 엇박자

1. 존 로빈스, 안의정 역, 음식혁명, 시공사, 2002, p.28
2. Carol Simontacchi, The Crazy Makers, Tarcher Putnam, 2000, p.108-111
3. 정재승, 과학콘서트, 동아시아, 2002, p.147

인스턴트식품의 총아 <라면>

1. 今村光一, キレない子どもを作る食事と食べ方, 主婦と友社, 2002, p.39, 54
2. 大沢博, 食原性症候群, ブレーン出版, 1995, p.82-87
3. 今村光一, キレない子どもを作る食事と食べ方, 主婦と友社, 2002, p.39-42
4. 渡辺雄二, コンビニ時代の食品添加物, 芽ばえ社, 2001, p.82-83

정크푸드 제1호 <스낵>

1. Walter C. Willett, Eat, drink, and be healthy, Simon & Schuster Source, 2001, p.92-93
2. Miryam E. Williamson, Blood Sugar Blues, Walker Publishing, 2001, p.134

초콜릿인 듯 초콜릿 아닌 <초콜릿가공품>

1. Bindu Naik et al., "Cocoa Butter and Its Alternatives : A Reveiw" Journal of Bioresource Engineering and Technology, 2014(1) p.7-17
2. Mansura Mokbul et al., "Cocoa Butter Alternatives for Food Applications" Recent Advances in Edible Fats and Oils Technology p.307–331, 16 March 2022, Springer, Singapore
3. Robert DeMaria, Dr. Bob's Trans Fat Survival Guide, Drugless Healthcare Solutions, 2005, p.45-48
4. https://www.sozainochikara.jp/post/gsX7n-dm
5. https://institute.yakult.co.jp/dictionary/word_22.php
6. 中川基, ニセモノ食品の正体と見分け方, 宝島社, 2014, p.170-172

7. J. フィネガン, 今村光一 訳, 危険な油が病気を起こしてる, 中央アート出版, 2002, p.36-40, 56-64
8. https://kormedi.com/1382553/
9. https://www.sisain.co.kr/news/articleView.html?idxno=24449

충치는 빙산의 일각 <캔디>

1. http://www.feingold.org/home.html

심심풀이 기호식품의 이면 <추잉껌>

1. 渡辺雄二, コンビニ時代の食品添加物, 芽ばえ社, 2001, p.106-107
2. 渡辺雄二, コンビニ時代の食品添加物, 芽ばえ社, 2001, p.54

허울만 유가공품 <아이스크림>

1. https://time.com/4559107/processed-food-additive-emulsifier-cancer/
2. 渡辺雄二, コンビニ時代の食品添加物, 芽ばえ社, 2001, p.100
3. 渡辺雄二, コンビニ時代の食品添加物, 芽ばえ社, 2001, 附錄 p.10
4. 나가타 다카유키, 정은영 역, 저인슐린 다이어트, 국일미디어, 2003, p.90
5. Richard F. Heller et al., Carbohydrate Addicted Kids, Harper Perennial, 1997, p.266
6. https://www.chosun.com/site/data/html_dir/2004/07/26/2004072670015.html
7. 鈴木雅子, その食事ではキレる子になる, KAWADE夢新書, 2000, p.67-71

아메리칸 사료 <패스트푸드>

1. Eric Schlosser, Fast Food Nation, Perennial, 2002, p.125, 128

2. 조선일보, 2003. 6. 18. [A10]
3. 조선일보, 2002. 11. 13. [D1]
4. Michael F. Jacobson et al., Restaurant Confidential, Workman, 2002, p.6, 232
5. 今村光一, キレない子どもを作る食事と食べ方, 主婦と友社, 2002, p.39

가공, 그 찬란한 너울 <가공치즈·가공버터>

1. https://www.atfis.or.kr/home/food/stats/main.do
2. Eric Schlosser, Fast Food Nation, Perennial, 2002, p.120
3. https://health.chosun.com/site/data/html_dir/2023/03/24/2023032401711.html
4. https://www.donga.com/news/Economy/article/all/20230627/119964389/1
5. https://www.healthline.com/nutrition/butter-vs-margarine#what-are-butter-and-margarine

리콜 대상 식품 <햄·소시지>

1. 渡辺雄二, コンビニ時代の食品添加物, 芽ばえ社, 2001, p.86
2. Ruth Winter, Food Additives, Three Rivers Press, 1999, p.293-294
3. 渡辺雄二, コンビニ時代の食品添加物, 芽ばえ社, 2001, p.86
4. Ruth Winter, Food Additives, Three Rivers Press, 1999, p.294

겉 노랗고 속 검은 <가공우유>

1. https://www.newscj.com/news/articleView.html?idxno=773405
2. Greg Critser, Fat Land, Penguin Allen Lane, 2003, p.136-140

3. Goran Bjelakovic et al., "Mortality in Randomized Trials of Antioxidant Supplements for Primary and Secondary Prevention Systematic Review and Meta-analysis" JAMA. 2007 Feb 28;297(8):842-57
4. S H Thomas et al., "Acute toxicity from baking soda ingestion" Am J Emerg Med. 1994 Jan;12(1):57-9 / N Lazebnik et al., "Spontaneous rupture of the normal stomach after sodium bicarbonate ingestion" J Clin Gastroenterol. 1986 Aug;8(4):454-6

첨가물 용액 <청량음료>

1. https://health.chosun.com/site/data/html_dir/2019/01/23/2019012301780.html
2. Alexander Schauss, Diet, Crime and Delinquency, Parker House, 1981, p.59-60
3. 渡辺雄二, コンビニ時代の食品添加物, 芽ばえ社, 2001, p.98
4. 매일경제신문, 2012. 3. 10. [A8]
5. Houben GF. et al., "Immunotoxic effects of the color additive caramel color III: immune function studies in rats." Fundam Appl Toxicol.1993 Jan;20(1):30-7
6. http://www.cspinet.org/sodapop/liquid_candy.htm
7. 今村光一, キレない子どもを作る食事と食べ方, 主婦と友社, 2002, p.180
8. Michael F. Jacobson et al., Restaurant Confidential, Workman, 2002, p.18

고가의 청량음료 <드링크류>

1. Lim JS et al., "The role of fructose in the pathogenesis of NAFLD and

the metabolic syndrome." Nat Rev Gastroenterol Hepatol. 2010 May;7(5):251-64

2. Takahiko Nakagawa et al., "A causal role for uric acid in fructose-induced metabolic syndrome" AmJ Physiol Renal Physiol 290: F625–F631, 2006
3. Maeve Shannon et al., "In vitro bioassay investigations of the endocrine disrupting potential of steviol glycosides and their metabolite steviol, components of the natural sweetener Stevia" Mol Cell Endocrinol. 2016 May 15;427:65-72
4. Iryna Liauchonak et al., "Non-Nutritive Sweeteners and Their Implications on the Development of Metabolic Syndrome" Nutrients. 2019 Mar; 11(3): 644
5. Nehlig A. et al., "Caffeine and the central nervous system: mechanisms of action, biochemical, metabolic and psychostimulant effects", Brain Res Brain Res Rev.1992 May-Aug;17(2):139-70
6. Russell L. Blaylock, Excitotoxins, Health Press, 1997, p.70-71
7. G. B. Keijzers et al., "Caffeine can decrease insulin sensitivity in humans", Diabetes Care. 2002 Feb;25(2):364-9
8. 매일경제신문 2004. 12. 15. [A19]
9. Fatemeh Fadaki et al., "The Effects of Ginger Extract and Diazepam on Anxiety Reduction in Animal Model" Indian Journal of Pharmaceutical Education and Research, 2017; 51(3s):s159-s162 / Naritsara Saenghong et al., "Zingiber officinale Improves Cognitive Function of the Middle-Aged Healthy Women" Evid Based Complement Alternat

Med. 2012;2012:383062
10. https://www.healthline.com/health/food-nutrition/drinks-for-stress-anxiety#apple-cider-vinegar

청량음료 빰치는 <주스>

1. https://www.heart.org/en/news/2020/05/13/even-1-sugary-drink-a-day-could-boost-heart-disease-stroke-risk-in-women

식생활 서구화의 졸작 <치킨>

1. https://www.yna.co.kr/view/AKR20151003056000009
2. Qibin Qi et al., "Fried food consumption, genetic risk, and body mass index: gene-diet interaction analysis in three US cohort studies" BMJ. 2014 Mar 19;348:g1610
3. https://www.healthline.com/nutrition/why-fried-foods-are-bad#TOC_TITLE_HDR_4
4. 위와 같음
5. Giuseppe Lippi et al., "Fried food and prostate cancer risk: systematic review and meta-analysis" Int J Food Sci Nutr. 2015;66(5):587-9
6. https://www.hankookilbo.com/News/Read/A2021052916160000743
7. KBS-1TV, 「생로병사의 비밀」, 제85회

부엌을 내쫓는 <밀키트>

1. 김지강 등, "오존수 및 염소수 세척이 신선편이 당근의 품질 및 미생물억제에 미치는 영향" Korean J. Food Preserv. Vol.14, No.1, February 2007, p.54-60

2. 김지강, “신선편이 농산물의 살균소독 세척 방향” 식품저장과 가공산업, Vol.13, No.1, 2014.6, p.32-39

제2장 정크푸드와 팬데믹

코로나19의 근원

1. Ankul Singh S et al., “Junk food-induced obesity- a growing threat to youngsters during the pandemic” Obes Med. 2021 Sep;26:100364
2. Heitor A. Paula Neto et al., “Effects of Food Additives on Immune Cells As Contributors to Body Weight Gain and Immune-Mediated Metabolic Dysregulation” Front Immunol. 2017 Nov 6;8:1478
3. Ankul Singh S et al., “Junk food-induced obesity- a growing threat to youngsters during the pandemic” Obes Med. 2021 Sep;26:100364
4. Thanh-Huyen T. Vu et al., “Dietary Behaviors and Incident COVID-19 in the UK Biobank” Nutrients 2021, 13(6), 2114
5. Heitor A. Paula Neto et al., “Effects of Food Additives on Immune Cells As Contributors to Body Weight Gain and Immune-Mediated Metabolic Dysregulation” Front Immunol. 2017 Nov 6;8:1478
6. Stefan R. Bornstein et al., “Endocrine and metabolic link to coronavirus infection” Nat Rev Endocrinol. 2020; 16(6): 297-298
7. Giovanny J. Martínez-Colón et al., “SARS-CoV-2 infects human adipose tissue and elicits an inflammatory response consistent with severe COVID-19” bioRxiv(biorxiv.org/content/10.1101/2021.10.24.465626v1)

생활습관병의 주범

1. Gerald Reaven et al., Syndrome X The Silent Killer, Fireside, 2000, p.17-21
2. http://hqcenter.snu.ac.kr/archives/4433
3. Heitor A. Paula Neto et al., "Effects of Food Additives on Immune Cells As Contributors to Body Weight Gain and Immune-Mediated Metabolic Dysregulation" Front Immunol. 2017 Nov 6;8:1478

정신건강 위협 인자

1. https://www.hankyung.com/society/article/201911292311i
2. Min Jung Park et al., "Acute hypoglycemia causes depressive-like behaviors in mice" Metabolism. 2012 Feb;61(2):229-36
3. 大沢博, "激増する統合失調症に対処できるビタミンB3中心の栄養療法" 自然食ニュース, テキストデータ 2003-11 (359号)
4. Russell L. Blaylock, Excitotoxins, Health Press, 1997, p.139
5. 今村光一, いまの食生活では早死にする, タッツの本, 2002, p.167
6. 大沢博, 食原性症候群, ブレーン出版, 1995, p.147-213
7. 今村光一, いまの食生活では早死にする, タッツの本, 2002, p.168
8. https://nervedoctor.info/5-neurotoxins-favorite-food/
9. Russell L. Blaylock, Excitotoxins, Health Press, 1997, p.138-139, 157-158
10. Donna McCann et al., "Food additives and hyperactive behaviour in 3-year-old and 8/9-year-old children in the community: a randomised, double-blinded, placebo-controlled trial" Lancet. 2007 Nov 3;370(9598):1560-7

포텐거의 고양이

1. http://www.westonaprice.org/nutrition_greats/pottenger.html
2. 今村光一, キレない子どもを作る食事と食べ方, 主婦と友社, 2002, p.18-20
3. Gerald M. Oppenheimer et al., "McGovern's Senate Select Committee on Nutrition and Human Needs Versus the: Meat Industry on the Diet-Heart Question (1976–1977)" Am J Public Health. 2014 January; 104(1): 59–69
4. 今村光一, いまの食生活では早死にする, タッツの本, 2002, p.21
5. 今村光一, いまの食生活では早死にする, タッツの本, 2002, p.161

혈당의 신비

1. Michael Bliss, The Discovery of Insulin, The University of Chicago Press, 1982, p.212-233
2. William Dufty, Sugar Blues, Warner Books, 1975, p.82
3. パーボ エイローラ, 大沢博 訳, 低血糖症, ブレーン出版(株), 1996, p.24
4. パーボ エイローラ, 大沢博 訳, 低血糖症, ブレーン出版(株), 1996, p.25
5. Gyland, Dr. Stephen, from his letter to the Journal of the American Medical Association, Vol. 152, Jul 18, 1953
6. http://www.healthrecovery.com/alcoholism_hypoglycemia.html

저혈당증

1. Richard F. Heller et al., Carbohydrate Addicted Kids, Harper Perennial, 1997, p.269-270

2. 今村光一, キレない子どもを作る食事と食べ方, 主婦と友社, 2002, p.71
3. Richard F. Heller et al., Carbohydrate Addicted Kids, Harper Perennial, 1997, p.63

칼로리 덩어리

1. 원태진, 잘못된 식생활이 성인병을 만든다, 형성사, 2002, p.97-98
2. 今村光一, いまの食生活では早死にする, タッツの本, 2002, p.169-170
3. http://pages.prodigy.net/paolom/Info/glycemicindex.html
4. Richard F. Heller et al., Carbohydrate Addicted Kids, Harper Perennial, 1997, p.195
5. https://www.foodsafetykorea.go.kr/foodcode/03_02.jsp?idx=25
6. 大沢博, 食原性症候群, ブレーン出版, 1995, p.67-68

달콤한 복마전

1. William Dufty, Sugar Blues, Warner Books, 1975, p.11-12
2. William Dufty, Sugar Blues, Warner Books, 1975, p.85
3. http://www.worldwidehealthcenter.net/articles-11.html
4. Alexander Schauss, Diet, Crime and Delinquency, Parker House, 1981, p.19-26
5. 今村光一, キレない子どもを作る食事と食べ方, 主婦と友社, 2002, p.87-88
6. A. Hoffer, "Megavitamin B_3 Therapy for Schizophrenia." Canadian Psychiatric Association Journal, Vol. 16, 1971, p.499-504

외로운 뇌세포

1. 今村光一, キレない子どもを作る食事と食べ方, 主婦と友社, 2002, p.76

2. 今村光一, キレない子どもを作る食事と食べ方, 主婦と友社, 2002, p.27

3. 今村光一, キレない子どもを作る食事と食べ方, 主婦と友社, 2002, p.85-86

4. Richard F. Heller et al., Carbohydrate Addicted Kids, Harper Perennial, 1997, p.64-67, 96-99

정제당의 숙명

1. William Dufty, Sugar Blues, Warner Books, 1975, p.82-83

2. Richard F. Heller et al., Carbohydrate Addicted Kids, Harper Perennial, 1997, p.271, 282

3. Richard F. Heller et al., Carbohydrate Addicted Kids, Harper Perennial, 1997, p.267

4. Richard F. Heller et al., Carbohydrate Addicted Kids, Harper Perennial, 1997, p.267-269

5. http://www.hani.co.kr, 사회>의료·건강, 2003. 2. 11

6. Richard F. Heller et al., Carbohydrate Addicted Kids, Harper Perennial, 1997, p.260-268

7. http://www.cspinet.org/sodapop/liquid_candy.htm

8. Miryam E. Williamson, Blood Sugar Blues, Walker Publishing, 2001, p.35-38

9. L. Landsberg, "Insulin Sencitivity in the Pathogenesis of Hypertension and Hypertensive Complications", Clin. And Exper. Hypertension, 18(3&4), 1996, 337-346

10. Ruth Winter, Food Additives, Three Rivers Press, 1999, p.123

11. 大沢博, 食原性症候群, ブレーン出版, 1995, p.207-211

12. Gosta Bucht, Rolf Adolfsson, Folke Lithner and Bengt Winblad,

"Changes in Blood Glucose and Insulin Secretion in Patients with Senile Dementia of Alzheimer Type", Acta Med Scand D 83 ; 213, 387-392
13. Jean Carper, Your Miracle Brain, Harper Collins, 2000, p.138-140
14. 大沢博, 食原性症候群, ブレーン出版, 1995, p.57-58
15. 柳沢富雄, 楽しく老いる法教えます, 熊谷印刷出版部, 1982, p.21-27
16. 大沢博, 食原性症候群, ブレーン出版, 1995, p.58-60
17. 박정훈, 잘먹고 잘사는 법, 김영사, 2002, p.146
18. Alexander Schauss, Diet, Crime and Delinquency, Parker House, 1981, p.24-25
19. B. Rimland et al., "Nutritional and Ecological Approaches to the Reduction of Criminality, Delinquency and Violence" Journal of Applied Nutrition Volume: 33 Issue: 2 Dated: (1981) p.116-137
20. A. Hoffer et al., "The Adrenochrome Hypothesis and Psychiatry" Journal of Orthomolecular Medicine Vol. 14, No. 1, 1999 p.49-62

과당 대안론의 허구

1. https://diabetestalk.net/blood-sugar/effect-of-fructose-on-blood-sugar
2. Greg Critser, Fat Land, Penguin Allen Lane, 2003, p.136-137
3. Greg Critser, Fat Land, Penguin Allen Lane, 2003, p.138-139
4. Greg Critser, Fat Land, Penguin Allen Lane, 2003, p.139
5. Jung Sub Lim et al., "The role of fructose in the pathogenesis of NAFLD and the metabolic syndrome" Rev. Gastroenterol. Hepatol. 7, 251–264 (2010)

좋은 단맛, 비정제당

1. https://www.okinawa-kurozatou.or.jp/story/p3
2. Matsuura Y. et al., "Effect of aromatic glucosides isolated from black sugar on intestinal adsorption of glucose" Journal of Medical and Pharmaceutical Society for Wakan-Yaku 7: 168-172
3. Bertrand Payet et al., "Assessment of antioxidant activity of cane brown sugars by ABTS and DPPH radical scavenging assays: determination of their polyphenolic and volatile constituents" J Agric Food Chem.2005 Dec 28;53(26):10074-9
4. Walter R. Jaffe, "Health Effects of Non-Centrifugal Sugar (NCS): A Review" Sugar Tech(An International Journal of Sugar Crops and Related Industries), Apr-June 2012, 14(2):87–94
5. M. Takahashi et al., "Effects of Oral Intake of Noncentrifugal Cane Brown Sugar, Kokuto, on Mental Stress in Humans" Food Preservation Science Vol.43 No.3 2017
6. 木村善行 外, "黒砂糖中の黒色物質の糖および脂質代謝に及ぼす影響" 薬学雑誌, 102(7) 666-669 (1982)
7. Charlotte Debras et al., "Artificial sweeteners and cancer risk: Results from the NutriNet-Santé population-based cohort study" PLoS Med. 2022 Mar 24;19(3):e1003950

프리티킨의 실수

1. 今村光一, キレない子どもを作る食事と食べ方, 主婦と友社, 2002, p.49
2. J. フィネガン, 今村光一 訳, 危険な油が病気を起こしてる, 中央アート出版, 2002, p.19
3. Carol Simontacchi, The Crazy Makers, Tarcher Putnam, 2000, p.191-193

스캔들의 실체

1. 今村光一, キレない子どもを作る食事と食べ方, 主婦と友社, 2002, p.94-95
2. 今村光一, キレない子どもを作る食事と食べ方, 主婦と友社, 2002, p.49-50
3. 今村光一, キレない子どもを作る食事と食べ方, 主婦と友社, 2002, p.51
4. 아트미스 시모포로스, 홍기훈 역, 오메가 다이어트, 도서출판 따님, 2003, p.26-30

기술의 진보와 양심의 퇴보

1. http://www.omeganutrition.com/aboutus-omegaflo.php#
2. James P. Collman, Naturally Dangerous, University Science Books, 2001, p.20
3. Robert DeMaria, Dr. Bob's Trans Fat Survival Guide, Drugless Healthcare Solutions, 2005, p.62
4. J. フィネガン, 今村光一 訳, 危険な油が病気を起こしてる, 中央アート出版, 2002, p.42

기발한 착상의 허구

1. https://biodifferences.com/difference-between-saturated-and-unsaturated-fatty-acids.html
2. J. フィネガン, 今村光一 訳, 危険な油が病気を起こしてる, 中央アート出版, 2002, p.59
3. J. フィネガン, 今村光一 訳, 危険な油が病気を起こしてる, 中央アート出版, 2002, p.65

플라스틱 식품

1. J. フィネガン, 今村光一 訳, 危険な油が病気を起こしてる, 中央アート出版, 2002, p.38-39
2. J. フィネガン, 今村光一 訳, 危険な油が病気を起こしてる, 中央アート出版, 2002, p.38, 66
3. https://www.curezone.org/foods/margarine.asp
4. http://www.drcranton.com/nutrition/margarin.htm
5. Mary G. Enig, Know Your Fats, Bethesda Press, 2006, p.109
6. Shashank Joshi et al., "Coconut Oil and Immunity: What do we really know about it so far?" J Assoc Physicians India. 2020 Jul;68(7):67-72
7. Imelda Angeles-Agdeppa et al., "Virgin coconut oil is effective in lowering C-reactive protein levels among suspect and probable cases of COVID-19" J Funct Foods. 2021 Aug;83:10455
8. Mary G. Enig, Know Your Fats, Bethesda Press, 2006, p.114-115
9. Kalyana Sundram, Tilakavati Karupaiah and KC Hayes, "Letter to the editor: reply to Destaillats, interesterified fats to replace trans fat" Nutrition & Metabolism 2007, 4:13(Published: 14 May 2007)

10. J. フィネガン, 今村光一 訳, 危険な油が病気を起こしてる, 中央アート出版, 2002, p.58-60
11. Mary G. Enig, Know Your Fats, Bethesda Press, 2006, p.211, 226-227 / Robert DeMaria, Dr. Bob's Trans Fat Survival Guide, Drugless Healthcare Solutions, 2005, p.67, 94, 115

트랜스의 공포

1. J. フィネガン, 今村光一 訳, 危険な油が病気を起こしてる, 中央アート出版, 2002, p.64-65
2. 今村光一, キレない子どもを作る食事と食べ方, 主婦と友社, 2002, 96, p.98-99
3. J. フィネガン, 今村光一 訳, 危険な油が病気を起こしてる, 中央アート出版, 2002, p.166
4. J. フィネガン, 今村光一 訳, 危険な油が病気を起こしてる, 中央アート出版, 2002, p.155-156
5. J. フィネガン, 今村光一 訳, 危険な油が病気を起こしてる, 中央アート出版, 2002, p.138-139
6. 아트미스 시모포로스, 홍기훈 역, 오메가 다이어트, 도서출판 따님, 2003, p.131-142
7. Bonnie Liebman, "Baby Formula : Missing Key Fats?" Nutrition Action Healthletter, October 1990, p.8-9
8. Carol Simontacchi, The Crazy Makers, Tarcher Putnam, 2000, p.83-84
9. 今村光一, キレない子どもを作る食事と食べ方, 主婦と友社, 2002, p.105
10. https://www.nobelprize.org/prizes/medicine/1982/vane/biographical/
11. S. K. Weiland et al., "Phase II of the International Study of Asthma and

Allergies in Childhood (ISAAC II): rationale and methods" European Respiratory Journal 2004 24: 406-412
12. 藤山順豊, コレステロール, 日東書院, 1991, p.16-18
13. 아트미스 시모포로스, 홍기훈 역, 오메가 다이어트, 도서출판 따님, 2003, p.64
14. J. フィネガン, 今村光一 訳, 危険な油が病気を起こしてる, 中央アート出版, 2002, p.158
15. KBS 1TV, 생로병사의 비밀, 2004. 11. 30., 22:00-23:00
16. 今村光一, キレない子どもを作る食事と食べ方, 主婦と友社, 2002, p.120
17. 위와 같음
18. http://www.webref.org/scientists/warburg.htm
19. J. フィネガン, 今村光一 訳, 危険な油が病気を起こしてる, 中央アート出版, 2002, p.134-135
20. 위와 같음

풍요 속의 빈곤

1. https://www.fda.gov/media/87150/download
2. Robert DeMaria, Dr. Bob's Trans Fat Survival Guide, Drugless Healthcare Solutions, 2005, p.70-71
3. Mary G. Enig, Know Your Fats, Bethesda Press, 2006, p.99-102
4. 今村光一, キレない子どもを作る食事と食べ方, 主婦と友社, 2002, p.106-107
5. J. フィネガン, 今村光一 訳, 危険な油が病気を起こしてる, 中央アート出版, 2002, p.223
6. Mary G. Enig, Know Your Fats, Bethesda Press, 2006, p.205

야누스의 두 얼굴

1. Eric Schlosser, Fast Food Nation, Perennial, 2002, p.123
2. Ben F. Feingold, Why Your Child Is Hyperactive, Random House, 1975, p.111
3. Ben F. Feingold, Why Your Child Is Hyperactive, Random House, 1975, p.111, 123
4. Eric Schlosser, Fast Food Nation, Perennial, 2002, p.124
5. Ben F. Feingold, Why Your Child Is Hyperactive, Random House, 1975, p.125-126
6. Eric Schlosser, Fast Food Nation, Perennial, 2002, p.128

불투명한 레시피

1. 朝日新聞, 2002. 6. 18. (http://www.asahi.com/national/gisou/K2002061800341.html)
2. Ben F. Feingold, Why Your Child Is Hyperactive, Random House, 1975, p.126
3. http://kodansha.cplaza.ne.jp/broadcast/special/2002_06_12/content.html
4. Ruth Winter, Food Additives, Three Rivers Press, 1999, p.408
5. 조선일보 2003. 6. 12. [A10]
6. Eric Schlosser, Fast Food Nation, Perennial, 2002, p.125
7. 渡辺雄二, コンビニ時代の食品添加物, 芽ばえ社, 2001, p.44

누가 만드는가

1. Ben F. Feingold, Why Your Child Is Hyperactive, Random House, 1975, p.110-111
2. Ben F. Feingold, Why Your Child Is Hyperactive, Random House, 1975, p.134-135. / 박정훈, 잘먹고 잘사는 법, 김영사, 2002, p.65-66
3. Eric Schlosser, Fast Food Nation, Perennial, 2002, p.126-127

무해론과 불가피론

1. 매일경제신문 2002. 10. 3.
2. 今村光一, いまの食生活では早死にする, タッツの本, 2002, p.162

한 분자도 해롭다

1. 渡辺雄二, コンビニ時代の食品添加物, 芽ばえ社, 2001, p.52
2. 渡辺雄二, コンビニ時代の食品添加物, 芽ばえ社, 2001, p.54
3. Ben F. Feingold, Why Your Child Is Hyperactive, Random House, 1975, p.164
4. Eric Schlosser, Fast Food Nation, Perennial, 2002, p.124
5. Ben F. Feingold, Why Your Child Is Hyperactive, Random House, 1975, p.137
6. 박정훈, 잘먹고 잘사는 법, 김영사, 2002, p.66
7. 조선일보2004. 6. 16. [D2]

합성감미료의 반칙

1. http://www.sisajournal-e.com/news/articleView.html?idxno=301596
2. Will Clower, The Fat Fallacy, Three Rivers Press, 2003, pp.199-201 /

https://dash.harvard.edu/bitstream/handle/1/8846759/Nill,_Ashley_-_The_History_of_Aspartame.html
3. Russell L. Blaylock, Excitotoxins, Health Press, 1997, p.27, 196-197 / Glenda N. Lindseth et al., "Neurobehavioral Effects of Aspartame Consumption" Res Nurs Health. 2014 Jun; 37(3): 185–193
4. Kamila Czarnecka et al., "Aspartame—True or False? Narrative Review of Safety Analysis of General Use in Products" Nutrients. 2021 Jun; 13(6): 1957 / https://www.cspinet.org/article/aspartame
5. Doris Sarjeant et al., Hard to Swallow, Alive Books, 1999, p.23-24
6. https://www.cspinet.org/sites/default/files/2022-02/aspartame%20fact%20sheet%209-27-2021.pdf
7. Michelle Pearlman et al., "The Association Between Artificial Sweeteners and Obesity" Curr Gastroenterol Rep. 2017 Nov 21;19(12):64
8. https://health.chosun.com/site/data/html_dir/2023/07/27/2023072702330.html
9. Stephanie Schleidt et al., "Effect of an Aspartame-Ethanol Mixture on Daphnia magna Cardiac Activity" The Premier Journal for Undergraduate Publications in the Neurosciences, 2009, p.1-9

소비자가 해결사

1. Ben F. Feingold, Why Your Child Is Hyperactive, Random House, 1975, p.161
2. Ben F. Feingold, Why Your Child Is Hyperactive, Random House, 1975, p.133, 161-162
3. 磯部昌策, 食品を見分ける, 岩波書店, 2000, p.77

4. 조선일보2002. 10. 31. [A7]

제6장 자연의 대역습

현대판 영양실조

1. 今村光一, いまの食生活では早死にする, タッツの本, 2002, p.114-116
2. 今村光一, いまの食生活では早死にする, タッツの本, 2002, p.115
3. 今村光一, いまの食生活では早死にする, タッツの本, 2002, p.120-121

왜 천연성분인가

1. 浅間郁太郎 等, ヘルシーマニア, 四海書房, 2002, p.41
2. James P. Collman, Naturally Dangerous, University Science Books, 2001, 7-9
3. 浅間郁太郎 等, ヘルシーマニア, 四海書房, 2002, p.42-43
4. 瀬川至郎, 健康食品ノート, 岩波新書, 2002, p.199-200

자연의 불가사의

1. 한스 울리히, 오은경 역, 더 이상 먹을 게 없다, 모색, 2001, p.225
2. Michael F. Jacobson et al., Restaurant Confidential, Workman, 2002, p.48-49
3. 파이낸셜뉴스 2003. 5. 22

식탁의 마술사

1. http://www.buffaloreport.com/021104poilane.html
2. http://www.poilane.fr/contenu/en/en_histoire.htm

3. http://www.buffaloreport.com/021104poilane.html

식문화 퇴보의 현장, 인공조미료

1. http://www.umamikyo.gr.jp/dictionary/chapter2/index1.html
2. http://www.dynapol.com/Content/
3. 조선일보2004. 9. 8. [B5]

위대한 섭생

1. NEWSIS 2004. 9. 10.
2. http://www.idf.org/home/index.cfm?node=248
3. Joseph D. Weissman, “The X Factor”, New Age Journal, March April 1988 : 42
4. 今村光一, いまの食生活では早死にする, タッツの本, 2002, p.22-23
5. 今村光一, いまの食生活では早死にする, タッツの本, 2002, p.98

에필로그

1. 매일경제신문 2004. 2. 27. [7]
2. 島村菜津, スローー 新潮社, 2003, p.346-348
3. 한국여가문화학회, 조선일보 공동주최 산학협동 학술대회 자료집, 2004, p.43-48

과자, 내 아이를 해치는 달콤한 유혹

초　　　판 1쇄 발행 2005년 5월 23일
개정증보판 1쇄 발행 2006년 9월 10일
개정증보2판 1쇄 인쇄 2025년 3월 4일
개정증보2판 1쇄 발행 2025년 3월 20일

지은이 안병수
펴낸이 이종문(李從聞)
펴낸곳 국일미디어
등　록 제406-2005-000025호
주　소 경기도 파주시 광인사길 121 파주출판문화정보산업단지(문발동)
사무소 서울시 중구 장충단로8가길 2(장충동1가, 2층)

영업부 Tel 02)2237-4523 | Fax 02)2237-4524
편집부 Tel 02)2253-5291 | Fax 02)2253-5297
평생전화번호 0502-237-9101~3

홈페이지 www.ekugil.com
블 로 그 blog.naver.com/kugilmedia
페이스북 www.facebook.com/kugilmedia
E-mail kugil@ekugil.com

ISBN 978-89-7425-948-8 (13590)

*값은 표지 뒷면에 표기되어 있습니다.
*잘못된 책은 구입하신 서점에서 바꿔드립니다.